大学生创意·创新·创业教育与实践系列教材

2014 年 国 家 级 教 学 成 果 一 等 奖 作 品

CHENGXU SHEJI SUANFA JICHU

程序设计算法基础

（大学生程序设计竞赛推荐教材Ⅰ）

主编 梁 冰 冯 林　　副主编 高 品 孙木鑫 张 璨

主审 吴文虎 房 鸣

U0288298

高等教育出版社·北京

内容简介

　　这是一本面向计算机专业或者计算机爱好者的算法教材，旨在将更多对程序算法感兴趣，但又苦于无从入手的同学带进算法的大门。全书共分11章，第1章介绍Linux操作系统与C++编程环境，第2章简单介绍初级算法，第3章介绍基础数据结构，第4章介绍枚举、递推、递归、贪心、分治、哈希和二分等基础算法设计，第5章介绍简单排序算法，第6章介绍图论的相关知识，第7章介绍并查集和线段树两种高级数据结构，第8章介绍KMP、字典树、Z算法和马拉车算法等处理字符串的数据结构，第9章介绍深度优先搜索、宽度优先搜索、双向宽度优先搜索、A*搜索和一些剪枝常用的策略，第10章介绍初等数论，第11章介绍动态规划，重点讲述背包问题。

　　本书可作为高等学校计算机专业、软件工程专业教学用书，以及ACM大赛参考用书。

图书在版编目（CIP）数据

程序设计算法基础 / 梁冰，冯林主编． --北京：
高等教育出版社，2018.5
ISBN 978-7-04-049192-0

Ⅰ．①程… Ⅱ．①梁… ②冯… Ⅲ．①电子计算机－
算法理论－高等学校－教材②程序设计－高等学校－教材
Ⅳ．①TP301.6②TP311.1

中国版本图书馆 CIP 数据核字（2017）第 326416 号

策划编辑	孙　琳	责任编辑	孙　琳	封面设计	李小璐	版式设计	童　丹
插图绘制	杜晓丹	责任校对	李大鹏	责任印制	刘思涵		

出版发行	高等教育出版社	网　　址	http://www.hep.edu.cn
社　　址	北京市西城区德外大街 4 号		http://www.hep.com.cn
邮政编码	100120	网上订购	http://www.hepmall.com.cn
印　　刷	山东临沂新华印刷物流集团有限责任公司		http://www.hepmall.com
开　　本	787mm×1092mm　1/16		http://www.hepmall.cn
印　　张	18.75		
字　　数	370 千字	版　　次	2018 年 5 月第 1 版
购书热线	010-58581118	印　　次	2018 年 5 月第 1 次印刷
咨询电话	400-810-0598	定　　价	38.60 元

程序设计算法基础

（大学生程序设计竞赛推荐教材 I）

主编　梁　冰
　　　冯　林
主审　吴文虎
　　　房　鸣

1　计算机访问 http://abook.hep.com.cn/1248725，或手机扫描二维码、下载并安装 Abook 应用。

2　注册并登录，进入"我的课程"。

3　输入封底数字课程账号（20位密码，刮开涂层可见），或通过 Abook 应用扫描封底数字课程账号二维码，完成课程绑定。

4　单击"进入课程"按钮，开始本数字课程的学习。

课程绑定后一年为数字课程使用有效期。受硬件限制，部分内容无法在手机端显示，请按提示通过计算机访问学习。

如有使用问题，请发邮件至 abook@hep.com.cn。

扫描二维码
下载 Abook 应用

http://abook.hep.com.cn/1248725

大学生创意·创新·创业教育与实践系列教材

编写委员会

前　言

　　这是一本关于算法的教材。算法是一系列解决问题的清晰指令，可以说是程序设计的灵魂。同一问题可用不同算法解决，而一个算法的质量优劣将影响程序的执行效率。算法分析的目的在于选择合适算法和改进算法。评价一个算法的好坏主要是通过算法运行的时间长短和占用空间的大小来考虑。对于计算机相关专业的学生或者爱好计算机的学生来说，无论是学习还是工作，或多或少都会应用到一些算法的知识。而目前国内外大型互联网公司招聘时的笔试和面试都以算法为主，可见算法的重要性是不言而喻的。ACM ICPC（ACM International Collegiate Programming Contest，ACM 国际大学生程序设计竞赛）是一项由美国计算机协会主办的旨在展示大学生创新能力、团队精神，以及在压力下编写程序、分析和解决问题能力的年度竞赛。ACM 程序设计竞赛的题目强调算法的高效性与正确性。参赛选手只有编写出能够在规定时间内运行完成若干组严格的测试数据且结果全部正确的程序，才能得到分数。本教程将以 ACM 程序设计竞赛的题目为基础，介绍一些比较初级的算法。

　　本书是面向初学者的一本算法教材。即使是从未接触过算法，甚至还没有接触过编程语言，都可以将本书当作算法入门的读物。本书旨在将更多对计算机和算法感兴趣，但又苦于无从入手的同学带进算法的大门。本书依次介绍了一些包括排序算法在内的、基础的数据结构和算法设计。相信当读者掌握了这些内容之后，会对算法和程序设计有一个新层次的认识并产生浓厚的兴趣；之后重点介绍并查集、线段树和一些字符串处理方面的高级数据结构，还将介绍搜索、图论、动态规划和数论等程序设计竞赛中常用到的算法。对于每个算法，本书都有图文并茂的翔实讲解；每章节的后面都有针对该节知识点的例题讲解，每道例题都是国内外著名程序在线判题系统中的原题，而且对每道例题，都会从理解题意开始，详细讲解解题的思路，并附有完整的可以正确通过测试样例的代码，供读者研究学习。除了例题，每一章的最后还有一些练习题供读者巩固本节中学到的知识，如果读者对这些习题仍感觉无从下手，可以参考每道练习题后附带的思路分析来帮助整理解题思路。

　　本书共分 11 章，第 1 章介绍 Linux 操作系统与 C++编程环境；第 2 章简单介绍初级算法；第 3 章介绍基础数据结构；第 4 章介绍枚举、递推、递归、贪心、分治、哈希和二分等基础算法设计；第 5 章介绍简单排序算法；第 6 章介绍图论的相关知识，包括最短路径问题和最小生成树问题的一些经典算法；第 7 章介绍并查集和线段树两种高级数据结构；第 8 章介绍 KMP、字典树、Z 算法和马拉车算法等处理字符串的数据结构；第 9 章介绍搜索的相关算法，包括深度优先搜索、宽度优先搜索、双向宽度优先搜索、A*搜索和一些剪枝常用的策略；第 10 章介绍初等数论；第 11 章介绍动态规划，重点介绍背包问题。本书的例题代码都是集训队成员测试提交通过的正确代码。

　　大连理工大学是全国高校较早倡导并开展创新创业教育的学校,自 1984 年以来,学校大力开展以突出创新创业实践为特色的创新创业教育。1995 年在全国率先成立以学生创新创业教育为主体的教学改革示范区——创新教育实践中心,开展创新创业教育课程体系、教学内容、教学方法、教学模式等方面的改革,探索与之配套的管理运行机制,将创造性思维与创新方法融入教学实践中,在课堂教学中树立 CDIO 工程教育新理念,倡导"做中学",在实践环节构建了"个性化、双渠道、三结合、四层次、多模式"的创新教育实践教学新体系,取得了一系列成果,在全国高校产生了很大的影响。"创造性思维与创新方法"和"创新教育基础与实践(系列)"课程分别被评为国家精品资源开放课程,"大学生程序设计竞赛初级教材"是"创新教育基础与实践"系列课程的核心课程,面向大连理工大学 ACM 创新实践班学生开设。

　　本书是由梁冰、冯林组织大连理工大学 ACM 集训队员在多年的教学案例和训练题库的基础上编写完成的。参加编写的 ACM 历届集训队员有高品、张璨、孙木鑫、刘卓、胡骏、戴宇心、杨文冕、赵汉光、陈梁坚、刘博等同学,鉴于他们在本书的编写和代码的调试中付出的辛勤劳动,在此对他们的工作表示衷心的感谢。本书内容丰富,除了教材提供的内容外,还提供了部分扩展资源和应用实例,为了节省纸张,这些扩展资源和应用实例可在高等教育出版社相关网站下载。

　　此外,在本书的撰写过程中,除了参考文献和正文中标出的引用来源外,还参考了国内外的相关研究成果和网站资源,没有一一列出,在此感谢涉及的所有单位、专家和研究人员。

　　担任本书主审的是清华大学吴文虎教授、北京邮电大学计算机学院房鸣教授,感谢两位教授提出的宝贵意见和建议。因编者水平有限,书中的错误和不足之处在所难免,欢迎广大读者来信 Liangbing@dlut.edu.cn 批评指正,帮助我们不断地完善本书。

编　者

2017 年 8 月

目 录

第 1 章　Linux 操作系统与编程环境

Linux 是在 1991 年发展起来的与 UNIX 兼容的操作系统，可以免费使用。它的源代码可以自由传播且可任意修改、充实、发展，因开发者的初衷是要共同创造一个完美、理想并可以免费使用的操作系统。在介绍完 Linux 操作系统之后，将对 Code::Block 的编译环境进行详细阐述，包括安装、配置环境、编写程序等。

1.1　Linux 基础

Linux 是一个完整的 32 位的多用户多任务操作系统，因此不需要先安装 DOS 或其他的操作系统（MS Windows，OS2，MINIX）就可以进行直接的安装。Linux 最早起源是在 1991 年 10 月 5 日由一位芬兰的大学生 Linux Torvalds 写的 Linux 核心程序的 0.02 版，但其后的发展却几乎都是由互联网上的 Linux 社团（Linux Community）互通交流而完成的。Linux 不属于任何一家公司或个人，任何人都可以免费取得甚至修改它的源代码（source code）。Linux 上的大部分软件都是由 GNU（GNU is Not Unix 的递归缩写，又称革奴计划）倡导发展起来的，所以软件通常都会在附着 GNU Public License（GPL）的情况下被自由传播。GPL 是一种可以免费获得自由软件的许可证，因此 Linux 使用者的使用活动基本不受限制（只要用户不将它用于商业目的），而不必像使用微软产品那样，需要为购买许可证付出高价，还要受到系统安装数量的限制。

Linux 的核心具有 Windows 无法比拟的稳定性和高效性，在不使用 Windows 的情况下，它占用系统资源较少，可以使一台 Intel 486 摇身一变成为高效工作站。对于想要学习 UNIX 的用户来说，Linux 是他们熟悉 UNIX 操作环境，通往"骨灰级"高手境界的一大捷径。最重要的是，Linux 上有公认的世界最好的 C 语言编译器 gcc。

1.2　编　译　器

用高级计算机语言，如 C、C++，编写的程序需要经过编译器编译，才能转化成机器能够执行的二进制代码。C/C++的编译环境非常多，对于学习 C/C++语言的初学者而言，编译器并不重要，重要的是学习 C/C++语言本身，不过用好的编译环境进行程序的编写和调试确实很方便。本节将介绍 C/C++语言的编译环境——Codeblocks。

1.2.1　Code::Blocks 安装

Linux 系统下安装 Codeblocks，在控制台下直接输入：sudo apt-get install codeblocks，就完成了 Codeblocks 的安装；或者直接在 Ubuntu 软件中心里，搜索关键字 Codeblocks 就能找到并安装。在 Windows 系统下需要下载 Codeblocks 的安装文件进行安装。

1.2.2　Code::Blocks 编程环境配置

首次启动 Code::Blocks，会出现如图 1.1 所示对话框来通知自动检测到 GNU GCC Compiler 编译器，用鼠标单击对话框右侧的 Set as default 按钮，然后再单击 OK 按钮。

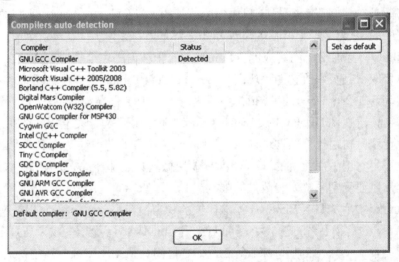

图 1.1　自动检测 GNU GCC Compiler

接下来进入 Code::Blocks 的主界面，弹出一个标签为 Tips of the Day 的对话框，如图 1.2 所示。把"Show tips at startup"前面的勾去掉，然后选择 Close，这样下次启动就不会再出现这个小对话框。

进入 Code::Blocks 主界面，选择主菜单 Settings，弹出一个窗口，如图 1.3 所示。接下来分别对环境（Environment）、编辑器（Editor）、编译器和调试器（Compiler and debugger）三个子菜单进行配置。

图 1.2　Tips of the Day 对话框　　　　图 1.3　Settings 窗口

1.2.3　Code::Blocks 编写程序

Code::Blocks 创建一个工作空间（workspace）跟踪当前的工程（project）。还可以在当前的工作空间创建多个工程。一个工程就是一个或者多个源文件（包括头文件）的集合。源文件（source file）就是程序中包含源代码的文件。创建一个工程可以方便地把相关文件组织在一起。一个工程刚建立时，一般仅仅包含一个源文件。

1.　创建工程

在主菜单 File 的下拉菜单中选择二级菜单 New，然后从子菜单中选择 Project，还可以从 Code::Blocks 主界面中选择 Create a new project 进行创建，如图 1.4 所示。

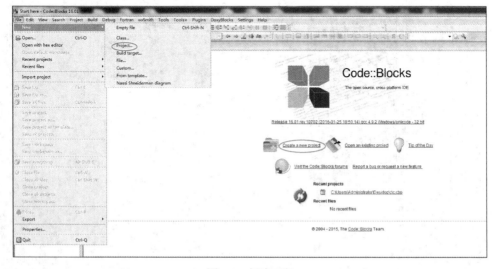

图 1.4　创建工程

　　创建一个新的工程之后，会打开选择工程模式对话框，如图 1.5 所示。这个窗口中含有很多带有标签的图标，代表不同种类的工程。用鼠标选中带有控制台应用（Console application）标签的图标。

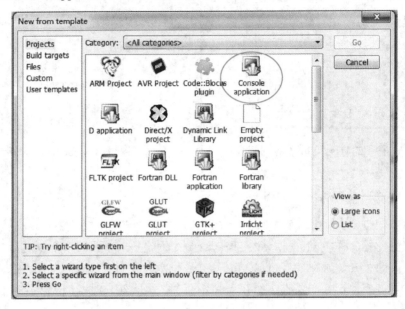

图 1.5　选择工程模式对话框

　　选择右侧的 Go 按钮，弹出一个控制台对话框，如图 1.6 所示。

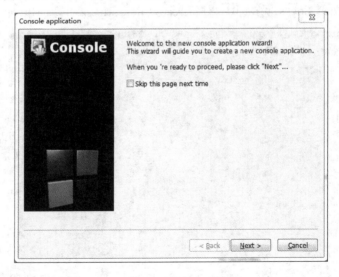

图 1.6　控制台对话框

选择 Next 按钮，弹出一个选择语言对话框，如图 1.7 所示。

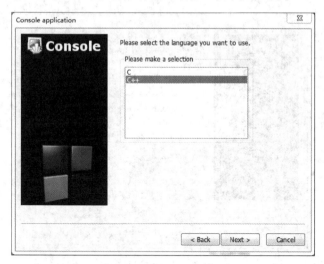

图 1.7　选择语言对话框

在弹出的对话框中有 C 和 C++两个选项，选择 C++表示编写 C++控制台应用程序，选择 C 表示编写 C 控制台应用程序。本书以编写 C++程序为例，因此这里选择 C++。接下来单击下方的 Next 按钮，弹出一个工程名称和保存路径对话框，如图 1.8 所示。

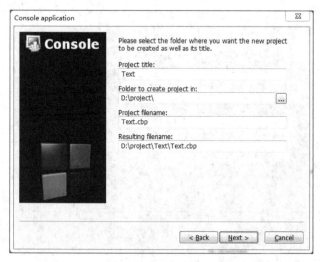

图 1.8　工程名称和保存路径对话框

在弹出的对话框中有 4 个需要填写文字的地方，填上前两个（工程名和工程文件夹路径），后两个位置需要填写的内容可以自动生成。单击 Next 按钮，弹出一个选择编译程序对话框，如图 1.9 所示。

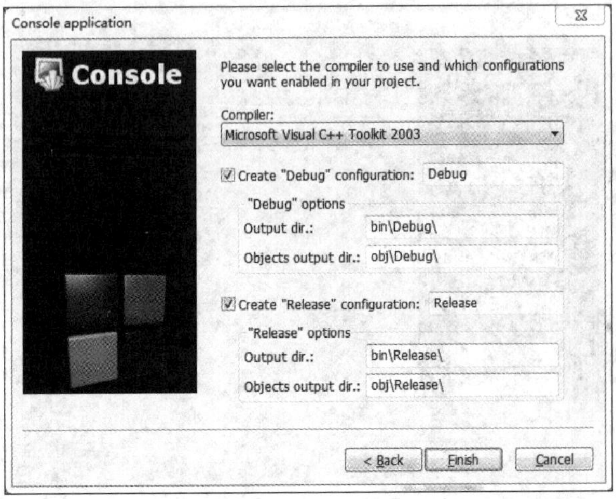

图 1.9　选择编译程序对话框

编译器选项仍旧选择默认的编译器，剩下的全部打勾。单击 Finish 按钮，则创建了一个名为 Text 的工程。依次展开左侧的 Text、Sources、main.cpp，最后显示文件 main.cpp 的源代码，如图 1.10 所示。

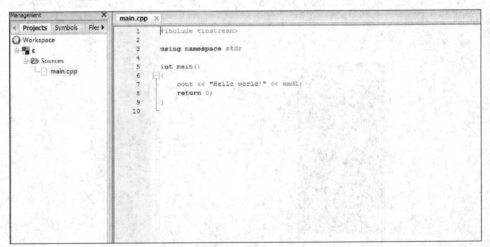

图 1.10　工程主文件

2. 运行程序

创建工程，在工程的主文件中编写程序，需要运行的程序可以直接用快捷键 F9 运行，也可以用鼠标单击 Build and Run 运行程序，如图 1.11 所示。

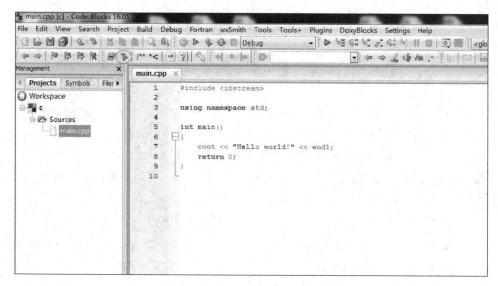

图 1.11　运行界面

1.3　编译 C++文件

编译单个 C++文件生成可执行程序，以下面的程序为例。

```
1    #include <iostream>
2    using namespace std;
3    int main( )
4    {
5    cout<< "Hello world!" <<endl;
6        return 0;
7    }
```

将该代码保存为文件 hello.cpp，并执行命令：g++ hello.cpp -o a。其中-o 是用
来指定所生成的可执行程序的文件名，例如这里生成的文件名是 a。在命令行中
输入：./a，就可使其执行并显示运行结果，如图 1.12 所示。

图 1.12　运行结果

注：此部分内容
选讲

1.4   ACM 国际大学生程序设计竞赛

ACM 国际大学生程序设计竞赛（ACM International Collegiate Programming Contest，简称 ACM-ICPC 或 ICPC）是由国际计算机界具有悠久历史的权威性组织（美国）计算机协会（Association for Computing Machinery, ACM）主办的一项旨在展示大学生创新能力、团队精神和在压力下编写程序、分析和解决问题能力的年度竞赛。ACM 国际大学生程序设计竞赛（以下简称 ACM 竞赛）始于 1970 年，成形于 1977 年，目前已发展成为全球最具影响力的大学生计算机竞赛。

ACM 竞赛由各大洲区域赛（Regional Contests）和全球总决赛（World Finals）两个阶段组成。各大洲区域赛第一名自动获得参加全球总决赛的资格。各大洲区域赛一般安排在每年的 9～12 月举行，全球总决赛安排在第二年的上半年举行。每所大学可以有多支队伍参加区域赛，但只能有一支队伍参加全球总决赛。亚洲地区的高校可组队参加在亚洲的所有赛区的区域赛，但每位参赛选手在一个年度内至多只能参加两个赛区的区域赛。

1. 竞赛宗旨

ACM 竞赛是由 ACM 提供给大学生的一个展示和提高解题与编程能力的机会。

2. 地区预赛组织

ACM 竞赛中由代表高等教育机构的学生组队参加 2～4 轮比赛，首先是每年 10—12 月举行的地区预赛，每个赛区的第一名队伍自动取得参加决赛的资格。竞赛的规则由 ACM 竞赛决赛指导委员会制定。其中，竞赛主任是负责人，由竞赛主任独立负责解释竞赛规则。当遇到无法预料的情况时，竞赛主任有权做出最终决定。

亚洲赛区包括亚洲所有的地区和国家，在地区竞赛主任的指导下进行管理。在获得竞赛主任同意的前提下，由地区竞赛主任负责执行亚洲赛区的规则和指导方针。每年由地区竞赛主任在亚洲选择几个比赛地点举办亚洲赛区的竞赛，地区竞赛主任根据 ACM 竞赛指导方针负责计划、组织和举行亚洲赛区的比赛。亚洲赛区不按照政治概念来分割赛区，参加决赛的队伍代表学校，而不代表政治概念上的地区。

3. 参赛队伍组成

参赛队伍由教练和参赛队员组成。

"教练"是参赛队伍所代表学校的正式教师，教练必须保证所有队员符合本规则的规定。教练作为参赛队伍的代表，负责在赛区预赛活动中的联系，教练可以为队伍任命副教练。

参赛队员必须是参赛学校正式注册的学生，并且至少修满一半以上的学分。但那些通过正规途径进行合作培养和通过其他途径进行培养的学生仍然具有参赛资格。

每支队伍至多三名队员，至少有两名参赛队员必须是未取得学士学位或同等学力的学生。任何参赛队员取得学士学位不得超过两年，或者参加研究生学习不得超过两年。任何参加两次决赛的学生不得参加地区预赛或者世界决赛。参加地区预赛的参赛队员不要求是 ACM 协会的学生会员，但参加决赛的参赛队员必须在决赛前一个月以前成为 ACM 协会的学生会员。在教练预先通知赛区报名主席后，每支队伍可以准备一个替补队员，以替换不能参赛的队员，但替换之后仍然要保证队伍符合本规则的规定。

4. 竞赛规则

竞赛中至少命题 6 题，比赛时间为 5 小时。参赛队员可以携带诸如书、手册、程序清单等参考资料。参赛队员不能携带任何可用计算机处理的软件或数据（不允许任何私人携带的磁盘或计算器）。参赛队员不能携带任何类型的通信工具，包括无线电接收器、移动电话。

在竞赛中，参赛队员不得与同组成员以及竞赛指导委员会指定工作人员以外的人交谈；系统支持人员可以回答与系统相关的问题，如解释系统错误信息。

竞赛的时间为 5 小时，但当竞赛进行一定时间后，竞赛指导委员会主席可以因为出现不可预见的事件而调整比赛时间长度，比赛时间长度一旦发生改变，将会以及时并以统一的方式通告所有参赛队员。

当参赛队伍出现妨碍比赛正常进行的行为时，诸如擅自移动赛场中的设备、未经授权修改比赛软硬件、干扰他人比赛等，都将会被赛区竞赛主任剥夺参赛资格。

所有问题必须用英语提交。在竞赛期间，必须以英语与竞赛官员进行交流。参赛队员可以携带不支持数学运算的电子翻译工具。

5. 竞赛评分

试题的解答提交裁判称为运行，每一次运行会被判为正确或者错误，判决结果会及时通知参赛队伍。竞赛裁判主要负责判定解答提交是否正确，地区竞赛主任在与竞赛裁判、裁判长、赛区主席协商后确定赛区获胜队伍，这个决定是最终的。

参赛队员有权利通过提交解释请求，针对试题描述中的不明确或错误的部分提问。如果裁判确认试题中确实存在不明确或错误的部分，将会向所有参赛队伍进行声明或更正。

正确解答中等数量及中等数量以上试题的队伍会根据解题数目进行排名，解题数在中等数量以下的队伍会得到确认但不会进行排名。在决定获奖和参加世界决赛的队伍时，如果多支队伍解题数量相同，则根据总用时长加上惩罚时间进行排名。总用时长和惩罚时间由每道解答正确的试题的时长加上惩罚时间。每道试题时长将从竞赛开始到试题解答被判定为正确为止，其间每一次错误的运行将被加罚 20 分钟时间，未正确解答的试题不计时。

为了保持赛场的紧张气氛，在适当的时间，会停止对于竞赛结果的公告信息。对于运行的判决结果仍将及时通知其提交队伍。

参赛队的队号在竞赛前抽签决定，这个队号在裁决软件系统中使用。队号与参赛学校名称的对应关系在竞赛过程中是不对裁判公布的。竞赛赛区主席负责在竞赛开始后 60 分钟将队号与参赛学校的对应关系公布在显著的位置。每个赛区主席通常选择竞赛中的前 6～10 名授奖，并公布竞赛中位处前半数或解答试题数量在所有参赛队平均解答数以上参赛队名次，其余的参赛队将被列名，但不公布其名次。每个赛区主席也可在必要的情况下调整本条规则。

6. 竞赛环境和竞赛语言

地区预赛语言包括以下几种：　C++、C、Java 和 Pascal。

每支队伍使用一台计算机，所有队伍使用计算机的规格配置完全相同。竞赛中使用的语言软件版本必须是在地区预赛前已经发行的版本。竞赛中心在竞赛中应该向参赛队伍提供足够的磁盘。其他有关细节，如存储器和硬盘配置、软件版本、打印机信息在队伍报到时公布。竞赛裁判软件由 ACM ICPC 通过亚洲赛区竞赛主任提供。

7. 违反赛区规则和申诉程序

在发生违反赛区规则或处理不当的行为以后三天之内，参赛队员可以向亚洲赛区竞赛主任进行申诉。申诉报告必须以正式的书面形式书写，并且必须有申诉队员及其教练的签名。

亚洲赛区竞赛主任受到申诉后进行复核，在三天之内以书面的形式向 ACM 国际大学生竞赛指导委员会提出报告。ACM 竞赛指导委员会由三分之二投票表决，可以在年底之前否决地区预赛的竞赛结果。由 ACM 竞赛指导委员会在复核之后重新指派从地区预赛出线参加决赛的队伍。

1.5　自动评测系统

注：此部分内容选讲

为了帮助初学者入门，首先介绍自动评测系统和它的特性。对于一个算法除了掌握算法原理之外，还需要运用计算机语言实现算法，从而验证算法的正确性。自动评测系统就是一种验证算法正确性的平台。

由于 ACM 竞赛的参与者不断增多，许多高校都推出了自己的自动评测系统，其中国内比较著名的评测系统包括：北京大学程序在线评测系统（Peking University Online Judge）、杭州电子科技大学在线评测系统（Hangzhou Dianzi University Online Judge）和浙江大学程序在线评测系统（Zhejiang University Online Judge）等。

1.5.1　评测系统反馈

评测系统对于正确的定义为：在规定的时间内不超出内存限制的条件下得出满足题目要求的结果。由于评测系统对"正确程序"的要求十分苛刻，因此在学习和训练过程中正确地理解题目的说明十分重要。除非题目中做了说明，否则不要对题目中没有明确规定的东西做出任何假设。

同 ACM 竞赛一样，自动评测系统只反馈以下结果。

Accepted（AC）：在规定的时间内不超出内存限制的条件下得出满足题目要求的结果。

Presentation Error（PE）：在规定的时间内不超出内存限制的条件下得出结果，但是与正确的结果相比结果的格式存在问题。

Time Limit Exceeded（TLE）：程序运行时间超出了题目的规定。

Memory Limit Exceeded（MLE）：程序在编译或者运行期间向操作系统申请的内存超出了题目的规定。

Wrong Answer（WA）：在规定的时间内不超出内存限制的条件下得出结果，但是与正确的结果相比存在较大差异。

Runtime Error（RE）：程序运行期间访问非法内存。

Output Limit Exceeded（OLE）：程序输出结果文件过大，超出评测系统限制。

Compile Error（CE）：程序编辑错误。

通过自动评测系统反馈结果可以发现，如果程序被评测系统认为是错误的，评测系统不会反馈错误的原因。评测系统有时会反馈一些上面没有列举出来的特殊反馈信息。这些信息与用户的程序无关，需要阅读评测系统说明。

1.5.2　国内知名评测系统

1. 北京大学程序在线评测系统

北京大学程序在线评测系统（Peking University Online Judge，POJ），是一个免费的公益性网上程序设计题库。POJ 包含 3000 多道程序设计题目，题目大部分来自 ACM 竞赛和各种自行举办比赛的题目，很多题目就反映工作和生活中的实际问题。用户可以针对某个题目编写程序并提交，通过 POJ 自动判定程序的对错，几秒之内即可反馈结果。

2. 杭州电子科技大学在线评测系统

杭州电子科技大学在线评测系统（Hangzhou Dianzi University Online Judge，HDOJ），是一个提供编程题目以及在线测评的网站，其兼容 Pascal、C、C++、Java、GCC、G++等多种语言，并拥有良好的运行速度和很高的测评正确率。截止到 2014 年 HDOJ 大约拥有 4800 道程序设计题目，它们来自国内外的很多比赛、练习和考试。它们的难度梯度跨分很细，每一个相似难度的题型都会有丰富的题源。HDOJ 是中国目前提交量最高的 ACM 在线测评系统之一。

3. 浙江大学程序在线评测系统

浙江大学程序在线评测系统（Zhejiang University Online Judge，ZOJ），是一个免费的公益性网上程序设计题库，它是国内创办最早的程序在线评测系统，题目都是全英文的。它包含 3000 多道程序设计题，大部分来自 ACM 竞赛，以及全球各个赛区或著名大学的竞赛试题。每年 5 月浙江省大学生程序设计竞赛也在该系统上进行。ZOJ 每月都会举行月赛，任何爱好程序的人员都可以注册参加比赛。

第 2 章　算法入门

本章将介绍算法的基本知识，通过本章内容读者可以对算法有基本认识。本章将详细介绍快速幂取模算法，并通过快速幂取模算法和最基本的幂取模算法的时间消耗比较来说明算法的作用和意义，最后对算法的时间复杂度和空间复杂度进行讲解。

2.1　快速幂取模算法

本节首先介绍模运算的部分性质，模运算是数论算法中的重要内容，许多算法都使用了取模运算。本节将介绍模运算，随后将详细讨论模运算的快速幂算法——逐次平方法。

2.1.1　模运算

1. 模运算的概念

给定一个正整数 p，任意一个整数 n，一定存在等式：$n=kp+r$。其中 n、p 是整数，且 $0 \leqslant r < p$，称 k 为 n 除以 p 的商，r 为 n 除以 p 的余数。p 对于正整数 a、b，定义如下运算。

（1）取模运算：$a \bmod p$，表示 a 除以 p 的余数。

（2）模 p 加法：$(a+b) \bmod p$，表示 $a+b$ 算术和除以 p 的余数。例如，当 $(a+b) = kp+r$，且 $0 \leqslant r < p$，则 $(a+b) \bmod p = r$。

（3）模 p 减法：$(a-b) \bmod p$，表示 $a-b$ 算术差除以 p 的余数。

（4）模 p 乘法：$(a \times b) \bmod p$，表示 $a \times b$ 算术乘法除以 p 的余数。

（5）同余符号：如果 $a \bmod p = b \bmod p$，记做 $a \equiv b (\bmod \, p)$。

（6）整除符号：如果 $a \bmod b = 0$，记做 $b \, | \, a$。

2. 模运算的性质

由模运算的定义可知，模运算有如下性质。

（1）$p \, | \, (a-b) \leftrightarrow a \equiv b (\bmod \, p)$，表示 p 整除 a、b 之差，则 a、b 同余。

（2）$a \equiv b (\bmod \, p)$、$b \equiv c (\bmod \, p) \rightarrow a \equiv c (\bmod \, p)$，表示 a、b 在模 p 下同余并且 b、c 在模 p 下同余，则 a、c 在模 p 下同余（传递性）。

（3）$a \equiv b(\mathrm{mod}\, p) \leftrightarrow b \equiv a(\mathrm{mod}\, p)$，表示 a、b 在模 p 下同余，则 b、a 在模 p 下同余（交换律）。

（4）$(a+b)\, \mathrm{mod}\, p = (b+a)\, \mathrm{mod}\, p$，表示 a、b 之和模 p 等于 b、a 之和模 p（加法交换律）。

（5）$(a*b)\, \mathrm{mod}\, p = (b \times a)\, \mathrm{mod}\, p$，表示 a、b 之积模 p 等于 b、a 之积模 p（乘法交换律）。

（6）$((a+b)\, \mathrm{mod}\, p + c)\, \mathrm{mod}\, p = (a + (b+c)\, \mathrm{mod}\, p)\, \mathrm{mod}\, p$，表示 a、b 之和模 p 加 c 再模 p 等于 b、c 之和模 p 与 a 相加再模 p（加法结合律）。

（7）$((a \times b)\, \mathrm{mod}\, p \times c)\, \mathrm{mod}\, p = (a \times (b \times c)\, \mathrm{mod}\, p)\, \mathrm{mod}\, p$，表示 a、b 之积模 p 乘以 c 再模 p 等于 b、c 之积模 p 乘以 a 再模 p（乘法结合律）。

模运算与基本四则运算有些相似，但稍有不同。其规则如下。

（1）$(a + b)\, \mathrm{mod}\, p = (a\, \mathrm{mod}\, p + b\, \mathrm{mod}\, p)\, \mathrm{mod}\, p$（加法运算）；

（2）$(a \times b)\, \mathrm{mod}\, p = (a\, \mathrm{mod}\, p \times b\, \mathrm{mod}\, p)\, \mathrm{mod}\, p$（乘法运算）；

（3）$(a^b)\, \mathrm{mod}\, p = ((a\, \mathrm{mod}\, p)^b)\, \mathrm{mod}\, p$（幂运算）。

模运算的重要性质：

（1）$a \equiv b(\mathrm{mod}\, p) \leftrightarrow (a + c) \equiv (b + c)(\mathrm{mod}\, p)$，$a$、$b$ 在模 p 下同余，则 a、b 与 c 之和在模 p 下同余；

（2）$a \equiv b(\mathrm{mod}\, p) \rightarrow (a \times c) \equiv (b \times c)(\mathrm{mod}\, p)$，$a$、$b$ 在模 p 下同余，则 a、b 与 c 之积在模 p 下同余；

（3）$a \equiv b(\mathrm{mod}\, p)$，$c \equiv d(\mathrm{mod}\, p) \rightarrow (a + c) \equiv (b + d)(\mathrm{mod}\, p)$，$a$、$b$ 在模 p 下同余并且 c、d 在模 p 下同余，则 $a + c$、$b + d$ 在模 p 下同余。

3. 运算符优先级

这一节讨论程序设计语言中运算符优先级的先后次序，对于一个算式 3+4×5，在基本数学知识里，很明显应该首先计算乘法再计算加法，而对于算式(3+4)×5 则应该先计算加法再计算乘法，括号的引入改变了原本的计算顺序，程序设计语言中的运算符优先级与此类似，只是多了模运算、逻辑运算、位运算等，基本的优先级顺序可以根据：指针最优，低目运算符优于高目运算符，乘除模优于加减，算术运算优于移位运算、位运算、逻辑运算，同级之间按照先后顺序进行。单目运算符是指只有一个运算对象的运算符，如逻辑非运算符!、按位取反运算符～、自增运算符++等，双目运算符是指有两个运算对象的运算符，如加+、减−、除/、模%等，三目运算符是指有三个运算对象的运算符，如条件表达式。

表 2.1 给出 C 语言中运算符优先级，如下所示：

表 2.1   C 语言运算符优先级表

优先级	运算符	含义	形式	方向	说明
1	[ ]	数组下标	数组名[表达式]	左到右	-
	( )	圆括号	(表达式)或函数名(形参表)		-
	.	成员选择(对象)	对象.成员名		-
	->	成员对象(指针)	对象指针->成员名		-
2	−	负号运算符	−表达式	右到左	单目运算符
	~	按位取反运算符	~表达式		
	++	自增运算符	++变量名或变量名++		
	−−	自减运算符	−−变量名或变量名−−		
	*	取值运算符	*指针变量		
	&	取地址运算符	&变量名		
	!	逻辑非运算符	!表达式		
	(类型)	强制类型转换	(数据类型)表达式		-
	sizeof	长度运算符	sizeof(表达式)		-
3	/	除	表达式/表达式	左到右	双目运算符
	*	乘	表达式*表达式		
	%	取模	整型表达式%整型表达式		
4	+	加	表达式+表达式	左到右	双目运算符
	−	减	表达式−表达式		
5	<<	左移	变量<<表达式	左到右	双目运算符
	>>	右移	变量>>表达式		
6	>	大于	表达式>表达式	左到右	双目运算符
	>=	大于等于	表达式>=表达式		
	<	小于	表达式<表达式		
	<=	小于等于	表达式<=表达式		
7	==	等于	表达式==表达式	左到右	双目运算符
	!=	不等于	表达式!=表达式		
8	&	按位与	表达式&表达式	左到右	双目运算符
9	^	按位异或	表达式^表达式	左到右	双目运算符
10	|	按位或	表达式|表达式	左到右	双目运算符
11	&&	逻辑与	表达式&&表达式	左到右	双目运算符
12	||	逻辑或	表达式||表达式	左到右	双目运算符
13	?:	条件运算符	表达式1?表达式2:表达式3	右到左	三目运算符
14	=	赋值运算符	变量=表达式	右到左	-
	/=	除后赋值	变量/=表达式		-
	*=	乘后赋值	变量*=表达式		-
	%=	取模赋值	变量%=表达式		-
	+=	加后赋值	变量+=表达式		-

续表

优先级	运算符	含义	形式	方向	说明
14	-=	减后赋值	变量-=表达式	右到左	-
	<<=	左移赋值	变量<<=表达式		-
	>>=	右移赋值	变量>>=表达式		-
	&=	按位与后赋值	变量&=表达式		-
	^=	按位异或赋值	变量^=表达式		-
	|=	按位或赋值	变量|=表达式		-
15	,	逗号运算符	表达式,表达式,...	左到右	-

2.1.2　幂取模的计算

1. 计算 $a^b \bmod p$

这一节讨论 $a^b \bmod p$ 的计算方法，很明显计算 $a^b \bmod p$ 之前需要计算 a^b，例如 $a=2$、$b=3$、$p=7$，则 $a^b \bmod p = 2^3 \bmod 7 = 8 \bmod 7 = 1$。$a=2$ 时，a^b 的值如表 2.2 所示。

表 2.2　a^b 值

a	b	a^b
2	1	2
2	2	4
⋮	⋮	⋮
2	100	1 267 650 600 228 229 401 496 703 205 376
2	200	1 606 938 044 258 990 275 541 962 092 341 162 602 522 202 993 782 792 835 301 376

通过表 2.2 不难发现，当 a 和 b 超过一定数字的时候，a^b 的值将会非常巨大，由于计算机计算大整数乘法的速度很慢，对于计算 a^b 的具体值将会越来越困难。那么是否可以有一种方法来简化 a^b 的结果大小呢？答案是肯定的，可以采用如下等式：

$$(a \times b) \bmod p = (a \bmod p \times b \bmod p) \bmod p$$

根据等式得出：

$$2^k \bmod p = (2^{k-1} \bmod p) \times 2 \bmod p$$
$$2^{k-1} \bmod p = (2^{k-2} \bmod p) \times 2 \bmod p$$
$$2^{k-2} \bmod p = (2^{k-3} \bmod p) \times 2 \bmod p$$
$$\vdots$$
$$2^2 \bmod p = (2^1 \bmod p) \times 2 \bmod p$$

通过以上等式计算：$2^k \bmod p$ 时，可以保证每一次计算的结果小于 p。实现代码为：

```
1   // a^b mod p 的值
2   int POWER_MOD(int a, int b, int p){
3       int result = 1;
4           for(inti = 0; i< b; i++)
5               result = result * a % p;
6       return result;
7   }
```

对于任意一组 a、b、p，算法需要计算 b 次乘法和 b 次模运算。但是计算机运行速度有限，当 b 的值达到 10^{18} 或者更大时计算机的运行时间将会非常长。为了减少运算的次数同时得到相同的结果，就需要使用逐次平方法。

2. 逐次平方法

根据上一节的计算方法，计算 $5^{100\,000\,000\,000\,000}$ (mod $1\,000\,000\,007$)，需要计算 $100\,000\,000\,000\,000$ 次小于 $1\,000\,000\,007$ 数之间的乘法和模运算，但是对于普通计算机来说计算 $100\,000\,000\,000\,000$ 次乘法需要一个月的时间，也就是说需要寻找更好的方法计算 $a^b \bmod p$。

有一种巧妙的计算 $a^b \bmod p$ 方法叫作逐次平方法。在叙述逐次平方法之前，先以计算 $7^{327} \bmod 853$ 为例来说明逐次平方法的思想。

（1）首先计算 7^{2^k} 各项模 853 的值。

创建表格给出 7^1、7^2、7^4、7^8、7^{16}、7^{32}、7^{64}、7^{128}、$7^{256} \bmod 853$ 的值，很明显的是要得到每一项只需前面的值平方模 853，在整个运算过程中，结果不大于 853^2。列表 2.3 显示了求解 $7^{2^k} \bmod 853$ 过程。

表 2.3 7^{2^k} 值

K	7^{2^k}	$(7^{2^{k-1}})^2$	$((7^{2^{k-1}}) \bmod 853)^2$	$7^{2^k} \bmod 853$
0	7^1			7 (mod 853)
1	7^2	$(7^1)^2$	7^2	49 (mod 853)
2	7^4	$(7^2)^2$	49^2	695 (mod 853)
3	7^8	$(7^4)^2$	695^2	227 (mod 853)
4	7^{16}	$(7^8)^2$	227^2	349 (mod 853)
5	7^{32}	$(7^{16})^2$	349^2	675 (mod 853)
6	7^{64}	$(7^{32})^2$	675^2	123 (mod 853)
7	7^{128}	$(7^{64})^2$	123^2	628 (mod 853)
8	7^{256}	$(7^{128})^2$	628^2	298 (mod 853)

（2）将指数 327 表示成 2 的幂次和。

这种表示叫做 327 的二进制展开。327 的二进制表示为 **0000000101000111**，

即 $327 = 2^8 + 2^6 + 2^2 + 2^1 + 2^0$，于是 $327 = 256 + 64 + 4 + 2 + 1$。

（3）现在使用 327 的二进制展开式，同时查询表 3.2 可以得到：

$$7^{327}(\bmod 853) = 7^{256+64+4+2+1}(\bmod 853)$$
$$= 7^{256} \times 7^{64} \times 7^4 \times 7^2 \times 7^1 (\bmod 853)$$
$$= 298 \times 123 \times 695 \times 49 \times 7 (\bmod 853)$$

（4）要完成 $7^{327} \bmod 853$ 的计算现在只需完成 $298 \times 123 \times 695 \times 49 \times 7 (\bmod 853)$，因此

$$7^{327}(\bmod 853) = 298 \times 123 \times 695 \times 49 \times 7 (\bmod 853)$$
$$= 286 (\bmod 853)$$

下面分析两种算法的效率。如果使用基本算法直接计算 $7^{327}(\bmod 853)$，根据前面的算法，需要计算 327 次乘法和 327 次取模运算。而在快速幂算法中，为了求解计算了 $7^{2^k} \bmod 853$ 中的前 8 项，共计 8 次乘法和 8 次取模运算，随后在计算最终结果的过程中进行了 327 的二项式展开，会使用 9 次除法，随后进行了 4 次乘法和 4 次取模运算得到最终的答案。可以看到快速幂算法的计算次数远小于直接运算的计算次数。

对于逐次平方法，即使 b 有成千上万位，也可以用逐次平方法计算 $a^b \bmod p$。对于该方法，仔细分析可以发现计算 $a^b \bmod p$ 的计算次数与 $\log_2 b$ 相当。从时间上看，高级计算机用逐次平方法计算：

$$7^{10^{200\,000}} \equiv 787 (\bmod 853)，用时0.36秒$$
$$7^{10^{2\,000\,000}} \equiv 303 (\bmod 853)，用时4.48秒$$

逐次平方法的代码如下：

```
1     // a^b mod p  的值
2     int POWER_MOD(int a, int b, int p){
3     int result = 1;
4         while(b){
5             if(b & 1) result = result * a % p;
6             a = a * a % p;
7             b >>= 1;
8         }
9         return result;
10    }
```

现实中幂取模运算有许多重要的应用。可以使用 $a^b \bmod p$ 的计算来加密和解密信息。通过这种运算产生的密码，使得用目前最先进的破译密码技术也很难破译。

2.1.3 例题讲解

例 2-1 A sequence of numbers

Time Limit: 2000/1000 MS (Java/Others)   Memory Limit: 32768/32768 K (Java/Others)

题目描述：

Xinlv 在很早之前在纸上写过一些数字序列，序列可能是等差数列或者等比数列，数字已经很模糊了，只有每个序列的前 3 个数字还可辨识。Xinlv 想知道这些序列里面的一些数字，他需要你的帮助。

输入：

第一行包含一个整数 N，表示存在 N 个序列。接下来的 N 行中每行包含四个数字。前三个数字表示序列的前三个数字，最后一个数字为 K，表示我们想知道的序列中第 K 个数字的值。

假定 $0 < K \leqslant 10^9$，另外 3 个数字的范围为 $[0, 2^{63})$。所有的数字都是整型且序列都为非减序列。

输出：

对于每一个输入、输出一行，输出的值为第 K 个数的值对 200 907 取模。

样例输入：

2

1 2 3 5

1 2 4 5

样例输出：

5

16

题目来源： HDOJ 2817

思路分析：

给出一个数列的前三个数，根据这三个数字可以得出这个数列是等差还是等比数列，再求出数列的第 K 个数，不过要注意的是由于数字很大，所以要用到快速幂取模。

题目实现：

```
1   #include <stdio.h>
2   #include <stdlib.h>
3   typedef long long ll;
4   const int mod=200907;
5
6   struct sequence
7   {
```

```
8        ll first,second,third;
9        ll K;
10       ll ans;
11       ll power_mod(ll a,ll b)
12       {
13            ll res=1;
14            a%=mod;
15            while(b)
16            {
17                 if(b&1)
18                      res=res*a%mod;
19                 a=a*a%mod;
20                 b>>=1;
21            }
22            return res%mod;
23       }
24       sequence( ){ }
25       sequence(ll f,ll s,ll t,ll k)
26       {
27            first=f;
28            second=s;
29            third=t;
30            K=k;
31       }
32       void kth_number( )
33       {
34            switch(K)
35            {
36            case 1:
37                 printf("%d\n",first%mod);
38                 break;
39            case 2:
40                 printf("%d\n",second%mod);
41                 break;
42            case 3:
43                 printf("%d\n",third%mod);
44                 break;
45            default:
46                 if(second-first==third-second)
47                      {
```

```
48                    ll sum=second-first;
49                    printf("%d\n",(first%mod+(K-1)*(sum%mod)%mod)%mod);
50                }
51            else
52            {
53                    ll p=second/first;
54                    printf("%d\n",(first%mod*power_mod(p,K-1))%mod);
55            }
56            break;
57        }
58    }
59 };
60
61 int main( )
62 {
63    int CASE;
64    scanf("%d",&CASE);
65    while(CASE--);
66 {
67        ll a,b,c,k;
68 scanf("%lld%lld%lld%lld",&a,&b,&c,&k);
69 sequence solution=sequence(a,b,c,k);
70 solution.kth_number( );
71 }
72 return 0;
73 }
```

2.2　算　　法

什么是算法？为什么算法值得研究？如何比较不同算法之间的好坏？本节将回答这些问题。

2.2.1　算法的定义

一种算法就是一类问题的计算过程，该过程使用某个值或者某个值的集合作为输入，输入可以为空值或空集合，也有的算法可能不需要输入；算法产生某个值或者某个值的集合作为输出。也就是说，算法是把输入转换成输出的一个计算步骤的序列。

例如，求解 $a^b \bmod p$ 的值。对于这个问题的定义如下：

输入：3 个整数分别表示 a、b、p 的值。

输出：根据输入序列输出一个数表示 $a^b \bmod p$ 的值。

根据上面问题，对于给定输入序列<7, 327, 853>，算法的返回<286>作为输出结果。

如果对于任何输入实例，算法都可以运行结束并且输出正确的结果，则称算法是正确的。不正确的算法对于某些输入实例可能根本不会运行结束，也可能输出错误的结果。但是，有些不正确的算法，如果其正确率是可控的，有时候这类算法也是有用的。在第 10 章中，将介绍一种大素数检验的算法，该算法就是一种错误率可控的算法例子。但是本书大部分算法为正确算法。

一个算法应该具有以下五个重要的特征。

（1）有穷性：算法中每条指令的执行次数有限，执行每条指令的时间有限。

（2）确切性：算法的每一步骤必须有确切的定义。

（3）输入：一个算法有 0 个或多个输入，以刻画运算对象的初始情况，所谓 0 个输入是指算法本身确定了初始条件。

（4）输出：一个算法有一个或多个输出，以反映对输入数据加工后的结果。没有输出的算法是毫无意义的。

（5）可行性：算法中执行的任何计算步骤都是可以被分解为基本的可执行的操作步骤，即每个计算步骤都可以在有限时间内完成。

2.2.2　学习算法的意义

假设计算机运行的速度是无限快的并且计算机内存是完全免费的，那么是否有理由继续学习算法呢？答案是肯定的。因为只要还想证明算法能够运行结束并且输出正确的答案，那么学习算法就是必要的。

当然，计算机不是无限快，内存也不是完全免费的。计算时间和内存空间是一种有限的资源，应该合理利用这些资源，在时间和空间方面有效的算法就显得十分重要了。

2.2.3　算法复杂度分析

有时为了求解相同的问题，往往能够设计出不同的算法。例如，2.1 节中对于求解 $a^b \bmod p$ 的值，给出了两种不同的算法。在计算机科学中，为了比较求解相同问题算法之间的好坏，提出了算法复杂度的概念。算法复杂度分为时间复杂度和空间复杂度。时间复杂度是指算法运行所需要的时间；而空间复杂度是指算法所需要的内存空间。算法的复杂度体现在运行该算法时计算机所消耗资源的多少，计算机资源最重要的是时间（即运行时间）和空间（即内存）资源，因此算法复杂度分为时间复杂度和空间复杂度。

1. 时间复杂度

在计算机科学中，算法的时间复杂度是一个函数，它描述了该算法的运行时间，重点关注随着数据量增长，代码执行时间的增长情况。时间复杂度常用大写字母 O 表示。时间复杂度关注的是数据量的增长导致的时间增长情况。例如 $O(2n)$ 和 $O(n)$ 是相同类型的时间复杂度，因为在数据量增加一倍的时候，时间开销都是增加一倍（线性增长）的，这两者对于时间复杂度来说没有区别。又如，$O(n^2)$ 和 $O(n)$ 是不同类型的时间复杂度，因为 n 扩大一倍，复杂度为 $O(n^2)$ 的算法，时间消耗就扩大 4 倍。对于时间复杂度为 $O(n^2 + n)$ 的算法而言，当 n 扩大一倍，算法时间消耗就扩大 4 倍。可以看出，随着数据量的增长，算法时间消耗的增长受 n 的最高项的影响最大。如果一个算法对于任何大小为 n 的输入，至多需要 $5n^3+3n$ 的时间运行完毕，那么它的时间复杂度是 $O(n^3)$。

计算时间复杂度的过程，常常需要分析一个算法运行过程中需要的基本操作，统计所有操作的数量，一般认为一个基本的运算为一次操作，如加、减、乘、除、判断等。通常假设一个基本操作可在固定时间内完成，因此总运行时间相当于操作的总数量。

有时候，即使对于大小相同的输入，同一算法的效率也可能不同。因此，还需要对最坏时间复杂度进行分析。例如，计算 $a^b \bmod p$，直接计算的时间复杂度为 $O(b)$，而逐次平方法的时间复杂度为 $O(\log_2 b)$。

常见时间复杂度有：常数时间复杂度、线性时间复杂度、对数时间复杂度、指数时间复杂度、阶乘时间复杂度和根号时间复杂度。下面对所有常见的时间复杂度进行分析。

1）常数时间复杂度

对于一个算法，若运行时间与输入大小无关，则称其具有常数时间复杂度，记作时间复杂度为 $O(1)$。一个例子是访问数组中的单个元素，因为访问它只需要一条指令。但是，找到无序数组中的最小元素则不是，因为这需要遍历所有元素来找出最小值。

虽然被称为"常数时间复杂度"，运行时间本身可以与问题规模有关，但它的上界必须是与问题规模无关的确定值。例如，"如果 $a > b$，则交换 a、b 的值"这项操作的时间会取决于条件"$a > b$"，但它依然是常数时间复杂度，因为存在一个常量 t 使得所需时间不超过 t。如果时间复杂度为 $O(c)$，其中 c 是一个常数，这记法等价于标准记法 $O(1)$。下面为一个常数时间复杂度的代码。

```
1   // 判断 x 是否为奇数
2   bool ODD(int x){
```

```
3          if(x & 1) return true;
4          return false;
5    }
```

判断 x 的奇偶性，只需要判断 x 二进制的最后一位是否为 1。如果 x 二进制的最后一位为 1，则 x 为奇数函数返回 true，否则返回 false。可以看出 x 判断 x 的奇偶性与 x 的大小无关，时间复杂度为 O(1)。

2）线性时间复杂度

一个算法的时间复杂度为 O(n)，则称这个算法具有线性时间复杂度。线性时间复杂度的算法运行时间长短与输入呈线性关系。访问数组中的单个元素时间复杂为 O(1)，而找到无序数组中的最小元素则是线性时间复杂度，因为这需要遍历所有元素来找出最小值。下面为一个线性时间复杂度的代码：

```
1    // 计算 n 个元素的和
2    int SUM(int a[ ], int n){
3    int sum = 0;
4        for(inti = 0; i< n; i++)
5            sum += a[i];
6        return sum;
7    }
```

计算 n 个元素的和，需要遍历所有元素，把元素的值累加起来之后返回 n 个元素的和，所以时间复杂度为 O(n)，其中 n 为元素的个数。

3）对数时间复杂度

一个算法的时间复杂度为 O($\log_2 n$)，则称其具有对数时间复杂度。由于对数的换底公式，$\log_a n$ 和 $\log_b n$ 只有一个常数因子不同，因此记作 O($\log_2 n$)，而不论对数的底是多少，O($\log_2 n$) 是对数时间算法的标准记法。常见的具有对数时间复杂度的算法很多，本书后面将会介绍部分对数时间复杂度的算法。例如，数据结构中的线段树、基本算法中的分治和二分查找。下面为一个对数时间复杂度的代码。

```
1    // a^b mod p 的值
2    int POWER_MOD(int a, int b, int p){
3    int result = 1;
4        while(b){
5            if(b & 1) result = result * a % p;
6            a = a * a % p;
7            b >>= 1;
8        }
9        return result;
10   }
```

逐次平方法求解 $a^b \bmod p$ 的值，已经在 2.1 节中做了详细说明，它的时间复杂度为 O($\log_2 b$)，其中 b 为 a 的幂的数量级。

4）指数时间复杂度

一个算法的时间复杂度为 O($2^{O(n)}$)，则称其具有指数时间复杂度。即根据输入数据的数据量大小 n 而呈指数成长。常见的 NP 问题的算法时间复杂度是指数时间复杂度，如动态规划求解的普通图——哈汉密顿回路问题等。下面为一个指数时间复杂度的代码。

```
1    // 从 n 个数中选择一些数，使这些数之和为 0，其中 n 小于 10
2    bool CAL(int a[ ], int n){
3        for(int i = 1; i< 1 << n; i++){
4    int sum = 0;
5            for(int j = 0; j < n; j++)
6                if(i& (1 << j)) sum += a[j];
7            if(sum == 0) return true;
8        }
9        return false;
10   }
```

从 n 个数中选择一些数，共有多种选择方法。可以把每种选法下选出来的数字的集合看成一个二进制数字，如果选择第 i 个数，则二进制的第 i 位为 **1**，反之为 **0**。这样每一种选法都对应着唯一一个数的二进制表示，每一个二进制数都对应着一种选择方法。对于每个二进制数，需要计算所有选择的数字之和。如果发现这些数字之和为 **0**，则返回 true，否则返回 false。综上所述，这段代码的时间复杂度为 O($n \times 2^n$)。

5）阶乘时间复杂度

一个算法的时间复杂度为 O($n!$)，则称其具有阶乘时间复杂度，即算法的时间消耗根据输入数据的大小 n 而呈"$n!$"数量级成长。常见的具有阶乘时间复杂度的算法大部分是一些蛮力搜索问题和排列组合的求解，如生成 n 个数的全排列算法等。下面为一个阶乘时间复杂度的代码。

```
1    // 输出 1 至 n 的全排列
2    void PERMUTATION(int x, int n, int permutation[], int visit[ ])
3    {
4        for(inti = 1; i<= n; i++){//从 1 到 n 对数表扫描一遍
5            if(visit[i]) continue;//访问未被访问的数字
6            visit[i] = 1;//标记为已访问
7            permutation[x] = i;//将该数字填表
8            if(x<n)//如果没有填到 n
9                PERMUTATION(x+1, n, permutation, visit);//填 x+1
10   else//如果填表完毕
```

```
11              {
12                  for(int j = 1; j <= n; j++)//输出结果
13  cout<< permutation[j] << " ";
14  cout<<endl;
15              }
16          visit[i] = 0;//访问完毕返回标记为可访问
17  }
18  }
```

输出 1 至 n 的全排列，对于每一个排列都需要输出一次。对于 n 个不同的数来说，共有 n! 种排列方式，所以时间复杂度为 O($n \times n!$)。

6）根号时间复杂度

一个算法的时间复杂度为 O($\sqrt{n}$)，则称其具有根号时间复杂度，即算法的时间消耗根据输入数据的大小 n 而呈 $\sqrt{n}$ 数量级成长。常见的具有根号时间复杂度的算法有：分解质因数和求解区间操作问题等。下面为一个根号时间复杂度的代码。

```
1   // 求解 n 的最小非 1 因子
2   int FACTOR(int n)
3   {
4       for(int i = 2; i * i<= n; i++)//判断 2 至 √n 之间的第一个因子
5       {
6           if(n % i == 0) return i;//若存在，则为最小因子
7       }
8       return n;//若不存在，则 n 为素数，直接返回 n
9   }
```

如果 n 是一个合数，那么 n 一定有一个因子在 2 至 $\sqrt{n}$ 之间，返回这个数；如果 n 是一个素数，那么 n 没有因子在 2 至 $\sqrt{n}$ 之间，返回 n。所以对于 n 的最小非 1 因子，只需判断 2 至 $\sqrt{n}$ 之间是否存在 n 的因子。算法的时间复杂度为 O($\sqrt{n}$)。

普通计算机的运行操作数量约为 10^8。在信息学竞赛中每道题目都限制了不同的运行时间。对于不同题目，需要根据数据范围和算法的时间复杂度来计算算法的运行时间，通过与题目中的运行时间限制进行比较可以对设计的算法进行评估，判断算法优劣，可见算法的时间复杂度的意义重大。对于时间限制相同的题目，时间复杂度不同的算法能够求解的 n 的范围也不相同。表 2.4 给出了时间限制为 1000 ms 时，n 的大致范围。

表 2.4 时间复杂度对应 n 的范围

时间复杂度	O(1)	O(n)	O($\log_2 n$)	O($2^{O(n)}$)	O(n!)	O($\sqrt{n}$)
n	Inf	1000000	$2^{1000000}$	20	12	10^{12}

2. 空间复杂度

在计算机科学中，算法的空间复杂度的讨论与时间复杂度相似。空间复杂度是对一个算法在运行过程中临时占用存储空间大小的度量。一个算法在计算机存储器上所占用的存储空间，包括存储算法本身所占用的存储空间，算法的输入、输出数据所占用的存储空间，以及算法在运行过程中临时占用的存储空间这三个方面。

算法的输入、输出数据所占用的存储空间是由要解决的问题决定的，多数时候存储空间不随本算法的不同而改变，但有时算法的输入并不需要存储，此时输入量与存储空间无关。

算法在运行过程中临时占用的存储空间随算法的不同而异，有的算法只需要占用少量的临时工作单元，而且不随问题规模的大小而改变，如 2.1 节中介绍的逐次平方法；有的算法需要占用的临时工作单元数与解决问题的规模 n 有关，它随着 n 的增大而增大，当 n 较大时，将占用较多的存储单元。

与时间复杂度一样，常见空间复杂度有常数空间复杂度、线性空间复杂度、对数空间复杂度、指数空间复杂度和阶乘空间复杂度。

一个算法的优劣主要从算法的执行时间和所需要占用的存储空间两个方面衡量。一个正确算法的时间复杂度和空间复杂度越低，那么这个算法就越好。通过比较算法的时间和空间复杂度就可以比较解决相同问题的不同算法的优劣。

第3章　基本数据结构

扫一扫：第3章
扩展阅读

数据结构是计算机存储、组织数据的方式。数据集合是相互之间存在一种或多种特定关系的数据元素的集合。通常情况下，精心选择的数据结构可以带来更高的运行或者存储效率。

本章首先介绍基本线性和树形数据结构。最后，介绍 C++标准模板库实现的基本数据类型，同时对基本数据类型的存储方式、操作方法和时间复杂度进行详细阐述和分析。

3.1　基本线性数据结构

基本线性数据结构包括：线性表、栈和队列。线性表、栈和队列都是存储数据的容器，但是它们的存储和查找方式有很大区别，本节将对这几种数据结构做详细分析。读者可以对它们具体操作的时间复杂度进行比较，分析它们的优缺点。

3.1.1　线性表

线性表是最基本、最简单、也是最常用的一种数据结构。线性表中数据元素之间的关系是一对一的关系。线性表的实现方式分为两种：数组和链表。

1. 数组实现线性表

数组中的各个元素对象按照线性顺序排列，数组的线性顺序由数组下标决定。如图 3.1 所示为集合 {0,1,2,3,4,6,7,15,20} 的数组，元素的顺序为 {15,2,4,6,7,3,1,0,20}，数组中每个元素都有自己的下标，下标表示元素在数组中的位置，除了第一个和最后一个数据元素之外，其他数据元素都是首尾相接的。

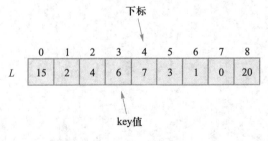

图 3.1　数组

```
1    //数组实现线性表的结构体定义
2    const int MAX_N = 100010;
3    struct Array
4    {
5        int key[MAX_N], size;        //在结构体中定义数组和定义存储数组大小的整型变量
6        Array( )                     //通过构造函数初始化结构体
7        {
8            size = 0;
9        }
10   };
```

数组是线性表的顺序存储的实现方式，可以通过对数组的操作来实现对线性表的各种操作。数组的主要操作有：值查询（SEARCH）、前端插入（PUSH_FRONT）、后端插入（PUSH_BACK）、节点删除（DELETE）、下标查找（FIND）和插入（INSERT）。

1）值查询

在数组 L 中查找关键字为 k 的元素。若不存在关键字为 k 的元素，则返回-1；若存在，则返回关键字为 k 的元素下标。

由于数组存储结构是线性的，所以值查询需要遍历整个数组来确定数组中是否存在查找的这个值。

```
1    // 查找关键字为 k 的元素。若不存在，则返回-1；若存在，则返回元素下标
2    int SEARCH(Array &L, int k)
3    {
4        for(int i = 0; i < L.size; ++i)
5        {
6            if(L.key[i] == k) return i;
7        }
8        return -1;                   // -1 表示不存在这个元素
9    }
```

数组查找操作需要对数组进行遍历，最坏情况的时间复杂度为 $O(n)$，其中 n 为数组大小。

2）前端插入

在数组 L 的前端插入给定元素 x，若插入元素数超出数组大小则返回-1，表示插入失败；否则返回 0。

在数组前端插入元素 x，需要把数组中其他元素向后移动一个位置，然后再在数组前端插入这个元素 x。

```
1    // 给定元素 x，将元素 x 插入到线性表的前端
2    int PUSH_FRONT(Array &L, int x)
3    {
```

```
4          if(L.size >= MAX_N) return -1;
5          for(int i = L.size; i > 0; --i)
6          {
7              L.key[i] = L.key[i - 1];
8          }
9          L.key[0] = x;
10         return 0;
11     }
```

数组前端插入操作需要对数组其他元素向后移动一个位置，时间复杂度与数据中元素的个数有关，平均为 $O(n)$，其中 n 为数组大小。

3）后端插入

在数组 L 的后端插入给定元素 x，若插入元素数超出数组大小则返回-1，表示插入失败，否则返回 0。

在数组后端插入元素，直接在线性表的后端添加元素即可。

```
1      // 给定元素 x，将元素 x 插入到线性表的后端
2      int PUSH_BACK(Array &L, int x)
3      {
4          if(L.size >= MAX_N) return -1;
5          L.key[L.size++] = x;
6          return 0;
7      }
```

数组后端插入操作只需在数组结尾添加元素，所以时间复杂度为 $O(1)$。

4）节点删除

节点删除操作会将下标为 x 的元素从数组 L 中删除。

在数组中删除元素，需要把该下标指向位置之后的其他元素向前移动一个位置，同时修改数组中元素总数。

```
1      // 将下标为 x 的元素从线性表中删除
2      int DELETE(Array &L, int x)
3      {
4          if(x < 0 || x >= L.size) return -1;
5          for(int i = x + 1; i < L.size; ++i)
6          {
7              L.key[i - 1] = L.key[i];
8          }
9          L.size--;
10         return 0;
11     }
```

数组查找操作需要对数组的一部分进行移动，最坏情况的时间复杂度为 $O(n)$，

其中 n 为数组大小。

5）下标查找

返回数组 L 的第 x 个元素，直接返回对应位置的元素值。

```
1    // 访问线性表的第 x 个元素。
2    int FIND(Array &L, int x)
3    {
4        if(x < 0 || x >= L.size) return -1;
5        return L.key[x];
6    }
```

数组下标查找过程需返回下标 x 的元素值，所以时间复杂度为 O(1)。

6）插入

在数组 L 的第 k 个元素后插入给定元素 x，若插入元素数超出数组大小或者数组的元素个数少于 k，则返回-1，表示插入失败；否则返回 0。

在数组第 k 个元素后插入给定元素 x，需要把数组中第 k 个元素之后的其他元素向后移动一个位置，然后再在数组的第 k + 1 个位置处插入这个元素 x。

```
1    // 给定元素 x，将元素 x 插入到线性表的第 k 个元素之后
2    int INSTER(Array &L, int k, int x)
3    {
4        if(L.size >= MAX_N || k > L.size) return -1;
5        for(int i = L.size++; i > k; --i)
6        {
7            L.key[i] = L.key[i - 1];
8        }
9        L.key[k + 1] = x;
10       return 0;
11   }
```

数组插入操作需要对数组的一部分进行移动,最坏情况的时间复杂度为 O(n),其中 n 为数组大小。

2. 链表实现线性表

链表是线性表链式存储的实现方式，与线性表的顺序存储（数组）所不同的是，链表中的元素在内存中并不是连续存储的，而是通过在当前元素中包含下一元素位置的方式指明元素之间的顺序关系，当前元素是下一个元素的前驱，也是其前一个元素的后继。链表为动态集合提供了一种实现方式。

链表包括单向链表和双向链表。单向链表中的每个元素除了包含所需存储的数据之外，还包含下一元素的位置。与单向链表的区别在于，双向链表的每个元素除了包含下一元素的位置还包含前一元素位置。

如图 3.2 所示为一个双向链表。L 中每个元素都是链表中的一个对象，每个

对象除了数据段之外，还包含两个节点下标：prev 和 next，其中数据段用来存储元素的属性（如图 3.2 中的 key），prev 表示前一个节点的下标，next 表示下一个节点的下标。设 x 为当前链表的一个元素，x.prev=-1 时，表示 x 节点的前驱不存在，即 x 为链表的头节点；x.next=-1 时表示 x 节点的后继不存在，即 x 为链表的尾节点。如图 3.2 所示为集合{9,15,20}的链表，链表中除了第一个和最后一个数据元素之外，其他数据元素都是首尾相接的。把图中全部的 prev 指针删除就变成了单向链表。

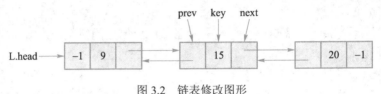

图 3.2   链表修改图形

```
1      // 链表实现线性表结构体的定义
2      const int MAX_N = 100010;
3      struct Link
4      {
5          int head, tot;          //head 代表头节点、tot 代表链表的大小
6          struct LinkNode         //链表节点的定义
7          {
8              int prev, next;
9              int key;
10         } node[MAX_N];
11         Link( )                 //通过构造函数初始化结构体
12         {
13             head = -1;
14             tot = 0;
15         }
16     } L;
17     // 新建关键字为 k 的节点，并返回节点下标
18     int NEW_NODE(Link &L, int x)
19     {
20         if(tot = MAX_N) return -1;
21         (L.node[L.tot]).key = x;
22         (L.node[L.tot]).next = (L.node[L.tot]).prev = -1;          //新建节点的 next 和 pre 指针为空
23         return L.tot++;
24     }
```

链表是线性表链式存储的一种实现方式。链表的主要操作有：值查询（SEARCH）、查找第 x 个元素（AT）、前端插入（PUSH_FRONT）、节点删除

（DELETE）和插入（INSERT）。

1）值查询

查找链表 L 中的第一个关键字是 k 的元素，并返回该元素的下标。如果链表 L 中不存在关键字为 k 的元素，返回-1。

链表的存储顺序为乱序的，所以链表的值查询操作需要遍历整个链表，直到发现需要查询的值为止。

```
1    // 查找关键字为 k 的元素。若不存在，则返回-1；若存在，则返回元素下标
2    int SEARCH(Link &L, int k)
3    {
4        for(int i = L.head; i != -1; i = (L.node[i]).next)
5        {
6            // 如果存在返回数组下标
7            if((L.node[i]).key == k)
8            {
9                        return i;
10           }
11       }
12       return -1;// -1 表示不存在这个元素
13   }
```

链表值查询的实现过程中，最坏情况需要对整个链表进行遍历，所以链表值查询的时间复杂度为 $O(n)$，n 为链表中元素的数量。

2）查找元素

找到链表 L 的第 x 个元素，并返回节点的下标，如果不存在则返回-1。链表查找元素需要遍历整个链表找到该查询元素。

```
1    // 访问线性表的第 x 个元素
2    int AT (Link &L, int x)
3    {
4        for(int i = L.head; x--; i = (L.node[i]).next)
5        {
6            if(i == -1) return -1;
7            if(x == 0) return (L.node[x]).key;
8        }
9    }
```

链表查找元素的实现过程。链表查找元素最坏情况需要对整个链表进行遍历，所以链表查找元素的时间复杂度为 $O(n)$，n 为链表中元素的数量。

3）前端插入

链表 L 的最前面插入关键字为 x 的新节点。插入成功则返回 true，插入失败则返回 false。链表前端插入只需在链表前端插入新元素。

```
1    // 给定元素 x，将元素 x 插入到线性表的前端
2    bool PUSH_FRONT(Link &L, int x)
3    {
4        int loc = NEW_NODE(L, x);
5        if(loc == -1) return false;
6        if(L.head != -1) (L.node[L.head]).prev = loc;
7        (L.node[loc]).next = L.head;
8        L.head = loc;
9        return true;
10   }
```

链表前端插入的实现过程中不存在循环等复杂结构，所以前端插入的时间复杂度为 O(1)。

4）节点删除

删除链表 L 中元素下标为 x 的节点，需在链表下标为 x 的节点和下标为 x 节点的后继节点的信息做出部分修改。

```
1    // 将下标为 x 的元素从线性表中删除
2    bool DELETE(Link &L, int x)
3    {
4        if(L.head == x) L.head = (L.node[x]).next;
5        if((L.node[x]).next != -1) (L.node[(L.node[x]).next]).prev = (L.node[x]).prev;
6        if((L.node[x]).prev != -1) (L.node[(L.node[x]).prev]).next = (L.node[x]).next;
7        return true;
8    }
```

链表节点删除的时间复杂度为 O(1)。

5）插入

在链表 L 中元素下标为 x 的节点后插入元素 k。需对链表下标为 x 的节点前驱节点和后继节点的信息做出部分修改。

```
1    // 将下标为 x 的元素从线性表中删除
2    int INSERT(Link &L, int x, int k)
3    {
4        int y = NEW_NODE(L, k);
5        (L.node[y]).next = L.node[x].next;
6        (L.node[y]).prev = x;
7        (L.node[x]).next = y;
8        return true;
9    }
```

链表插入的时间复杂度为 O(1)。

从代码中不难发现，链表的边界处理过于复杂。例如，需要考虑函数 int

DELETE(Array &L, int x)的节点 x 的前驱节点和后继节点是否为空，才能对节点的前驱和后继节点进行修改。为了简化链表函数的处理，可以设置一个空节点，使链表的有效节点的前驱和后继节点在任何时候都存在。具体情形如图 3.3（a）所示，带空节点的空链表；图（b）所示的是带空节点的集合{15,20}的链表。

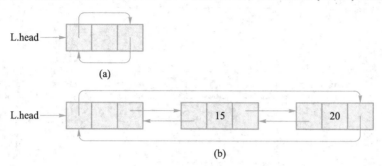

图 3.3　带头节点的链表

3. 数组和链表的对比

与数组相比，向链表中插入和删除元素的时间复杂度为 O(1)，这是链表的主要优点，但是链表返回第 x 元素的值，可能需要遍历整个链表，时间复杂度为 O(n)，这限制了链表在一些插入和删除操作较少的数据集合上应用。链表的空间复杂度为 O(n)。虽然链表的空间复杂度与数组一样是线性空间复杂度，但是由于链表的删除操作，可能导致内存空间的浪费。同时由于存储 prev 和 next 两个下标，需要 O(n)的额外空间。

3.1.2　栈

栈（STACK）是一种只能在一端进行插入和删除操作的数据结构。它按照后进先出的原则存储数据，先进入的数据被压入栈底，最后的数据在栈顶，需要读数据的时候从栈顶开始弹出数据。

栈的插入操作称为入栈，删除操作称为出栈。可以将栈想象为手枪的弹夹，子弹都是从弹夹的上端一发一发压入到弹夹之中，后压入的子弹会被先打出去，先压入的子弹要等到后面压入的所有子弹都打出去后才能被打出。

栈可以用数组实现，使用一个整形变量记录栈顶位置。STACK 有两个变量：数组变量（array）表示栈，整型变量（top）指向入栈元素位置。栈中元素为 STACK.array[0]…STACK.array[STACK.top]，其中 STACK.array[0]为栈底元素，STACK.array[STACK.top]为栈顶元素，如图 3.4 所示。

（a）当 STACK.top 为-1 时表示空栈；

（b）STACK.top=4 栈中有 5 个元素{1,13,7,5,20}，栈顶元素为 20，栈底元素为 1；

（c）向栈中插入元素 17，STACK.top 加 1，栈顶元素变为 17；

（d）删除栈顶元素，STACK.top−1，栈顶元素变为 20。

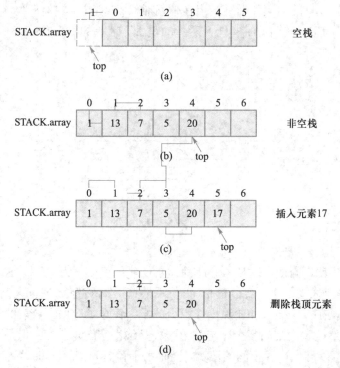

图 3.4　栈的数组实现方式

```
1    // 栈结构体的定义
2    const int MAX_N = 100010;
3    struct STACK{
4        int array[MAX_N];
5        int top;
6        STACK( ){
7            top = -1;
8        }
9    };
```

栈的主要操作有：判断空栈（EMPTY）、栈大小（SIZE）、入栈（PUSH）和出栈（POP）。

1．判断空栈

判断栈 S 是否为空，如果为空则返回 true，否则返回 false。判断栈是否为空直接判断栈顶指针是否为−1。

```
1    // 判断栈是否为空
```

```
2    bool EMPTY(STACK &S){
3        // 判断栈 S 是否为空，如果为空返回 true，否则返回 false
4        return S.top == -1;
5    }
```

2. 栈大小

返回栈 S 的大小，直接返回 top+1 即可。

```
1    // 返回栈的大小
2    int SIZE(STACK &S){
3        return S.top + 1;
4    }
```

3. 入栈

向栈 S 中压入元素 x，如果栈的大小超过栈的数组容量，将会产生数组越界访问非法内存，导致入栈失败，这种错误称为栈上溢。压入成功返回 true，否则返回 false。入栈需要向栈顶指针指向的位置加入新的元素，然后改变栈顶指针。

```
1    // 入栈操作
2    bool PUSH(STACK &S, int x){
3        // 压入成功返回 true，否则返回 false
4        if(S.top == MAX_N - 1) return false;
5        S.array[++S.top] = x;
6        return true;
7    }
```

4. 出栈

栈 S 顶元素弹出，如果对一个空栈执行出栈操作，将会产生访问非法内存的错误，导致出栈失败，这种错误称为栈下溢。弹出成功返回弹出元素，否则返回 -1。出栈把栈顶指针指向位置的元素弹出，然后改变栈顶指针。

```
1    // 出栈操作
2    int POP(STACK &S){
3        // 弹出成功返回弹出元素，否则返回-1
4        if(S.top == -1) return -1;
5        return S.array[S.top--];
6    }
```

栈相关的操作都非常简单，时间复杂度都是 O(1)。栈的先进后出特点使栈在某些算法中应用广泛，特别是一些问题的优化上有很重要的作用。栈的空间复杂度为 O(n)。

3.1.3 队列

队列（QUEUE）是一种线性数据结构，与栈的后进先出不同的是，队列是一种先进先出的数据结构，即只允许在队列的前端删除数据、末端添加数据。在队列中被删除的总是在集合中存在时间最长的元素。队列有队尾和队头，队尾指向进入队列的新元素，也就是队列添加数据的一端，队头指向队列集合中存在时间最长的元素，也就是队列删除数据的一端。

　　队列的插入操作称为入队，删除操作称为出队。可以把出入队列看成收银台前面排队等待结账的顾客，新来结账的顾客从队尾进入队列，完成结账的顾客从队头离开队列。

　　可以用数组实现队列。QUEUE 有 3 个变量：数组变量（array）表示队列，整型变量（head）表示队头位置，整型变量（tail）表示队尾位置。队列中元素为 QUEUE.array[QUEUE.head] ⋯ QUEUE.array[QUEUE.tail]，其中 QUEUE.array[QUEUE.head]为队头元素，QUEUE.array[QUEUE.tail]为队尾元素。

　　如图 3.5 所示的队列的数组实现方式中：图（a）表示 QUEUE.head>QUEUE.tail 表示空队列；图（b）表示 QUEUE.tail - QUEUE.head =3 队列中有 4 个元素 {10,15,13,20}，队头元素为 10，队尾元素为 20；图（c）表示入队操作，向队列中插入元素 17，QUEUE.tail 加 1，队头元素不变，队尾元素变为 17；图（d）表示出队操作，删除队头元素，QUEUE.head 加 1，队头元素变为 15，队尾元素不变。

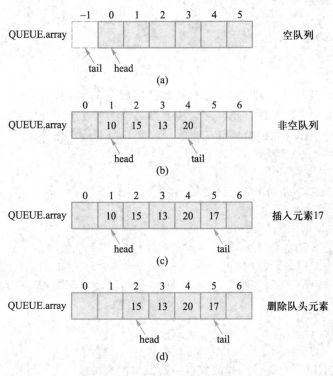

图 3.5　队列的数组实现方式

```
1    // 队列结构体的定义
2    const int MAX_N = 100010;
3    struct QUEUE
4    {
5          int array[MAX_N];
6          int head, tail;
7          QUEUE( )
8          {
9                head = 0;
10               tail = -1;
11         }
12   };
```

队列的主要操作有：判断空队列（EMPTY）、获取队列大小（SIZE）、入队（PUSH）和出队（POP）。

1. 判断空队列

判断队列 Q 是否为空，如果为空则返回 true，否则返回 false。队列是否为空，可以通过比较队头指针和队尾指针的大小来判断。

```
1    // 判断队列是否为空
2    bool EMPTY(QUEUE &Q)
3    {
4          // 判断队列 S 是否为空，如果为空返回 true，否则返回 false
5          if(Q.head > Q.tail) return true;
6          return false;
7    }
```

2. 获取队列大小

返回队列 Q 的大小。返回队头和队尾之间的距离+1。

```
1    int SIZE(QUEUE &Q)
2    {
3          // 返回队列的大小
4          return Q.tail - Q.head + 1;
5    }
```

3. 入队

向队列 Q 中插入元素 x，如果队列 Q 的大小超过队列 Q 的数组容量，将会产生数组越界访问非法内存，导致入队失败，这种错误称为队列上溢。入队成功则返回 true，否则返回 false。入队需要向队尾指针指向的位置后面加入新的元素，然后改变队尾指针。

```
1    // 入队列操作
2    bool PUSH(QUEUE &Q, int x)
```

```
3    {
4            // 压入成功返回 true，否则返回 false
5            if(Q.tail == MAX_N - 1) return false;
6            Q.array[++Q.tail] = x;
7            return true;
8    }
```

4. 出队

队列 Q 队头元素弹出，如果对一个空队列执行出队列操作，将会产生访问非法内存的错误，导致出队失败，这种错误称为队列下溢。弹出成功则返回弹出元素，否则返回−1。出队把队头指针指向位置的元素弹出，然后改变队头指针。

```
1    // 出队列操作
2    int POP(QUEUE &Q)
3    {
4            // 弹出成功返回弹出元素，否则返回-1。
5            if(EMPTY(Q)) return -1;
6            return Q.array[Q.head++];
7    }
```

队列的各项操作非常简单，时间复杂度都是 $O(1)$。队列的空间复杂度为 $O(n)$。从队列的操作可以发现，当向队列中插入一些元素之后，从队头删除元素，这时如果空出来的位置不会被再次利用，就会造成内存空间的浪费。为了防止内存空间的浪费，当发现队尾达到数组尾部时就把队尾指针指向数组的头部，这样做就避免了出队过多对内存的浪费。这种队列为循环队列。

与普通队列相比，循环队列判断空队列的方法有所不同。当循环队列为空队列和满队列时，由于队头位置是在队尾位置后面一个位置上，所以需要增加一个变量记录队列中的元素个数。如果元素个数为零则队列为空，如果队列中的元素个数为数组元素的个数，则说明循环队列为满队列。

3.1.4 例题讲解

扫一扫：程序运
行过程（3-1）

例 3-1   ACboy needs your help again!
Time Limit: 1000/1000 MS (Java/Others)   Memory Limit: 32768/32768 K (Java/Others)
题目描述：
每个问题有一个整数 N（命令的数量）和一个单词"FIFO"或者"FILO"，有 n 次操作，每次操作输入"IN M"代表加入整数 M，"OUT"代表输出元素。FIFO 表示先进先出。FILO 表示先进后出。
输入：
输入由多组输入组成。
每组数据的第一行一个整数 n 代表输入的操作数量和一个单词"FIFO"或者

"FILO"。

然后接下来 n 行代表 n 次操作。

输出：

对于每个"OUT"，根据"FIFO"或者"FILO"输出一个整数，如果没有任何整数输出"None"。

样例输入：

4

4 FIFO

IN 1

IN 2

OUT

OUT

4 FILO

IN 1

IN 2

OUT

OUT

5 FIFO

IN 1

IN 2

OUT

OUT

OUT

5 FILO

IN 1

IN 2

OUT

IN 3

OUT

样例输出：

1

2

2

1

1

2

None

2

3

题目来源： HDOJ 1702

思路分析：

FIFO 表示先进先出，这是队列的特点。FILO 表示先进后出，这是栈的特点。可以用栈和队列模拟程序，输出结果。对于每组输入，如果字符串是 "FIFO"，则通过队列来模拟整个操作序列的 "IN" 和 "OUT"；如果字符串是 "FILO"，则用栈来模拟整个操作序列的 "IN" 和 "OUT"。这样就可以模拟整个过程。题目中的每次操作用到队列或者栈，由于队列和栈每次操作的时间复杂为 $O(1)$，所以整个题目的时间复杂度为 $O(n)$。

题目实现：

```
1    #include<iostream>
2    #include<stack>
3    #include<queue>
4    #include<string>
5
6    using namespace std;
7
8    // 队列结构体的定义
9    const int MAX_N = 100010;
10   struct QUEUE
11   {
12       int array[MAX_N];
13       int head, tail;
14       QUEUE( )
15       {
16           head = 0;
17           tail = -1;
18       }
19   };
20
21   // 入队列操作
22   bool PUSH(QUEUE &Q, int x)
23   {
24   // 压入成功返回 true，否则返回 false
25       if(Q.tail == MAX_N - 1) return false;
```

```
26          Q.array[++Q.tail] = x;
27          return true;
28      }
29
30      // 判断队列是否为空
31      bool EMPTY(QUEUE &Q)
32      {
33      // 判断队列 S 是否为空，如果为空返回 true，否则返回 false
34          if(Q.head > Q.tail) return true;
35          return false;
36      }
37
38      // 出队列操作
39      int POP(QUEUE &Q)
40      {
41       // 弹出成功返回弹出元素，否则返回-1
42          if(EMPTY(Q)) return -1;
43          return Q.array[Q.head++];
44      }
45
46      // 栈结构体的定义
47      struct STACK{
48          int array[MAX_N];
49          int top;
50          STACK( ){
51              top = -1;
52          }
53      };
54
55      // 入栈操作
56      bool PUSH(STACK &S, int x){
57       // 压入成功则返回 true，否则返回 false
58          if(S.top == MAX_N - 1) return false;
59          S.array[++S.top] = x;
60          return true;
61      }
62
63      // 出栈操作
64      int POP(STACK &S){
65       // 弹出成功则返回弹出元素，否则返回-1
```

```
66          if(S.top == -1) return -1;
67          return S.array[S.top--];
68      }
69
70      // 判断栈是否为空
71      bool EMPTY(STACK &S){
72          // 判断栈 S 是否为空，如果为空则返回 true，否则返回 false
73          return S.top == -1;
74      }
75
76      int main( )
77      {
78          int ca;
79          for(cin >> ca; ca--; )
80          {
81              int n;                  //命令数
82              string word;            //单词
83              cin >> n >> word;
84              if(word == "FIFO")      //队列
85              {
86                  struct QUEUE Q;
87                  while(n--)
88                  {
89                      string temp;
90                      cin >> temp;
91                      if(temp == "IN")
92                      {
93                          int num;
94                          cin>>num;
95                          PUSH(Q, num);
96                      }
97                      else
98                      {
99                          if(EMPTY(Q))
100                             cout << "None\n";
101                         else
102                             cout << POP(Q) << endl;
103                     }
104                 }
105             }
```

```
106                else {
107                    struct STACK S;
108                    while(n--)
109                    {
110                        string temp;
111                        cin >> temp;
112                        if(temp == "IN")
113                        {
114                            int num;
115                            cin >> num;
116                            PUSH(S, num);
117                        }
118                        else {
119                            if(EMPTY(S))
120                                cout << "None\n";
121                            else
122                                cout << POP(S) << endl;
123                        }
124                    }
125                }
126            }
127            return 0;
128        }
```

扫一扫：程序运行过程（3-2）

　　本节还讲解了一道使用栈来解决逆波兰式的问题。请到高等教育出版社增值服务网站（http://abook.hep.com.cn）输入本书防伪码后继续学习。

3.2　二叉搜索树

　　二叉搜索树支持很多数据集合的操作，常见的有遍历、插入、删除、查找集合特定元素和查找集合最大、最小元素等。二叉搜索树由于其特殊的数据组织结构，使其在动态维护有序数据时有很强的优势，能够实现动态插入、删除数据的同时保证数据的有序性。本节将首先介绍二叉搜索树的定义和查找，最后介绍二叉搜索树的插入和删除。

3.2.1　二叉搜索树的定义

1. 树和二叉树

树是由 n 个节点组成的有限集合，树的定义如下：

（1）若 n=0，称为空树；

（2）若 n>0，则

（a）有且仅有一个特定的称为根（root）的节点。它只有直接后继（子节点），但没有直接前驱（父节点）；

（b）除根节点以外的其他节点可以划分为 m 个互不相交的有限集合 T_0，T_1，…，T_{m-1}，每个集合 T_i（i=0,1,…,m-1）又是一棵树，称为根的子树，每棵子树的根节点有且仅有一个直接前驱，但可以有 0 个或多个直接后继。

由此可知，树的定义是一个递归的定义，即树的定义中又用到了树的概念。树的结构如图 3.6 所示。

二叉树是一种特殊的树，其中每个节点至多有两棵子树（左子树和右子树），并且二叉树的子树有左右之分，其次序不能任意颠倒。图 3.7 是一棵二叉树，节点 B 和 D 构成了节点 A 的左子树，同理 E 构成了节点 C 的左子树。

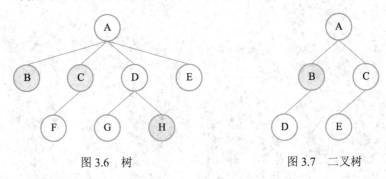

图 3.6　树　　　　　　　　　　图 3.7　二叉树

二叉树的叶子节点：二叉树中没有子节点的节点。图 3.7 中，节点 D 和节点 E 就是二叉树的叶子节点。

二叉树的深度：树中叶子节点的最大层次。图 3.7 中，树的深度为 2。

二叉树的高度：树的深度加 1。图 3.7 中，树的高度为 3。

2. 二叉搜索树

二叉搜索树是一种树状的数据结构，它是由一棵二叉树来组织的，但与二叉树不同的是二叉搜索树是一个有序的树状结构。

二叉搜索树节点的关键字满足如下性质：

任何节点 x 其左子树中所有节点的值不超过 x 的值，右子树中所有节点的值不小于 x 的值。

如图 3.8 所示为二叉搜索树：图（a）和图（b）都表示集合{3,5,6,7,8,10,16,17,20}的二叉搜索树，图（a）的二叉搜索树的高度为 4，图（b）的二叉搜索树的高度为 7。图（a）中根节点的值为 10，左子树所有节点的值不超过 10，同样右子树所有节点的值不小于 10。这个性质不止对于根节点成立，对于树中的每个节点都成立。对于二叉搜索树操作的时间复杂度与树的高度有关，高度越小，操作的时间复杂度越小。

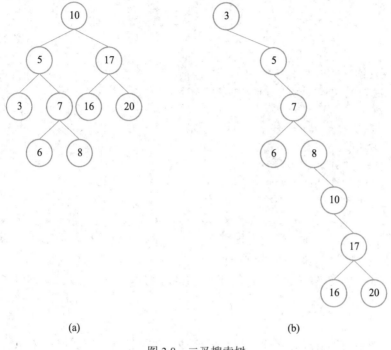

图 3.8 二叉搜索树

3.2.2 二叉搜索树的实现

二叉搜索树可以使用同链表相似的存储方式，每个节点包含 4 个属性：key 表示当前节点的值，parent 表示父节点的下标，left_child 表示左子树根节点的下标，right_child 表示右子树根节点的下标。如果 parent、left_child、right_child 的值是−1 说明相应节点不存在。根节点是树中唯一没有父节点的节点。

```
1    // 二叉搜索树结构体的定义
2    const int MAX_N = 100010;
3    struct BINARYSEARCHTREE
4    {
5        struct BINARYTREE          //树的节点的定义
6        {
7            int key;                //当前节点的值
8            int parent;             //父节点的下标
9            int left_child;         //左子树的下标
10           int right_child;        //右子树的下标
11       } T[MAX_N];
```

```
12        int tot, root;
13        BINARYSEARCHTREE()//通过二叉搜索树初始化
14        {
15            tot = root = -1;
16        }
17    };
18    // 新建节点并返回新节点的下标
19    int NEWNODE(BINARYSEARCHTREE &BST, int key)
20    {
21        BST.T[++BST.tot].key = key;
22        BST.T[BST.tot].parent = -1;
23        BST.T[BST.tot].left_child = -1;
24        BST.T[BST.tot].right_child = -1;
25        return BST.tot;
26    }
```

二叉搜索树是一棵有序树，能够对二叉搜索树进行的操作都是根据二叉搜索树的有序性来对二叉搜索树进行操作。二叉搜索树的主要操作有：遍历（INORDER_TREE_WALK）、值查询（SEARCH）、节点插入（INSERT）和节点删除（DELETE）。

1. 遍历

二叉搜索树的有序性可以通过树的中序遍历来体现。中序遍历采用遍历当前节点左子树、当前节点、当前节点右子树的遍历顺序，而由于二叉搜索树的任意节点左子树的节点 key 值不大于当前节点，当前节点的 key 值又不大于其右子树中节点的 key 值，所以中序遍历可以使树中节点 key 的值按由小到大的顺序输出。

```
1    // 树的中序遍历
2    void INORDER_TREE_WALK(BINARYSEARCHTREE &BST, int x)
3    {
4        if(BST.T[x].left_child != -1)
5            INORDER_TREE_WALK(BST, BST.T[x].left_child);// 遍历树的左子树
6        printf("%d ", BST.T[x].key);// 输出当前节点的 key 值
7        if(BST.T[x].right_child != -1)
8            INORDER_TREE_WALK(BST, BST.T[x].right_child);// 遍历树的右子树
9        return ;
10   }
```

从代码可以看出要对树中的每个节点遍历一次，因此在二叉搜索树遍历的时间复杂度为 O(n)（其中 n 为二叉搜索树节点的个数）。

2. 值查询

key 值查询操作是已知二叉搜索树 T 的根的下标 x 和一个关键字 w，在树中

查询这个关键字 w 的位置。如果在这棵二叉搜索树上存在关键字为 w 的节点，则返回这个节点的下标，不存在返回-1。

查询的方法为从根节点开始，比较当前节点的 key 值，当前节点的 key 值和 w 相等则返回当前节点的下标，当前节点的 key 值比 w 值大则进入当前节点的左子树中查询，否则进入当前节点的右子树查询。如图 3.9 所示为一棵二叉搜索树，在这棵树上，查找 w 的值为 6 的节点的过程为：从根节点开始，w 的值为 6。当前根节点的 key 值为 10，大于 6，则进入根节点的左子树查询；当前节点的 key 值为 5，小于 6，进入其右子树查询；当前节点的 key 值为 7，大于 6，进入其左子树查询。最终发现当前节点的 key 值为 6，等于 w 的值，满足要求返回节点下标，查询成功。同理当查询值 w 为 21 时，最终到达关键字为 20 的节点，此时当前节点没有右子树，即不存在 key 值为 21 的节点，返回-1，查找失败。

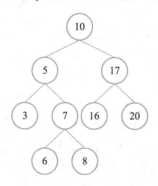

图 3.9　二叉搜索树

```
1    // 根为 x 的这棵树上存在关键字为 key 的节点返回这个节点，不存在返回-1
2    int SEARCH(BINARYSEARCHTREE &BST, int x, int w)
3    {
4        if(x == -1) return -1;
5        if(BST.T[x].key == w)
6            return x;
7        if(BST.T[x].key > w)
8            return SEARCH(BST, BST.T[x].left_child, w);
9        return SEARCH(BST, BST.T[x].right_child, w);
10   }
```

上面代码从树根开始执行，沿着树的一条路径一直向叶子节点向下寻找，直到找到节点的值为 key 或者不存在这样的节点，返回-1 为止。代码执行的递归次数与树的高度 h 有关，所以代码的时间复杂度为 $O(h)$。

3. 插入

二叉搜索树的插入操作，即向二叉搜索树中插入一个元素，同时需要保证二叉搜索树的左子树的元素不大于根节点，根节点不大于右子树的性质不变。

插入操作需要通过递归来实现。递归从根节点开始，递归算法为：如果插入节点的 key 值比当前节点的关键字值大，则插入到当前节点的右子树中，否则插入到当前节点的左子树中。如果当前节点为空则插入到当前位置。如图 3.10 所示插入 key 值为 16 的节点的过程，图（a）是未插入之前的二叉搜索树的结构，图（b）为插入新节点之后二叉搜索树的结构。

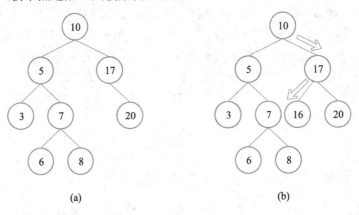

(a)　　　　　　　　　　　　　　(b)

图 3.10　二叉搜索树的插入过程

```
1    // 根为 x 的这棵树上插入关键字为 k 的新节点
2    void INSERT(BINARYSEARCHTREE &BST, int x, int k)
3    {
4        if(BST.root == -1)
5        {
6            BST.root = NEWNODE(BST, k);    // 新建关键字为 k 的节点，新节点称为树根
7            return ;
8        }
9        if(BST.T[x].key > k)
10       {
11           if(BST.T[x].left_child == -1)
12           {
13               int loc = NEWNODE(BST, k);// 新建关键字为 k 的节点的下标为 loc
14               BST.T[x].left_child = loc;
15               BST.T[loc].parent = loc;
16               return ;
17           }
18           INSERT(BST, BST.T[x].left_child, k);
19       }
20       else
```

```
21              {
22                  if(BST.T[x].right_child == -1)
23                  {
24                      int loc = NEWNODE(BST, k);
25                      BST.T[x].right_child = loc;
26                      BST.T[loc].parent = loc;
27                      return ;
28                  }
29                  INSERT(BST, BST.T[x].right_child, k);
30              }
31          return ;
32  }
```

二叉搜索树的插入与二叉搜索树的查询关键字为 k 的节点一样，沿着二叉搜索树从根节点到叶子节点的一条路径不断遍历，最后在空节点处插入新节点。其时间复杂度与二叉搜索树的查询操作相同为 $O(h)$，h 为二叉搜索树的高度。

4. 删除

二叉搜索树的删除操作，即从二叉搜索树中删除一个元素，同时需要保证二叉搜索树的左子树小于根节点，根节点小于右子树的性质不变。

在介绍二叉树删除的具体操作之前，由于二叉搜索树的删除操作需要用到二叉搜索树的后继查询操作，在这里先介绍后继查询操作。

1）后继查询

一个二叉搜索树的后继查询是查找当前节点的两棵子树上大于节点 x 的最小元素。如果存在这样的节点，返回节点的下标，否则返回-1。

查询节点 x 的后继节点时，如果节点 x 不存在右子树，则节点 x 没有后继，否则节点 x 的后继为其右子树中的最小值。对于一棵二叉搜索树来说，如果根节点存在左子树，则当前树最小值就是根节点左子树的最小值，否则根节点就是当前二叉搜索树的最小值。那么一棵二叉搜索树的最小值就是从根节点开始一直"向左走"，直到不能继续为止。而在一棵二叉搜索树中查找后继，就是"向右走"一步，然后一直"向左走"。

```
1   // 查询节点 x 的后继，如果不存在返回-1, 存在返回节点下标
2   int SUCCESSOR(BINARYSEARCHTREE &BST, int x)
3   {
4       if(BST.T[x].right_child == -1) return x;
5       int succ = BST.T[x].right_child;              // x 的后继节点存储在 succ 中
6       while(BST.T[succ].left_child != -1)
7       {
8           succ = BST.T[succ].left_child;
9       }
```

```
10          return succ;
11      }
```

二叉搜索树的后继查询只要不断寻找节点 x 的右子树的左子树就可以找到节点 x 的后继节点，最坏情况为从根节点的右子树向下至叶子节点，所以时间复杂度为 O(h)，h 为二叉搜索树的高度。

2）删除

二叉搜索树删除下标为 z 的节点分 4 种情况：

（1）如果 T[z].left_child = −1 且 T[z].right_child = −1，那么删除下标为 z 的节点，并修改它的父节点，用−1 来替换节点 z。如图 3.11 所示为二叉搜索树在此情况下的删除过程。

图 3.11　二叉搜索树的删除（a）

（2）如果 T[z].left_child = −1 且 T[z].right_child != −1，那么删除下标为 z 的节点，并修改它的父节点，用 T[z].right_child 来替换节点 z。如图 3.12 所示为二叉搜索树在此情况下的删除过程。

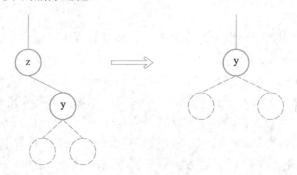

图 3.12　二叉搜索树的删除（b）

（3）如果 T[z].left_child != −1 且 T[z].right_child = −1，那么删除下标为 z 的节点，并修改它的父节点，用 T[z].left_child 来替换节点 z。如图 3.13 为二叉搜索树在此情况下的删除过程。

（4）如果 T[z].left_child != −1 且 T[z].right_child !=−1，那么删除下标为 z 的节点，用节点 z 的后继节点 y 替换节点 z，用节点 y 的右子树替换节点 y，因为节点 y 是节点 z 的后继节点，所以不存在左子树。如图 3.14 所示为二叉搜索树此情况下的删除过程。

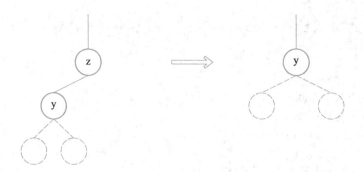

图 3.13　二叉搜索树的删除（c）

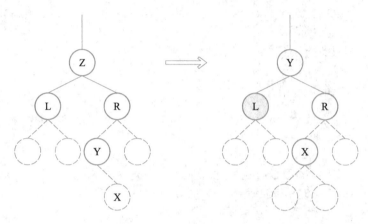

图 3.14　二叉搜索树的删除（d）

```
1      // 以节点 v 为根的子树，替换以节点 u 为根的子树
2      //节点 u 的父节点为节点 v 的父节点，节点 v 称为节点 u 父节点的子节点
3      void TRANSPLANT(BINARYSEARCHTREE &BST, int u, int v)
4      {
5          if(BST.T[u].parent == –1)                    //u 的父节点不存在的情况下
6          {
7              BST.root = v;
8              return ;
9          }
10         if(u == BST.T[BST.T[u].parent].left_child)   //u 是其父节点的左子树的情况下
11         {
12             BST.T[BST.T[u].parent].left_child = v;
13         }
14         else                                         //u 是其父节点的右子树的情况下
15         {
16             BST.T[BST.T[u].parent].right_child = v;
17         }
```

```
18          BST.T[v].parent = BST.T[u].parent;              //更新节点 v 的父节点
19          return ;
20     }
21
22     void DELETE(BINARYSEARCHTREE &BST, int z)
23     {
24          if(BST.T[z].left_child == -1)                   //z 的左子树不存在情况下
25          {
26               TRANSPLANT(BST, z, BST.T[z].right_child);
27          }
28          else if(BST.T[z].right_child == -1)             //z 的右子树不存在情况下
29          {
30               TRANSPLANT(BST, z, BST.T[z].left_child);
31          }
32          else//z 的左右子树都存在情况下
33          {
34               int y = SUCCESSOR(BST, z);//z 的后继节点 y，用节点 y 的右子树替换节点 y
35               if(BST.T[y].parent != z)
36               {
37                    TRANSPLANT(BST, y, BST.T[y].right_child);
38                    BST.T[y].right_child = BST.T[z].right_child;
39                    BST.T[BST.T[y].right_child].parent = y;
40               }
41               TRANSPLANT(BST, z, y);
42               BST.T[y].left_child = BST.T[z].left_child;
43               BST.T[BST.T[y].left_child].parent = y;
44          }
45          return ;
46     }
```

　　上面的代码完成了删除操作的四种情况。从代码可以看出，删除操作的时间复杂度同二叉搜索树的 SUCCESSOR 操作相同，而 SUCCESSOR 操作的时间复杂度为 O(h)（h 为二叉搜索树的高度），所以二叉搜索树删除操作的时间复杂度为 O(h)。

　　可以看出，二叉搜索树各种操作的时间复杂度与树的高度成正比，也就是说树的高度越小，操作的时间复杂度就越小。以后将会学习其他基于二叉搜索树的树形数据结构（如伸展树），这些数据结构通过降低树的高度，使得高度为 $\log_2 n$ 左右，来保证每次操作的时间复杂度达到 O($\log_2 n$)。

　　本节讲解一道利用二叉搜索树解决的数据统计问题，请到高等教育出版社，增值服务网站（http://abook.hep.com.cn）输入本书防伪码后继续学习。

扫一扫：程序运
行过程（3-3）

3.3 C++标准模板库

STL（Standard Template Library，标准模板库）是惠普实验室开发的一系列软件的统称。它是由 Alexander Stepanov、Meng Lee 和 David R Musser 在惠普实验室工作时开发出来的。虽然在被引入 C++之前该技术就已经存在了很长的一段时间，但它目前主要应用在 C++中。

STL 的代码从广义上讲分为 3 类：algorithm（算法）、container（容器）和 iterator（迭代器），几乎所有的代码都采用了模板类和模板函数的方式，这相比于传统的由函数和类组成的库来说提供了更好的代码重用机会。

在 C++标准中，container（容器）为下面的头文件：

<deque>、<vector>、<list>、<map>、<queue>、<set>、<stack>

本节将对 container（容器）和 iterator（迭代器）的使用方式进行详细介绍。C++为了方便用户对容器的访问，定义了 iterator（迭代器）。每种迭代器的具体用法将在程序实例中讲解。

iterator（迭代器）模式又称 cursor（游标）模式，用于提供一种顺序访问一个聚合对象中的各个元素，而又不需暴露该对象的内部表示的方法；或者这样说可能更容易理解：iterator 模式是运用于聚合对象的一种模式，使得用户可以在不知道对象内部表示的情况下，按照一定顺序（由 iterator 提供的方法）访问聚合对象中的各个元素。

3.3.1 vector

vector 是向量容器，其数据结构的原型为数组类型。只不过该容器通过封装 vector 模板类实现动态数组结构，无须使用者进行内存管理。vector 是 C++标准模板库中的部分内容，它是一个多功能的，能够操作多种数据结构和算法的模板类和函数库。vector 之所以被认为是一个容器，是因为它能够像容器一样存放各种类型的对象，简单地说，vector 是一个能够存放任意类型的动态数组，能够增加和压缩数据。

1. vector 的头文件和命名空间

头文件：vector。

命名空间：std。

2. vector 的定义

```
vector <数据类型>变量名;
```

3. vector 的操作

vector 的主要操作包括以下几种。

（1）at(idx)：返回索引 idx 所指的数据，如果 idx 越界，则抛出 out_of_range 异常。at 操作的时间复杂度为 O(1)。

（2）begin( )：传回容器中的第一个元素的迭代器。begin 操作的时间复杂度为 O(1)。

（3）clear( )：清空容器中的所有数据。clear 操作的时间复杂度为 O(1)。

（4）empty( )：判断容器是否为空。empty 操作的时间复杂度为 O(1)。

（5）end( )：指向迭代器中最后一个数据的后一个迭代器，该迭代器不指向有效数据，作为判断结束的标志使用。end 操作的时间复杂度为 O(1)。

（6）push_back(elem)：在尾部加入一个数据。push_back 操作的时间复杂度为 O(1)。

（7）size( )：返回容器中实际数据的个数。size 操作的时间复杂度为 O(1)。

（8）operator[ ] 返回容器中指定位置的数据，与数组的下标访问相同，但不提供越界检查。operator 操作的时间复杂度为 O(1)。

4. vector 对象的比较

vector 有 6 个比较运算符：==、!=、<、<=、>、>=，这些运算符通过运算符重载使得 vector 对象能够直接进行比较。两个 vector 的比较类似字符串，进行字典序的比较。其中，如果两个 vector 对象拥有相同的元素个数，并且对应位置的元素全部相等，则两个 vector 对象相等，否则不相等。

5. vector 插入操作

vector 的插入操作使用 push_back 方法，具体实现如下：

```
1    vector<int> ivec;                    // 定义空的 vector
2    for(vector<int>::size_type ix = 0; ix != 10; ++ix)
3            ivec.push_back(ix);
```

上述程序在 ivec 中插入 10 个新元素，元素值依次为 0～9 的整数。需要注意的是必须是已存在的元素才能用下标操作符进行索引。vector 的某个位置没有数据，不能通过下标操作在该位置添加数据。通过下标操作进行赋值时，可以修改，但不会添加任何元素。仅能对已存在的元素进行下标操作。例如下面的程序是错误的：

```
1    vector<int> ivec;                    // 定义空的 vector
2    for(vector<int>::size_type ix = 0; ix != 10; ++ix)
3            ivec[ix] = ix+1;
```

上面的代码试图在 ivec 中插入 10 个新元素，元素值依次为 0～9 的整数。但是，这里 ivec 是空的 vector 对象，而下标只能用于获取或修改已存在的元素。

6．vector 迭代器（iterator）和 vector 遍历操作

"vector<int>::iterator iter;"这条语句定义了一个名为 iter 的变量，它的数据类型是由 vector<int>定义的 iterator 类型。遍历一个容器中的元素时，必须使用与之相对应的迭代器。vector<int>类型的迭代器类型是 vector<int>::iterator。使用迭代器可以读取 vector 中的每一个元素。遍历时令 iter 指向 vector 的第一个元素，这可以用 begin( )来获得。迭代器重写了++运算符，使得 iter 可以移动到下一个元素。当 iter 等于 end( )时，认为遍历结束。

当然除了使用 iterator 之外，与数组相同的下标操作也能完成遍历。下面的程序演示了这两种遍历方式的不同。

```
1    /**vector 遍历操作实例*/
2    #include <iostream>
3    #include <vector>
4    using namespace std;                              //应用 std 命名空间
5    int main()
6    {
7        vector<string> v;                            //定义 vector 变量
8
9        for(int i = 0; i < 10; i++)
10           v.push_back("hello, world");             //用 push_back 插入元素
11
12       for(vector<string>::iterator it = v.begin( ); it < v.end( ); ++it)   //用迭代器遍历 vector
13           cout<<*it<<endl;                         //使用"*"对 iterator 的内容进行操作
14
15       for(vector<string>::size_type i = 0; i < v.size( ); ++i)    //用下标遍历 vector
16           cout<<v[i]<<endl;
17
18       return 0;
19   }
```

运行结果：

```
hello, world
hello, world
hello, world
hello, world
hello, world
hello, world
hello, world
hello, world
hello, world
hello, world
```

```
hello, world
hello, world
hello, world
hello, world
hello, world
hello, world
hello, world
hello, world
hello, world
hello, world
```

上面程序中用了两种输出方式输出容器中的元素，每种循环的遍历方式是不一样的。特别需要说明的是，第二种循环在条件判断中使用了 size( )函数，而不是在循环之前先保存在变量中使用。这样做的原因是：如果将来修改程序时，在循环中修改了容器元素的个数，这个循环仍然能很好地工作，如果先保存 size( )函数值就不正确了。

3.3.2 set

set 是集合容器。集合的意义在于相同的元素只能存在一个。为了保证其中元素的唯一性，set 集合内的元素是有序的。set 的内部实现是使用红黑树的平衡二叉检索树的数据结构。平衡二叉树除了拥有二叉树对于每个节点其元素值不小于其左子树的元素值，不大于其右子树的元素值的性质之外，还会保证其整体树高是 $O(\log_2 n)$的，从而保证其修改和查询的效率。

1．set 的头文件和命名空间

头文件：set

命名空间：std

2．set 的定义

set <数据类型>变量名;

3．set 的操作

set 的主要操作包括以下几种。

（1）begin( )：传回迭代器中的最小数据的迭代器。Begin 操作的时间复杂度为 $O(1)$。

（2）clear( )：移除容器中所有数据。clear 操作的时间复杂度为 $O(1)$。

（3）empty( )：判断容器是否为空。empty 操作的时间复杂度为 $O(1)$。

（4）end( )：指向迭代器中的最后一个数据的后一个迭代器，该迭代器不指向有效数据，作为判断结束的标志使用。end 操作的时间复杂度为 $O(1)$。

（5）insert (elem)：在集合中插入一个数据。insert 操作的时间复杂度为

$O(\log_2 n)$。

（6）count(elem)：统计集合中是否存在 elem，如果存在返回 1，否则返回 0。count 操作的时间复杂度为 $O(\log_2 n)$。

（7）erase(elem)：删除集合中的 elem。Erase 操作的时间复杂度为 $O(\log_2 n)$。

（8）find(elem)：寻找集合中 elem 的迭代器，如果存在，返回指向对应元素的迭代器，否则返回的迭代器与 end( )的返回值相等。Find 操作的时间复杂度为 $O(\log_2 n)$。

（9）size( )：返回容器中实际数据的个数。size 操作的时间复杂度为 $O(1)$。

4．set 插入操作

```
1    /**set 插入操作实例*/
2    #include <iostream>
3    #include <set>
4    using namespace std;
5    int main( ) {
6    set<int> st;                    // 定义 set 集合
7    for(set<int>::size_type ix = 0; ix <= 10; ++ix)
8            st.insert(ix);          // 插入 ix
9    return 0;
10   }
```

5．set 查找操作

```
1    /** 程序 3-3 set 查找操作实例*/
2    #include <iostream>
3    #include <set>
4    using namespace std;
5    int main( ) {
6    set<int> st;// 定义 set 集合
7    for(set<int>::size_type ix = 0; ix <= 10; ++ix)
8            st.insert(ix);// 插入 ix
9    if(st.count(10)) cout <<"10 id good\n";
10   else cout <<"10 is bad\n";
11   if(st.count(11)) cout << "11 id good\n";
12   else cout <<"11 is bad\n";
13   return 0;
14   }
```

运行结果：
```
10 id good
11 is bad
```

6. set 迭代器(iterator)和 set 遍历操作

"set<int>::iterator iter;"这条语句定义了一个名为 iter 的变量，它的数据类型是由 set<int>定义的 iterator 类型。使用迭代器可以读取 set 中的每一个元素。遍历时令 iter 指向 set 的第一个元素，这可以用 begin( )来获得。迭代器重写了++运算符，使得 iter 可以移动到下一个元素。当 iter 等于 end( )时，认为遍历结束。

```
1   /*
2   *程序 3-4 set 变量操作实例
3   */
4   #include <iostream>
5   #include <set>
6
7   using namespace std;
8
9   int main( ) {
10  set<int> st;// 定义 set 集合
11  for(int ix = 10; ix <= 0; --ix)
12          st.insert(ix);// 插入 ix
13  for(set<int>::iterator it = st.begin(); it != st.end(); ++it)
14          cout << (*it) << endl;//使用 "*" 对 iterator 的内容进行操作。
15  return 0;
16  }
```

运行结果：

```
0
1
2
3
4
5
6
7
8
9
10
```

set 的变量操作通过 set<int>::iterator 来实现，需要注意的是 set 的遍历顺序与插入顺序无关。无论 set 的插入顺序是什么，它的遍历都是从小到大的。

3.3.3 map

map 是 STL 的一个关联容器，它提供一对一的键值关系数据的处理，其中每个关键字只能在 map 中出现一次值。为了保证键的唯一性，map 会自动为键排序。

1. map 的头文件和命名空间

头文件：set

命名空间：std

2. map 的创建

```
map <数据类型 1, 数据类型 2>变量名;
```

一个 map 为从数据类型 1 到数据类型 2 建立的映射的集合,如 map<string, int> m，建立了从 string 到 int 的映射。

3. map 的函数

（1）begin( )：传回迭代器中的最小数据的迭代器。begin 操作的时间复杂度为 O(1)；

（2）clear( )：移除容器中所有数据。clear 操作的时间复杂度为 O(1)；

（3）empty( )：判断容器是否为空。empty 操作的时间复杂度为 O(1)；

（4）end( )：指向迭代器中的最后一个数据的最后一个迭代器，该迭代器不指向有效数据，作为判断结束的标志使用。end 操作的时间复杂度为 O(1)；

（5）insert(elem1，elem2)：在集合中插入一个数据。insert 操作的时间复杂度为 $O(\log_2 n)$。

（6）find(elem)：寻找集合中关键字为 elem 的迭代器。find 操作的时间复杂度为 $O(\log_2 n)$；

（7）size( )：返回容器中实际数据的个数。size 操作的时间复杂度为 O(1)；

（8）operator[elem]：返回容器中关键字为 elem 元素的值。operator 操作的时间复杂度为 $O(\log_2 n)$。

4. map 的插入操作

```
1    /**程序 3-5 map 的插入操作实例*/
2    #include <map>
3    #include <string>
4    #include <iostream>
5    using namespace std;
6    int main( )
7    {
8        map<int, string> mapStudent;//定义 map
9        mapStudent[1] =    "student_one";//对 map 进行赋值操作
10       mapStudent[2] =    "student_two";
11       mapStudent[3] =    "student_three";
12       for(int i = 3; i >= 1; --i)
13           cout << mapStudent[i] << endl;
14   }
```

运行结果：

```
student_three
student_two
student_one
```

与 set 不同的是，map 的插入操作可以通过 operator[ ]来完成。如上面程序
"mapStudent[1] = "student_one""之后整型变量 1 与 string 变量"student_one"建立
了映射关系。即使对一个键值并没有在 map 中指定其对应的值，在对其使用下标
访问时，会返回数据类型 2 的默认值。

5. map 迭代器(iterator)和 map 的遍历操作

"map<string, int >::iterator iter;"这条语句定义了一个名为 iter 的变量，它的
数据类型是由 map<string, int >定义的 iterator 类型。使用迭代器可以读取 map 中
的每一个元素。遍历时令 iter 指向 map 的第一个元素，这可以用 begin( )来获得。
迭代器重写了++运算符，使得 iter 可以移动到下一个元素。当 iter 等于 end( )时，
遍历结束。与 vector 和 set 不同的是 map 的 iterator 类型是一个 pair 值，pair 的 first
存储的是 map 的键值对中的键，pair 的 second 是键值对中给的值。

```
1   /**map 的遍历操作实例*/
2   #include <map>
3   #include <string>
4   #include <iostream>
5   using namespace std;
6   int main( )
7   {
8       map<int, string> mapStudent;
9       mapStudent[1] ="student_one";
10      mapStudent[2] = "student_two";
11      mapStudent[3] = "student_three";
12      map<int, string>::iterator it;                    //定义 map 的迭代器变量
13      for(it = mapStudent.begin( ); it != mapStudent.end(); ++it) //迭代器便利 map
14          cout << (it->first) <<" "<< (it->second) << endl;      //输出 map 的映射关系
15  }
```

运行结果：

```
1 student_one
2 student_two
3 student_three
```

同 set 相同 map 的遍历操作也用迭代器实现，并且顺序是按照 map 的第一个
关键字的大小顺序输出。

3.3.4　priority_queue

priority_queue 是 STL 的堆式容器，它可以存储数据，并且返回当前容器数据

的最大值，但是不能返回其他值。priority_queue 内部由堆实现。

1．priority_queue 的头文件和命名空间

头文件：queue。

命名空间：std。

2．priority_queue 的创建

priority_queue<数控类型>变量名。

3．priority_queue 的函数

（1）empty( )：判断容器是否为空。empty 操作的时间复杂度为 O(1)。

（2）push (elem)：在集合中插入一个数据。push 操作的时间复杂度为 $O(\log_2 n)$。

（3）pop( )：删除堆顶元素。pop 操作的时间复杂度为 $O(\log_2 n)$。

（4）top( )：返回堆顶元素值。top 操作的时间复杂度为 O(1)。

（5）size( )：返回容器中实际数据的个数。size 操作的时间复杂度为 O(1)。

4．priority_queue 的插入操作

```
1   /**priority_queue 的插入操作实例*/
2   #include <map>
3   #include <queue>
4   #include <iostream>
5   using namespace std;
6   int main( )
7   {
8       priority_queue<int> q;              //定义优先队列
9       for(int i = 1; i < 100; i++)
10          q.push(i);                      //向优先队列中加入元素
11  }
```

priority_queue 的插入操作可以通过 push 函数来实现。上面代码向 q 中插入 1～99 之间的所有整数。

5．priority_queue 的弹队列操作

```
1   /**priority_queue 的弹队列操作*/
2   #include <map>
3   #include <queue>
4   #include <iostream>
5   using namespace std;
6   int main( )
7   {
8       priority_queue<int> q;
9       for(int i = 1; i < 10; i++)
10          q.push(i);
```

```
11        while(!q.empty())
12        {
13            cout << q.top() << endl;//输出堆顶元素的值
14            q.pop();
15        }
16    }
```

运行结果：

```
9
8
7
6
5
4
3
2
1
```

3.3.5　例题讲解

扫一扫：程序运
行过程（3-4）

例 3-2　看病要排队

Time Limit: 3000/1000 MS (Java/Others)　　Memory Limit: 32768/32768 K (Java/Others)

题目描述：

看病要排队这个是地球人都知道的常识。

不过经过细心的 0068 的观察，他发现了医院里排队还是有讲究的。0068 所去的医院有 3 个医生同时看病。而看病的人病情有轻重，所以不能根据简单的先来先服务的原则。所以医院对每种病情规定了 10 种不同的优先级。级别为 10 的优先权最高，级别为 1 的优先权最低。医生在看病时，则会在他的队伍里面选择一个优先权最高的人进行诊治。如果遇到两个优先权一样的病人，则选择最早来排队的病人。

现在就帮助医院模拟这个看病过程。

输入：

输入数据包含多组测试，请处理到文件结束。

每组数据第一行有一个正整数 N（0<N<2000）表示发生事件的数目。

接下来有 N 行分别表示发生的事件。

一共有两种事件：

（1）"IN A B"，表示有一个拥有优先级 B 的病人要求医生 A 诊治。(0<A≤3,0<B≤10)；

（2）"OUT A"，表示医生 A 进行了一次诊治，诊治完毕后，病人出院。(0<A≤3)。

输出：

对于每个"OUT A"事件，请在一行里面输出被诊治人的编号 ID。如果该事件时无病人需要诊治，则输出"EMPTY"。

诊治人的编号 ID 的定义为：在一组测试中，"IN A B"事件发生第 K 次时，进来的病人 ID 即为 K。从 1 开始编号。

样例输入：

```
7
IN 1 1
IN 1 2
OUT 1
OUT 2
IN 2 1
OUT 2
OUT 1
2
IN 1 1
OUT 1
```

样例输出：

```
2
EMPTY
3
1
1
```

题目来源：HDOJ 1873

思路分析：

题目中的排队看病的优先顺序并不是普通的队列操作，而是通过优先权的大小来决定看病的顺序，优先权大的先看病。如果相同则按照时间来判断看病顺序的先后，可以通过 priority_queue 来维护动态集合中优先级最大的元素，也可以用 set 的 begin 函数，每次返回集合的最小值，并对集合做动态修改。

priority_queue 和 set 的插入时间复杂度为 $O(\log_2 n)$，所以整个问题的时间复杂度为 $O(n \log_2 n)$。

题目实现：

```
1    #include <cstdio>
2    #include <cstring>
3    #include <cstdlib>
```

```
4      #include <queue>
5      #include <algorithm>
6      #include <iostream>
7      using namespace std;
8      // 定义病人的结构体变量
9      struct DATA
10     {
11         int pri;
12         int num;
13         DATA( ) { }
14         DATA(int pri, int num): pri(pri), num(num) { }
15         bool operator < (const DATA &O) const
16         {
17             if(pri == O.pri)
18                 return num > O.num;
19             return pri < O.pri;
20         }
21     };
22
23     int main( )
24     {
25         int n;
26         while(cin>>n)
27         {
28     //priority_queue 维护动态集合中优先级最大的元素
29             priority_queue<DATA> que[4];
30             int tot=0;
31             while(n--)
32             {
33                 int a,b;
34                 string str;
35                 cin>>str;
36     //维护动态集合
37                 if(str=="OUT")
38                 {
39                     cin>>a;
40                     if(que[a].empty( ))
41                         cout<<"EMPTY\n";
42                     else
43                     {
```

```
44                        DATA now=que[a].top( );
45                        que[a].pop( );
46                        cout<<now.num<<endl;
47                    }
48                }
49                else if(str=="IN")
50                {
51                    cin>>a>>b;
52                    que[a].push(DATA(b, ++tot));
53                }
54            }
55        }
56        return 0;
57    }
```

本节还讲解了一道可以利用 C++标准模板库中的 map 或 set 解决的例题。请
到高等教育出版社增值服务网站（http://abook.hep.com.cn）输入本书防伪码后继
续学习。

扫一扫：程序运
行过程（3-5）

3.4 练 习 题

习题 3-1

题目来源：HRBEU 1546

题目类型：单链表实现

思路分析：给定整数 n，建立一个含有 n 个整数的单链表，然后删除其中 m
个数，最后依次输出链表中元素。实现包括：建立、插入和删除操作的单链表
即可。

习题 3-2

题目来源：HRBEU 1940

题目类型：队列实现

思路分析：给定操作个数 T，然后 T 种对队列的操作包括：插入、删除和清
空操作。只需模拟 3 种操作即可。

习题 3-3

题目来源：HDU 1022

题目类型：栈的应用

思路分析：给定 n 辆火车、序列 1 和序列 2。已知 n 列火车以序列 1 方式进
站，判断是否能以序列 2 方式出栈。进站不一定是一次性进入，中途可以出站。

维护栈 s 表示火车的进栈和出栈。从头开始遍历序列 1 和序列 2，如果序列 1 和序列 2 不匹配就放入栈 s 中，匹配后出栈，并比较栈顶与序列 2 的下一辆，匹配继续，不匹配就继续进栈。最后遍历完序列 1 和序列 2 之后，栈空表示合法，否则表示非法。

习题 3-4

题目来源：POJ 1521

题目类型：哈夫曼编码

思路分析：给定字符串，求哈夫曼编码长度和普通编码长度的比值。本题主要问题就是哈夫曼树的问题。哈夫曼树是所有叶子节点的带权路径长度之和最短的树，权值较大的节点离根较近。假设有 n 个节点，则构造出的哈夫曼树有 n 个叶子节点。n 个权值分别设为 w_1、w_2、…、w_n，则哈夫曼树的构造规则如下。

将 w_1、w_2、…、w_n 看成是有 n 棵树的森林（每棵树仅有一个节点）；

（1）在森林中选出两个根节点的权值最小的树合并（通过优先队列选取两颗权值最小的树），作为一棵新树的左、右子树，且新树的根节点权值为其左、右子树根节点权值之和。

（2）从森林中删除选取的两棵树，并将新树加入森林。

（3）重复第 2、3 步，直到森林中只剩一棵树为止，该树即为所求得的哈夫曼树。

习题 3-5

题目来源：POJ 2442

题目类型：优先队列的应用

思路分析：给定 $n×m$ 的矩阵，然后每行取一个元素，组成一个包含 n 个元素的序列，一共有 $n×m$ 种序列，求出序列和最小的前 n 个序列的序列和。本题中，由于要求输出序列中最小的前 n 个数，只需要用优先队列维护每行之后的前 n 个最小的数之和，对于其他的数字不需要维护，这样直到最后一行之后，输出优先队列的前 n 个数字之和即可。

第4章 基本算法设计

本章介绍很多基本的算法思想，它们是贯穿整本书的基础内容，对后续的算法学习有极大的指导意义。

扫一扫：第4章
扩展阅读

枚举的思想是极为重要的，为思考问题提供了一种直观的思维方式；递推时常与数列的生成有着极大关系；而递归则是计算机思想中的一种重要思想，并且启发出分治算法；贪心则提供了求最优值问题的一种有效的思路；模拟通常伴随着代码量较大的程序，需要一定技巧来整理代码结构；哈希和二分法从两方面提供了快速查找算法的思想。

4.1 枚 举

有一类问题可按照一定逻辑将所有情况都检查一遍，这种方法会把各种可能的情况都考虑到，并对所得的结果逐一进行判断，过滤掉那些不符合要求的，保留那些符合要求的，这种方法叫枚举算法。

本节将介绍枚举算法的定义、解题过程和特点，并通过枚举算法的例子来强化对枚举思想的理解。

4.1.1 枚举算法的定义

枚举算法（也称为"穷举法"）是指从可能的解集中一一列举出各个元素，用题目给定的约束条件判断哪些是满足题目条件的，哪些是不满足题目条件的，能满足题目条件的解即为问题可行解。

4.1.2 枚举算法的解题过程

根据枚举算法的定义，总结出枚举算法分为以下两步。

（1）确定解的范围，并逐一列举其中的元素。

枚举算法首先需要确定题目可行解的范围，在这个范围内一定包含所有题目要求的解，但是可能多包含一些无用的元素。确定范围之后，将这个范围内所有的元素列举出来。一般这个过程使用 C 语言的循环结构来遍历每一个可能的解。在这个过程中，最重要的是要选准最合适的枚举对象，枚举对象即是问题中可能的变量，一个合理的枚举对象能够有效地降低枚举范围，加快枚举的时间，更加有效地解决问题。另外，除了要注意枚举解的范围，还必须注意枚举顺序。在枚举时，为了结果的正确性，不能遗漏任何解；为了枚举的效率，不能重复枚举相同的解。因此，仔细分析解集范围是枚举算法解题的关键。

（2）对列举每一个可能的解进行检验。

一般情况下使用 C 语言的分支结构判断当前解是否满足条件，对于所有满足条件的解，按照题目要求进行运算，并得到最终的结果。由于枚举问题的多样性和复杂性，在不同的题目中所使用的检验解的方法并不相同。虽然在整体上检验解时没有统一的方法，但是在构建检验算法时，应特别注意检验算法的时间复杂度。同时应该结合枚举量的大小，来设计枚举算法，使得算法的整体性能满足要求。枚举的解数量较小时，允许使用时间复杂度较高的检验算法；反之则需要效率较高的检验算法。在枚举量和检验算法之间找到一个平衡点，使得整体的求解性能得到保证。

通过分析枚举算法的解题过程，可以从两方面来优化枚举算法的复杂度。一方面充分运用题目中的条件和限制，尽力降低枚举解的范围；另一方面，在检验解集时，应该尽力减少判断每个解所用时间，尽力找到更优的检验算法，加快检验解正确性的速度。

4.1.3　枚举算法的特点

枚举算法的特点如下：

（1）得到的结果肯定是正确的。

由于枚举算法是对所有待枚举解空间进行逐一验证，所以只要可行解的范围是确定的并且检验解的算法是正确的，枚举算法总能得到正确解。

（2）比较简洁、直观。

枚举算法通过遍历问题解空间的所有可能解来得到答案解，这使得程序简单、直观、易编写，且容易证明算法的正确性和易于分析算法的时间复杂度。

（3）可能做了很多的无用功，浪费了宝贵的时间，效率低下。

当应用枚举算法求最值问题时（如求最小值、最大值等），因为在解空间中，只有少数几个解为最值解，所以如果检验枚举解空间中的全部可能解会有很多无用的解，浪费了大量时间。在枚举算法使用时不对其进行优化而使得算法的复杂度过大，可能将造成时间崩溃。因此在选用枚举算法解决问题时，一定要仔细选择枚举算法解题的时间复杂度。另外，在解决最值问题时，如果有其他特定的求最值算法，应该尽量使用其他比枚举算法更优的算法。

4.1.4　例题讲解

扫一扫：程序运行过程（4-1）

例 4-1　一元三次方程求解

Time Limit: 1000/1000 MS (Java/Others)　　Memory Limit: 256000/256000K (Java/Others)

题目描述：

例如 $ax^3+bx^2+cx+d=0$ 的一元三次方程。给出该方程中各项系数（其中 a，b，c，d 均为实数），并约定该方程存在 3 个不同实根（根的范围在-100～100 之间），且根与根之差的绝对值大于或等于 1。要求由小到大依次在同一行输出这 3 个实根（根与根之间留有空格），并精确到小数点后 2 位。

输入：

四个实数：a，b，c，d

输出：

由小到大依次在同一行输出这三个实根（根与根之间留有空格），并精确到小数点后 2 位。

样例输入：

1 −5 −4 20

样例输出：

−2.00 2.00 5.00

题目来源： Tsinsen A1136

思路分析：

一元三次方程的求解可直接使用求根公式，但该公式复杂繁琐，不利于编程实现。继续分析题目，发掘题目的隐藏信息：根的范围在-100～100，结果只要保留两位小数。可以以根为枚举对象，这样枚举根的范围是-100.00～100.00，一共只有 20 000 种可能。

接下来用原方程进行验证，验证的时候有一个小陷阱。由于枚举的解并不一定是精确解，代入原方程中，所得结果也就不一定等于 0，因此使用原方程 $ax^3+bx^2+cx+d=0$ 作为判断标准是不准确的。换一个角度来思考问题，设 $f(x) = ax^3+bx^2+cx+d=0$，若 x 为方程的根，则根据题意中根与根之差的绝对值大于或等于 1 可知，必有 $f(x-0.005) \times f(x + 0.005) < 0$，依此为枚举判定条件，问题就迎刃而解了。另外，如果 $f(x - 0.005) = 0$，则说明 $(x - 0.005)$ 也是方程的根，由四舍五入，方程的根也为 x。

题目实现：

```
1    #include <iostream>
2    #include <cstdio>
3    #include <cstring>
4    #include <vector>
5    #include <algorithm>
6    using namespace std;
```

```
7
8        double f(double a, double b, double c, double d, double x)    //原方程表达式
9        {
10           return ((a * x + b) * x + c) * x + d;
11       }
12       void solve(vector<double>&ans, double a, double b, double c, double d)
13       // ans 向量存储结果根
14       {
15           for (int i = -10000; i <= 10000; i ++)
16           {
17               double x = (i * 1.0) / 100.0;    //确定当前枚举的解
18               double f1 = f(a, b, c, d, x − 0.005), f2 = f(a, b, c, d, x + 0.005);
19               if(f1 * f2 < 0 || f1 == 0) //有解
20               {
21                   ans.push_back(x);
22               }
23           }
24       }
25
26       int main()
27       {
28       //      freopen("in.txt", "r", stdin);
29           vector<double> ans;
30           double a, b, c, d;
31           scanf("%lf%lf%lf%lf", &a, &b, &c, &d);
32           solve(ans, a, b, c, d);
33           sort(ans.begin(), ans.end());
34
35           for(int i = 0; i < 3; ++ i)
36           {
37               if(i > 0) putchar(' ');
38               printf("%.2f", ans[i]);
39           }
40           return 0;
41       }
```

扫一扫：程序运
行过程（4-2）

扫一扫：程序运
行过程（4-3）

　　本节还讲解了两道利用枚举算法来解决的问题。分别是求生理周期重合问题和利用给定规则将棋盘上的黑白棋子变为同一种颜色的问题。请到高等教育出版社，增值服务网站（http://abook.hep.com.cn）输入本书防伪码后继续学习。

4.2　递　　推

递推算法是一种用若干步可重复的简单运算来描述复杂问题的方法，当问题很庞大，不知道如何找准切入点时，可以考虑递推法。

本节介绍递推的概念、递推与数列、斐波那契数列（递推的一个著名例子），最后介绍递推的两种顺序。

4.2.1　递推的概念

递推是计算机中的一种常用算法。它是按照一定的规律来计算序列中的每个项，通常是通过计算前面的一些项来得出序列中指定项的值。其思想是把一个复杂庞大的计算过程转化为简单过程的多次重复。

4.2.2　递推与数列

按一定次序排列的一列数称为数列（sequence of number）。数列中的每一个数都叫做这个数列的项。

排在第一位的数列称为这个数列的第 1 项（通常也叫作首项），排在第二位的数称为这个数列的第 2 项，$\cdots$，排在第 n 位的数称为这个数列的第 n 项。所以，数列的一般形式可以写成 $a[1]$, $a[2]$, $a[3]$, $\cdots$, $a[n]$。

很多数列的项与项之间都有关联，这时数列和递推有着密切的关系，如果数列的第 n 项与它前一项或者前几项的关系可以用一个式子来表示，则称该公式为这个数列的递推公式。很多数列使用递推公式生成更加直观。例如公差为 d 的等差数列递推公式为 $a[n] = a[n-1] + d$；公比为 q 的等比数列递推公式为 $a[n] = a[n-1] \times q$。

4.2.3　斐波那契数列

通过具体的例子来引入斐波那契数列。

第一个月初有一对刚诞生的新兔子，每对刚诞生的新兔子在诞生两个月之后（在诞生之后的第三个月初）它们可以生育，每月初每对可生育的兔子会诞生下一对新兔子，兔子永不死去，那么请问第 n 月有多少对兔子？

先看看前几个月兔子的对数。

第一个月：一对新兔子 $r1$，用小写字母表示新兔子。

第二个月：还是一对兔子，不过兔子长大了，具备生育能力，用大写字母 $R1$ 表示。

第三个月：R1 生了一对新兔子 r2，一共两对。

第四个月：R1 生了一对 r3，一共 3 对。另外，r2 长大了，具备生育能力，变成了 R2。

第五个月：R1 和 R2 各生一对，记为 r4，r5，共 5 对。此外，r3 长成 R3。

第六个月：R1、R2 和 R3 各生一对，分别记为，r6、r7、r8，共 8 对，同时 r4 长成 R4，

r5 长成 R5。

……

设 $f(n)$ 表示第 n 个月有 $f(n)$ 对兔子。

通过以上分析，第 n 个月兔子对数 $f(n)$ 由两部分构成：第一部分，上一个月就有的老兔子的对数 $f(n-1)$；第二部分，上一个月可生育的老兔子所生育新兔子的对数，这一部分的兔子数就等于第 $n-2$ 个月兔子的总数 $f(n-2)$，因此可以得到如下递推式：

$$f(1) = f(2) = 1$$
$$f(n) = f(n-1) + f(n-2) \quad (n \geqslant 3)$$

4.2.4　递推的两种顺序

1. 顺推法

所谓顺推法是从已知条件出发，逐步推算出要解决的问题。

如斐波拉契数列，设它的函数为 $f(n)$，已知 $f(1)=1$，$f(2)=1$，$f(n)=f(n-2)+f(n-1)$($n \geqslant 3$)，则通过顺推可以知道，$f(3)=f(1)+f(2)=2$，$f(4)=f(2)+f(3)=3$，…，直至我们要求的解。

2. 逆推法

所谓逆推法从已知问题的结果出发，用迭代表达式逐步推算出问题的开始条件，即顺推法的逆过程，称为逆推。

4.2.5　例题讲解

扫一扫：程序运行过程（4-4）

例 4-2　Sumsets

Time Limit: 1000/1000 MS (Java/Others)　Memory Limit: 200000/200000K (Java/Others)

题目描述：

农民约翰命令他的牛去搜索不同的集合数目，使得这样的每一个集合的所有元素和是一个给定的数。这些牛仅仅能使用 2 的若干次幂。下面是使和为 7 的所有可能的集合：

（1）1+1+1+1+1+1+1

（2）1+1+1+1+1+2

（3）1+1+1+2+2

（4）1+1+1+4

（5）1+2+2+2

（6）1+2+4

帮助农民约翰找到对于给定的数字 N 所有可能的不同集合的数目(1≤N≤ 1 000 000)。

输入：

一个整数 N。

输出：

能够组成和为 N 所有的集合数目。由于答案可能很大，仅仅输出答案的后 9 位数字即可（在十进制下）。

样例输入：

7

样例输出：

6

题目来源： POJ2229

思路分析：

题目大意：对给定数字 N，求出仅仅使用 2 的若干次幂的整数集合，使得集合中所有整数的和为 N 的种类数。

分析：

设 dp[i]表示数字 i 对应的所有可能的不同集合数目，则：

当 i 为奇数时，每个集合中一定会有一个 1 存在，因此 dp[i] =dp[i – 1]；

当 i 为偶数时，分两种情况考虑，最小数为 1 的所有集合数为 dp[i – 1]，最小数为 2 的 k（k ≥1）次幂的所有集合数为 dp[i >>1]；

综合以上，有：

dp[i] = dp[i – 1]　（i 为奇数时）

dp[i] = dp[i – 1] ＋dp[1 << i]（i 为偶数时）

题目实现：

```
1    #include <iostream>
2    #include <cstdio>
3    #include <cstring>
4    #define ll long long
5    using namespace std;
6    const int Maxn = 1e6 + 9;
7    ll dp[Maxn];
8    int main( )
```

```
9      {
10     //      freopen("in", "r", stdin);
11           dp[1] = 1;
12           for(int i = 2; i <= 1e6; i ++)
13           {
14                 if(i & 1) dp[i] = dp[i - 1];
15                 else dp[i] = dp[i >> 1] + dp[i - 1];
16                 dp[i] %= int(1e9);
17           }
18           int n;
19           while(~scanf("%d", &n))
20           {
21                 printf("%lld\n", dp[n]);
22           }
23           return 0;
24     }
```

扫一扫：程序运
行过程（4–5）

　　本节还讲解了一道利用递推算法来求给定规则集合中的元素的问题。请到高
等教育出版社增值服务网站（http://abook.hep.com.cn）输入本书防伪码后继续
学习。

4.3　递　　归

　　一谈到递归，总会想到编程语言中的递归调用函数，实际上，递归也是一种
极为有用的算法思想。
　　本节介绍递归的定义，递归的要求，递归与递推的联系和区别。

4.3.1　递归的定义

　　递归指由一种（或多种）简单的基本情况定义的一类对象或方法，并规定其
他所有情况都能被还原为其基本情况。递归的本质是自己调用自己的过程。
　　例如，下列为某人祖先的递归定义：
　　某人的双亲是他的祖先（基本情况）；
　　某人祖先的双亲同样是某人的祖先（递归步骤）。

4.3.2　递归的要求

　　递归算法的步骤体现了一种过程"重复"（或者称为"自相似"），这种"重复"
一般有以下 3 个要求。

（1）每次调用在规模上都有所缩小，每次递归求解时，要保证规模的降低，否则程序将陷入无限递归调用之中，程序无法终止，问题无法解决。当每次递归问题规模降低后，可保证问题达到可以直接求解的规模，这样原问题便能得到结果。

（2）相邻两次重复之间有紧密的联系。每次递归时，前一次要为后一次做准备，当前的函数再次递归调用本函数时，一般是通过重复调用函数，得到规模缩小后问题的解，然后通过合并，计算这些规模缩小问题后的解，从而得到当前问题的解。

（3）在问题的规模极小时必须直接给出解答而不再进行递归调用，因而每次递归调用都是有条件的（以规模未达到直接解答的大小为条件），无条件递归调用将会成为死循环，不能正常结束。

4.3.3 递归与递推

递归是将问题规模为 n 的问题，降解成若干规模为 $n-1$ 的问题，依次降解，直到问题规模可求，求出低阶规模的解，代入高阶问题中，直至求出规模为 n 的问题的解。而递推是构造低阶的规模（如规模为 i，一般 $i=0$）的问题，并求出解，推导出问题规模为 $i+1$ 的问题以及解，依次推到规模为 n 的问题。

以斐波那契数列来说明二者的差异，利用递归思想计算斐波那契数列的代码如下。

```
1    int f(int n)
2    {
3        if(n == 1 || n == 2) return 1;
4        return f(n - 1) + f(n - 2);
5    }
```

利用递推思想计算斐波那契数列：

```
1    int f(int n)
2    {
3        if(n == 1 || n == 2) return 1;
4        int f1 = 1, f2 = 1;
5        for(int i = 3; i <= n; ++ i)
6        {
7            int t = f1 + f2;
8            f2 = t;
9            f1 = f2;
10       }
11       return f2;
12   }
```

利用递归思想计算斐波那契数列时，需要找到使原问题的规模得以缩小的重复子问题，由斐波那契数列的导出式：f(n) = f(n – 1) + f(n – 2)，可以直接得到问题的重复子问题，即想要计算 f(n) 则需要先计算 f(n – 1) 和 f(n – 2)，直至当 n 为 1 或 2 时，可以直接给出答案，这样就可以求得原问题的解。

利用递推思想计算斐波那契数列时，由斐波那契数列的导出式：f(n) = f(n – 1) + f(n – 2)，根据已知斐波那契数列的前两项 f(1) 和 f(2)，则可以得到 f(3)；由 f(2) 和 f(3)，则可以得到 f(4)，…，这样一直计算下去就可以得到 f(n)。

通过利用递归思想计算斐波那契数列和利用递推思想计算斐波那契数列的比较，可以深刻地理解递归与递推的区别：递归寻找问题的重复子问题，而递推则是通过已知出发，一步一步导出问题的解。

4.3.4　例题讲解

例 4-3　放苹果

Time Limit: 1000/1000 MS (Java/Others)　　　Memory Limit: 10000/10000K (Java/Others)

题目描述：

把 M 个同样的苹果放在 N 个同样的盘子里，允许有的盘子空着不放，问共有多少种不同的分法？（用 K 表示）5，1，1 和 1，5，1 是同一种分法。

输入：

第一行是测试数据的数目 t（0 ≤ t ≤20）。以下每行均包含两个整数 M 和 N，以空格分开。1≤M，N≤10。

输出：

对输入的每组数据 M 和 N，用一行输出相应的 K。

样例输入：

1

7 3

样例输出：

8

题目来源： POJ1664

思路分析：

设 f(m, n) 表示把 m 个同样的苹果放在 n 个同样的盘子里，允许有的盘子空着不放，统计共有多少种不同的分法。

当 n > m 时，必定有 n – m 个盘子永远空着，去掉它们对摆放苹果方法不产生影响，即当 n > m 时，f(m, n) = f(m, m)。

当 n ≤ m 时，f(m, n) 可以分解为两部分：至少有一个盘子一个苹果也不放 f(m, n–1)，所有的盘子都至少放一个苹果 f(m – n, n)，即当 n ≤ m 时，f(m, n) = f(m, n – 1) + f(m – n, n)。

综上，有如下递归式：

$f(m, n) = f(m, m);　(n > m)$

$f(m, n) = f(m, n - 1) + f(m - n, n);　(n \leqslant m)$

题目实现：

```
1    #include <iostream>
2    #include <cstdio>
3    #include <cstring>
4
5    using namespace std;
6
7    const int maxn=10+9;
8    int dp[maxn][maxn];
9    int f(int m,int n)
10   {
11       if(m<0 || n<1) return 0;
12       if(dp[m][n]!=-1)
13       {
14           return dp[m][n];
15       }
16       if(m==0 || n==1 ) return dp[m][n]=1;
17       return dp[m][n]=f(m,n-1) + f(m-n,n);
18   }
19   int main()
20   {
21   //    freopen("in","r",stdin);
22       int tcas;
23       scanf("%d",&tcas);
24       while(tcas--)
25       {
26           int n,m;
27           scanf("%d%d",&m,&n);
28           memset(dp,-1,sizeof(dp));
29           printf("%d\n",f(m,n));
30       }
31       return 0;
32   }
```

本节还讲解一道利用递归算法来解决的汉诺塔变形问题。请到高等教育出版社增值服务网站（http://abook.hep.com.cn）输入本书防伪码后继续学习。

扫一扫：程序运
行过程（4-7）

4.4　贪 心 算 法

贪心算法能够对某些求最优解问题给出更简单、更迅速的实现，对大多数优化问题能产生最优解，是一种应用广泛的算法。

本节介绍贪心算法的概念，贪心算法的原理，贪心算法的一般解决步骤和贪心算法的例子。

4.4.1　贪心算法的概念

贪心算法（又称贪婪算法）是指，在对问题求解时，总是做出在当前看来是最好的选择。也就是说，不从整体最优上加以考虑，它所做出的仅是在某种意义上的局部最优解。贪心算法不是对所有问题都能得到整体最优，但对范围相当广泛的许多问题都能产生整体最优解或者整体最优解的近似解。

4.4.2　贪心算法的原理

贪心算法通过做出一系列选择来求出问题的最优解。在每个决策点，做出在当前看来最好的选择。这种启发式策略并不保证总能找到最优解，但对有些问题确实有效。

一般地，可以按照下面的步骤设计贪心算法。

（1）将最优化问题转化为这样的形式：对其做出一次选择后，只剩下一个子问题需要求解。

（2）证明做出贪心选择后，原问题总是存在最优解，即贪心选择总是安全的。

（3）证明做出贪心选择后，剩余的子问题满足性质：其最优解与贪心选择组合即可得到原问题的最优解，这样就得到了最优子结构。

1. 贪心选择的性质

可以通过做出局部最优（贪心）选择来构造全局最优解。换句话说，当进行选择时，直接做出在当前问题中看来最优的选择，而不必考虑子问题的解。在贪心算法中，总是做出当前看来最佳的选择，然后求解剩下的唯一的子问题。贪心算法进行选择时可能依赖之前做出的选择，但不依赖任何将来的选择或子问题的解。一个贪心算法通常是自顶向下的，进行一次又一次选择，将给定问题的实例变得更小。当然，必须证明在每个步骤做出贪心选择能够生成最优解。

2. 最优子结构

如果一个问题的最优解包含其子问题的最优解，则称此问题具有最优子结构性质。对于贪心问题，通常使用最优子结构。通过对原问题应用贪心选择即可得到子问题。最后要做的工作就是论证：将子问题的最优解与贪心选择组合在一起就能生成原问题的最优解。这种方法隐含地对子问题使用了数学归纳法，证明了在每个步骤进行贪心选择会生成原问题的最优解。

4.4.3　例题讲解

扫一扫：程序运行过程（4-8）

例 4-4　Yogurt factory

Time Limit: 1000/1000 MS (Java/Others)　Memory Limit: 65536/65536K (Java/Others)

题目描述：

世界著名的 Yucky Yogurt 酸奶工厂在接下来的 N（1≤N≤10000）周，牛奶和劳动力价格会出现波动，因此在第 i 周会花费公司 C_I（1≤C_I≤5000）美分去生产一个单位的酸奶。Yucky Yogurt 酸奶工厂精心设计每周可以生产的单位酸奶量。

Yucky Yogurt 酸奶工厂有一个固定储存酸奶仓库，每周花费 S（1≤S≤100）美分。假设这个仓库的容量是无限大，所以可以容纳任意多单位的酸奶。

Yucky Yogurt 酸奶工厂想找到一种方法，每周交付 Y_i（0≤Y_i≤10000）个单位的酸奶给客户（Y_i 是一周的交货数量）。帮助 Yucky Yogurt 酸奶工厂尽量减少在整个 N 周的时间内所花费的成本。在第 i 周生产的酸奶，以及已经存储的酸奶，可以用来满足 Yucky Yogurt 酸奶工厂对该周的需求。

输入：

*第一行：两个以空格隔开的整数，N 和 S。

*第二至 N + 1 行：第 i + 1 包含两个以空格隔开的整数：C_i 和 Y_i。

输出：

*第一行：第一行包含一个整数：满足 Yucky Yogurt 酸奶工厂目标的最少的总花费。注意总花费可能很大，超过 32 位整数。

样例输入：

4 5

88 200

89 400

97 300

91 500

样例输出：

126900

题目来源： POJ2393

思路分析：

经分析发现，第 i 周生产的 Yogurt 的每单位所用花费为 $\min\{c[j] + (i-j) \times s\}$（1

≤ j ≤ i)。分析表达式 $c[j] + (i - j) \times s$，可以变形为：$(c[j] - j \times s) + i \times s$。分析这个表达式可知，可将表达式分为两个部分：$(c[j] - j \times s)$ 和 $i \times s$，由于对于当前 i 和 $i \times s$ 为定值，所以只需考虑表达式 $(c[j] - j \times s)$ 的最小值。对于 $(c[j] - j \times s)$，可以维护一个优先队列，每个优先队列中存放 $c[j] - j \times s$，每当遍历到当前 i 时，先将 $c[i] - i \times s$ 插入队列中，然后弹出优先队列中的最小值，这个最小值即为对于表达式 $(c[j] - j \times s)$ $(1 ≤ j ≤ i)$ 所有取值的最小值，因而第 i 周的 Yogurt 每单位最小花费为这个最小值加上 $i \times s$。

题目实现：

```
1    #include <iostream>
2    #include <cstdio>
3    #include <cstring>
4    #include <queue>
5    #include <vector>
6
7    #define ll long long
8
9    using namespace std;
10   const int Maxn = 1e4 + 9;
11   ll c[Maxn], y[Maxn];
12   ll n, s;
13   struct Data
14   {
15       Data( ) { }
16       Data(ll _v, int _id):v(_v), id(_id) {}
17       ll v;
18       int id;
19       bool operator< (const Data &o) const
20       {
21           return v > o.v;
22       }
23   };
24   int main( )
25   {
26   //    freopen("in.txt", "r", stdin);
27       while(~scanf("%lld%lld", &n, &s))
28       {
29           priority_queue<Data> q;
30           for(int i = 1; i <= n; i ++) scanf("%lld%lld", &c[i], &y[i]);
31           ll ans(0);
```

```
32
33              for(int i = 1; i <= n; i ++)
34              {
35                   q.push(Data(c[i] - s * i, i));
36                   Data now = q.top();
37                   ans += y[i] * (c[now.id] - s * now.id + s * i);
38              }
39              printf("%lld\n", ans);
40         }
41         return 0;
42  }
```

本节讲解了一道利用贪心算法计算最小数目雷达覆盖岛屿的问题。请到高等
教育出版社增值服务网站（http://abook.hep.com.cn）输入本书防伪码后继续学习。

扫一扫：程序运
行过程（4-9）

4.5　分　治　算　法

分治算法的基本思想是将一个规模为 N 的问题分解为 K 个规模较小的子问
题，这些子问题相互独立且与原问题性质相同。求出子问题的解，就可得到原问
题的解。

本节介绍了分治的基本思想，分治的一般解题步骤，分治的特点和分治的一
个经典例子——归并排序。

4.5.1　分治的基本思想

当求解某些问题时，由于这些问题要处理的数据相当多，或求解过程相当复
杂，使得直接求解法在时间上过长，或者根本无法直接求出。对于这类问题，往
往先把它分解成几个子问题，这些子问题与原问题仅在数据规模上不同。找到子
问题的解法后，再找到合适的方法，把它们组合成原问题的解法。如果这些子问
题还较大，难以解决，可以再把它们分成几个更小的子问题，以此类推，直至可
以通过简单方法直接求出解为止，这就是分治策略的基本思想。

4.5.2　分治的一般解题步骤

1. 分解

将原问题分解为若干规模较小，相互独立，与原问题形式相同的子问题。此
步骤是整个分治算法的基石，一个好的分治算法能够恰当地将原问题分解成若干

子问题，同时又能便于之后将各个子问题的解合并。因此，充分理解题意，发掘题目含义尤为重要，只有这样，才能发现问题的特殊结构，从而将原问题较好地分解为若干子问题。

2．求解

当子问题的规模足够小且容易直接求解时，则直接给出解，否则递归求解各个子问题。此步骤要求问题规模能够达到一种足够小的状态，从而直接给出问题的解，中止继续分解问题继续递归下去。

3．合并

按原问题的要求，将子问题的解合并构成原问题的解。在此步骤中，所使用的合并算法至关重要，影响着整个算法的复杂度，因此应该谨慎选择合并算法。

4.5.3　分治的特点

利用分治策略求解时，所需时间取决于分解后子问题的个数，子问题的规模大小等因素，而二分法，由于其划分简单和均匀的特点，是经常采用的一种有效的方法，如二分法检索，基于分治的二分搜索的算法将在之后的 4.8 节中讲到。分治一般伴随着递归。

4.5.4　归并排序

为了更好地理解分治思想，以归并排序为例加以说明。归并排序算法是使用分治的思想来解决排序问题。

1．分解

通过分析序列性质得知，将序列整体从中间切开，划分为两条长度相同的序列，如果两条序列已经排序完毕，那么就可以将两条有序序列合并为一条，则原问题可以分解为两个与原问题相同但是数据量减少一半的问题。下面的代码描述了对整体序列的分解。

```
1    void mergeSort(vector<int>&a, int beg, int end)
2    {
3            if(beg == end) return ;
4            int mid = (beg + end) / 2;
5            mergeSort(a, beg, mid);
6            mergeSort(a, mid + 1, end);
7            merge(a, beg, mid, end);
8    }
```

2．求解

当分解子序列的长度为 1 时，此时子序列已经有序，因此此时直接返回即可；否则需要将当前序列继续从中间切开，继续递归求解。上面代码的第 3 行即是表示此时子序列长度为 1，不需要继续分解，直接返回答案。上面代码第 7 行表示此时子序列长度大于 1，不能直接返回，应该继续递归求解。

3. 合并

对于两个有序子序列，如何合并它们成为一个有序的序列呢？

通过观察，我们发现对于两个子序列分别设置两个指向当前位置的指针 i、j 即可，每当 a[i] ≤a[j] 时，i++；a[i] > a[j] 时，j++；这样即可把两个子序列合并为一个序列。下面的代码描述了这一过程。

```
1    void merge(vector<int>&a, int beg, int mid, int end)
2    {
3        int i = beg, j = mid + 1;
4        vector<int> t;
5        while(i <= mid && j <= end)
6        {
7            if(a[i] <= a[j]) t.push_back(a[i ++]);
8            else t.push_back(a[j ++]);
9        }
10       while(i <= mid) t.push_back(a[i ++]);
11       while(j <= end) t.push_back(a[j ++]);
12       for(int i = beg; i <= end; ++ i) a[i] = t[i - beg];
13   }
```

4. 总结

至此，归并排序算法的流程已经介绍完毕，下面来计算归并排序的时间复杂度。

设 $T(n)$ 是长度 n 的序列归并排序所需的时间复杂度，则有：

当 $n == 1$：$T(n) = O(1)$；

当 $n > 1$：$T(n) = 2 T(n / 2) + O(n)$。

通过计算，可以得出 $T(n)$ 的上界为 $O(n\log_2 n)$，即归并排序的复杂度为 $O(n\log_2 n)$

4.5.5　例题讲解

本节讲解一道利用分治算法解决在一个特殊排序算法中计算数据交换次数的问题。请到高等教育出版社增值服务网站（http://abook.hep.com.cn）输入本书防伪码后继续学习。

扫一扫：程序运
行过程（4-10）

4.6　模　　拟

程序设计中的一项重要工作就是将现实中的一些数学模型抽象为程序语言中

的类型结构, 以便程序设计人员在此基础上设计高效的算法。高精度整数和矩阵都是数学中的常用模型, 但在 C++语言中, 并没有给出可直接使用的高精度整数类型和矩阵类型。本节将利用 C++面向对象特性, 构建出方便而通用的高精度类型和矩阵类型。

4.6.1   高精度计算

在 C++语言中, 整数最多可以保证在 2^{64} 内可以正确运算。当程序需要在更大的整数范围内运算时, C++的基本类型已不足以保证运算正确性。

高精度算法是程序设计中处理超大整数计算的常用技巧, 本节将主要介绍使用 C++面向对象技术, 配合高效的高精度算法, 实现一个通用的高精度类。

在高精度类中, 除了实现存储整数的基本数据结构外, 还将实现高精度数的大小比较函数、高精度数四则运算函数, 以及高精度整数的输出函数。

1. 基本数据结构

实现高精度类, 首先需要解决整数以什么样的形式存储。本书中将一个整数对象按照十进制分解后按位存储到一个数组中, 并利用在这个数组上的诸多操作来完成整数运算。

```
1    //高精度类基本数据结构
2    const int MAX_L = 1010;
3    struct BigInteger
4    {
5        int s[MAX_L], len;
6        BigInteger( )
7        {
8            len = 1; memset(s, 0, sizeof(s));
9        }
10       BigInteger(int x)
11       {
12           len = 0; memset(s, 0, sizeof(s));
13           while(x) s[len++] = x % 10, x /= 10;
14       }
15       BigInteger(char *st)
16       {
17           len = 0; memset(s, 0, sizeof(s));
18           for(int i = strlen(st) - 1; i >= 0; --i) s[len++] = st[i] - '0';
19       }
20   };
```

在代码中, 为了保证之后计算的方便, 类中数组第一位存储的是整数的个位,从左到右，位数逐渐递增。类中使用变量 len 记录当前整数对象的位数。高精度类对外开放 3 个构造函数，分别接受空值、普通整型，以及字符数组作为构造参数。

2. 数的大小比较

高精度类的比较，首先需要比较两个整数的位数，位数较少即为较小一方。在位数相同的情况再从高位往低位（对于类中数组即从右往左）逐位比较。

```
1    //高精度类的比较
2    bool operator < (const BigInteger &a,const BigInteger &b)
3    {
4        if(a.len != b.len) return a.len < b.len;
5        for(int i = a.len - 1; i >= 0; --i)
6            if (a.s[i] != b.s[i]) return a.s[i] < b.s[i];
7        return false;
8    }
9    bool operator == (const BigInteger &a, const BigInteger &b)
10   {
11       if (a.len != b.len) return false;
12       for (int i = a.len - 1; i >= 0; --i)
13           if (a.s[i] != b.s[i]) return false;
14       return true;
15   }
```

在本段程序中，使用到了 C++的运算符重载技术。运算符的重载使得在操作高精度类的对象时可以像操作基本类型一样方便，增加了代码的可读性且减少了代码的复杂度。

3. 高精度加法

高精度加法算法，类似整数的加法算法过程：① 相同数位对齐；② 从个位加起；③ 该位满 10 向下一位进 1。在程序设计时应当注意边界（最高位）进位的处理。

```
1    //高精度加法: c = a + b
2    BigInteger operator + (const BigInteger &a, const BigInteger &b)
3    {
4        BigInteger c;
5        c.len = max(a.len, b.len);
6        for(int i = 0; i < c.len; ++i)
7        {
8            c.s[i] += a.s[i] + b.s[i];
9            c.s[i + 1] += c.s[i] / 10;        // 处理进位
10           c.s[i] %= 10;
```

```
11              }
12              while(c.s[c.len])                      // 处理最高位的进位
13              {
14                  c.s[c.len + 1] = c.s[c.len] / 10;
15                  c.s[c.len++] %= 10;
16              }
17              return c;
18          }
```

4. 高精度减法

高精度减法算法类似高精度加法，算法描述如下：① 相同数位对齐；② 从个位减起；③ 该位不够减则从下一位退 1，在该位加 10 再减。

```
1           //高精度减法: c = a – b (a > b)
2           BigInteger operator - (const BigInteger &a, const BigInteger &b)
3           {
4               BigInteger c = a;
5               for(int i = 0; i < c.len; ++i)
6                   if ((c.s[i] -= b.s[i]) < 0)
7                   {
8                       c.s[i] += 10;
9                       c.s[i + 1]--; // 下一位退 1
10                  }
11              while(c.len > 1 && !c.s[c.len - 1]) c.len--; // 处理前导 0
12              return c;
13          }
```

在高精度减法中，程序默认输入参数中减数小于被减数。若遇到相反情况，即答案为负数，可在调用函数前，提前判断参数大小关系，然后调整至合法的参数顺序，最后在答案前添加负号即可。

对于高精度加法和减法算法，因为都需要逐位运算，所以算法的时间复杂度均为 $O(len)$ ，其中 len 为两个整数中较大数的位数。

5. 高精度乘法

朴素的高精度乘法算法依然类似于乘法的笔算过程。算法实现过程中应当注意高精度乘法算法相当于将乘数按位拆分成 n 个一位数后分别与被乘数相乘，最后得到 m 个中间乘积后累加。不同中间乘积的最低位应当与拆分的数字原始位数对齐。

```
1           //高精度乘法: c = a * b
2           BigInteger operator * (const BigInteger &a, const BigInteger &b)
3           {
4               BigInteger c;
```

```
5          for (int i = 0; i < a.len; ++i)
6              for (int j = 0; j < b.len; ++j)
7              {
8                  c.s[i + j] += a.s[i] * b.s[j];
9                  c.s[i + j + 1] += c.s[i + j] / 10;        //处理进位
10                 c.s[i + j] %= 10;
11             }
12         c.len = a.len + b.len;                            //更新结果的位数
13         while (c.len > 1 && !c.s[c.len - 1]) c.len--;     //处理前导 0
14         return c;
15     }
```

根据算法描述及代码实现，可以得到朴素高精度乘法算法时间复杂度为 $O(len1 \times len2)$，其中 len1 和 len2 分别为两个数的位数。

通过分析该算法时间复杂度可知，当位数过大时，朴素高精度乘法的效果是不理想的，寻找更高效的高精度乘法算法是很必要的。在实践中，可以使用分治策略或使用快速傅里叶变换来加速高精度乘法算法。

6. 高精度除法

高精度除法是比较复杂的，因为即使利用笔算的思想，问题的困难度依然没有改变（高精度除法的每一步依然是高精度除法，无法转化为 n 个其他简单运算的合并）。高精度除法算法利用多次高精度减法代替算法过程中余数除以除数的过程，从而减少了问题的复杂性。算法的重点在于从高位到低位维护每一次"除法"后余数的正确性。

```
1      //高精度除法: c = a / b
2      BigInteger operator / (const BigInteger &a, const BigInteger &b)
3      {
4          BigInteger c;
5          BigInteger f;                    //余数
6          for(int i = a.len - 1; i >= 0; i--)
7          {
8              f = f * BigInteger(10);
9              f.s[0] = a.s[i];             //更新余数
10             while(b < f || b == f)       //b <= f
11             {
12                 // 使用多步减法代替除法
13                 f = f - b;
14                 c.s[i]++;
15             }
16         }
17         c.len = a.len;
```

```
18        while (c.len > 1 && !c.s[c.len - 1]) c.len--;
19        return c;
20    }
```

上述代码的实现利用了前文介绍的高精度减法和高精度乘法，所以，部分运算过程的时间复杂度应当参考前文对应运算的时间复杂度分析。由于多步减法过程的减法次数是常数级别（最多 10 次），所以高精度除法的时间复杂度为 $O(len1 \times len2)$。

7. 输出

高精度类的输出只需要将类中的数组成员倒序输出即可。

```
1    //高精度类的输出
2    void OUT(const BigInteger &x)
3    {
4        for (int i = x.len - 1; i >= 0; --i) printf("%d", x.s[i]); //  倒序输出
5        putchar('\n');
6    }
```

高精度类输出的时间复杂度为 $O(len)$。

8. 其他运算

利用前文介绍的高精度的比较以及四则运算，可以组合成更加丰富的运算，使得高精度类的抽象更加贴近基本的整数类型。

```
1    //高精度类运算的扩展
2    BigInteger operator % (const BigInteger &a, const BigInteger &b)
3    {
4        BigInteger c = a / b;
5        c = a - c * b;
6        return c;
7    }
8    bool operator != (const BigInteger &a, const BigInteger &b)
9    {
10       return !(a == b);
11   }
12   bool operator <= (const BigInteger &a, const BigInteger &b)
13   {
14       return a < b || a == b;
15   }
```

上述代码介绍了运算扩展的基本思路，大家可以根据实际需要组合出需要的运算库。

9. 注意事项

（1）在扩充运算库时，新函数推荐使用 const 引用传入参数，否则由于每个

BigInteger 对象都占有巨大的内存空间，传统的复制传参将额外耗费巨大的时间和空间。

（2）若算法中涉及高精度类型和基本整数类型的运算，推荐将基本类型转化为高精度类型后再运算。

4.6.2 矩阵运算

矩阵是经典的数学对象。在算法竞赛中，矩阵常常作为算法模型的载体而被使用。高度抽象的矩阵类及矩阵运算使矩阵的算法实现更加简单。

本节将介绍如何构建一个矩阵类，在类中设计存储矩阵的数据结构，并且实现矩阵的加法、乘法和幂运算函数。

1. 基本数据结构

矩阵的逻辑结构可以用 C++中的二维数组来实现。

```
1    // 矩阵基本数据结构
2    const int MAX_N = 110;
3    struct Matrix
4    {
5            int a[MAX_N][MAX_N];
6            int size_row, size_col;
7            Matrix( ) { }
8    Matrix(int r, int c, int mt[ ][MAX_N])
9    {
10               size_row = r;
11               size_col = c;
12               for(int i = 0; i < r; ++i)
13                       for(int j = 0; j < c; ++j)
14                              a[i][j] = mt[i][j];
15           }
16    };
```

上述代码实现了一个矩阵类的数据结构。二维数组存储矩阵对应行列的元素，size_row, size_col 分别记录该矩阵的行列尺寸。该矩阵类包含了两个构造函数，分别用于构造空矩阵和有值矩阵。

2. 特殊矩阵的构造

在使用矩阵计算时，经常需要使用零矩阵或单位矩阵等特殊矩阵，本部分将介绍这些特殊矩阵的构造。

```
1    //单位矩阵的构造，要求矩阵为方阵
2    void Matrix::UNIT( )
3    {
```

```
4            for(int i = 0; i < size_row; ++i)
5                for(int j = 0; j < size_col; ++j)
6                    a[i][j] = (i == j);
7        }
8        //零矩阵的构造
9        void Matrix::CLEAR( )
10       {
11           memset(a, 0, sizeof(a));
12       }
```

3. 矩阵加法

矩阵加法是最简单的矩阵运算，要求两个相加的矩阵尺寸完全相同。矩阵加法可由下式定义：

$$C(i, j) = A(i, j) + B(i, j)$$

```
1        //矩阵加法
2        Matrix operator + (const Matrix &a, const Matrix &b)
3        {
4            Matrix c;
5            c.CLEAR();
6            c.size_row = a.size_row;
7            c.size_col = a.size_col;
8            for(int i = 0; i < c.size_row; ++i)
9                for(int j = 0; j < c.size_col; ++j)
10                   c.a[i][j] = a.a[i][j] + b.a[i][j];
11           return c;
12       }
```

矩阵加法的时间复杂度为 $O(n^2)$。

4. 矩阵乘法

矩阵的乘法是矩阵最重要的运算之一，在动态规划算法中，状态转移方程组可以表示为一个转移矩阵，而状态的递推就是状态向量和转移矩阵之间的一次矩阵乘法过程。矩阵乘法可由下式定义：

$$C(i, j) = \sum_{k=0}^{n-1} A(i, k) \times B(k, j)$$

```
1        //矩阵乘法，要求 a 的列数与 b 的行数相同
2        Matrix operator * (const Matrix &a, const Matrix &b)
3        {
4            Matrix c;
5            c.CLEAR( );
6            c.size_row = a.size_row;
7            c.size_col = b.size_col;
```

```
8          for(int i = 0; i < c.size_row; ++i)
9              for(int j = 0; j < c.size_col; ++j)
10                 for(int k = 0; k < b.size_row; ++k)
11                     c.a[i][j] += a.a[i][k] * b.a[k][j];
12         return c;
13     }
```

矩阵乘法需注意区分每层循环的边界值是不同的。如果矩阵是方阵，边界值的相同常常让人混淆边界的本身含义，而导致在扩展到一般矩阵时因为边界处理不当而出错。

上述代码是对矩阵乘法定义的朴素实现，时间复杂度为 $O(n^3)$。之所以说上述算法是一种朴素实现，是因为实际上还有时间复杂度更加出色的矩阵乘法算法存在。基于分治思想的 Strassen 算法将矩阵乘法的运行时间优化到 $O(n^{\lg 7})$，而矩阵乘法时间复杂度下界也因此达到了 $O(n^2)$。但由于较小的系数，简单的实现，和较好的数值稳定性，朴素的矩阵乘法算法还是实践中最好的选择。

5．矩阵的幂

矩阵的幂运算是对矩阵乘法的一个简单扩展。对于方阵 A 和整数 B，A 的 B 次幂定义为：

$$A^B = A^{B-1} \times A$$
$$A^0 = E (E 为单位阵)$$

若 A 为普通正整数，则对于形如 A^B 的整数幂问题，3.1 节介绍了基于二进制分解的 $O(\log_2 B)$ 算法。本部分将矩阵乘法与该算法结合，设计出 $O(n^3 \log_2 B)$ 的矩阵快速幂算法。

```
1      //矩阵的幂：c = a ^ b
2      Matrix POWER(Matrix a, int b)
3      {
4          Matrix c;
5          c = a;
6          c.UNIT( );
7          while(b)
8          {
9              if(b & 1) c = c * a;
10             a = a * a;
11             b >>= 1;
12         }
13         return c;
14     }
```

运算符的重载使得整数的快速幂算法被很好地移植到了这个新算法中。同样需要强调的是，在阅读类似代码时不要被运算符重载的外表迷惑，而认为每一次矩阵乘法运算都是 O(1)，从而导致时间复杂度的错误估算。

4.6.3   例题讲解

例 4-5   实数的幂

Time Limit: 500/500 MS (Java/Others)   Memory Limit: 10000/10000 K (Java/Others)

扫一扫：程序运行过程（4-11）

题目描述：

涉及大规模和高精度的计算问题是非常普遍的。国家债务的计算对于很多计算机系统来说是一个繁重的工作。

本题要求写一个程序计算 R^n 的精确值，其中 R 是一个实数(0.0 < R < 99.999)，n 是一个整数(0 < n ≤ 25)。

输入：

输入的每行包含一对 R 和 n 的值。R 值会占据前 6 个字符，n 值会占据第 8 和第 9 个字符。

输出：

输出的每一行对应输入中 R^n 的精确值。前导零和无关紧要的尾随零不能打印。如果结果是一个整数，不打印小数点。

样例输入：

95.123 12
0.4321 20
5.1234 15
6.7592   9
98.999 10
1.0100 12

样例输出：

548815620517731830194541.899025343415715973535967221869852721
.00000005148554641076956121994511276767154838481760200726351203835
429763013462401
43992025569.9285737012664880411466549933187037075116662954767204 93
953024
29448126.764121021618164430206909037173276672
90429072743629540498.10759601945665177456104401 0001
1.12682503013 1969720661201

题目来源： POJ 1001

思路分析：

题目给定一个浮点数 R，求 R 的 n 次幂，要求最后的答案没有精度损失。

因为题目要求最后答案没有精度损失，所以应当使用高精度运算。首先去掉小数点，使得计算浮点数幂变成计算整数幂。因为 n 的范围很小，在计算幂的时候只需要调用 n 次高精度整数乘法即可。

根据 R 的小数位数和 n 可以确定最终答案的小数位数。由于已经算出了"整数幂"，所以只需要在这个"整数幂"的基础上添加小数点即可。若最终答案小数位数多于"整数幂"的位数，需要在小数点后补够零后输出。

题目实现：

```
1    #include <iostream>
2    #include <cstdio>
3    #include <cstring>
4    #include <algorithm>
5
6    using namespace std;
7
8    const int MAX_L = 1000;
9
10   struct BigInteger
11   {
12       int s[MAX_L], len;
13       BigInteger( )
14       {
15           len = 1; memset(s, 0, sizeof(s));
16       }
17       BigInteger(int x)
18       {
19           len = 0; memset(s, 0, sizeof(s));
20           while(x) s[len++] = x % 10, x /= 10;
21       }
22       BigInteger(char *st)
23       {
24           len = 0; memset(s, 0, sizeof(s));
25           for(int i = strlen(st) - 1; i >= 0; --i) s[len++] = st[i] - '0';
26       }
27       friend BigInteger operator * (const BigInteger &a, const BigInteger &b)
28       {
29           BigInteger c;
30           for (int i = 0; i < a.len; ++i)
31               for (int j = 0; j < b.len; ++j)
32               {
```

```
33                                c.s[i + j] += a.s[i] * b.s[j];
34                                c.s[i + j + 1] += c.s[i + j] / 10;
35                                c.s[i + j] %= 10;
36                        }
37                c.len = a.len + b.len;
38                while (c.len > 1 && !c.s[c.len - 1]) c.len--;
39                return c;
40            }
41        void OUT(int x){
42                if(x > len)
43                {
44    printf(".");
45                        for(int i = x - len; i > 0; --i) putchar('0');
46                }
47                for (int i = len - 1, j = 0; i >= 0; i--, ++j)
48                {
49    if(len - j == x) putchar('.');
50                        printf("%d", s[i]);
51                }
52                putchar('\n');
53            }
54    };
55
56    int N, d;
57
58    int main( )
59    {
60        char r[20];
61        while(scanf("%s %d", r, &N) != EOF)
62        {
63            d = -1;
64            for(int i = strlen(r) - 1; i >= 0; --i) if(r[i] == '.') d = i;
65            if(d != -1)
66            {
67                for(int i = strlen(r) - 1; i >= 0; --i)
68                {
69                    if(r[i] == '0') r[i] = 0;
70                    else break;
71                }
72                for(int i = d; r[i]; ++i)
```

```
73                      r[i] = r[i + 1];
74                  d = (strlen(r) - d) * N;
75              }
76              else d = 0;
77              BigInteger R(r), ans(1);
78              for(int i = 0; i < N; ++i)
79                  ans = ans * R;
80              ans.OUT(d);
81          }
82      return 0;
83  }
```

本节还讲解一道利用本节学习的模拟算法计算矩阵的幂级数的问题。请到高等教育出版社增值服务网站（http://abook.hep.com.cn）输入本书防伪码后继续学习。

扫一扫：程序运行过程（4–12）

4.7　哈　希

在程序设计中，程序设计者常常需要使用数据结构来维护一个动态集合，并且支持在该动态集合中进行查询、插入和删除元素等操作。3.2 节中介绍的排序二叉树在经过平衡处理后以 $O(\log_2 n)$ 的时间复杂度来处理以上 3 种操作，从而高效地维护一个动态集合。本节将介绍另一种数据结构——哈希表（Hash Table），使得上述操作均可在常数时间内解决。

4.7.1　直接寻址表

当所维护集合元素关键字为自然数，且全域较小时，可以利用数组的下标直接映射整个集合的关键字全域，这就是直接寻址表的设计思想。直接寻址表的所有操作直接依赖数组在处理下标时一系列操作的高效性，从而使之成为一种简单而有效的维护动态集合的数据结构。

假设集合中的元素关键字都为自然数，且数值范围为[0, 65535]，则可用如下的 Item 结构体来描述集合中的元素。

```
1   // Item 结构
2   struct Item
3   {
4       int key;            //关键字
5       Object value;       //其他数据
6   };
```

对于上述代码中所示的 Item 结构集合,若要以 key 为关键字构建直接寻址表,由于 key 的数值范围为[0, 65 535],则只需为相应的直接寻址表开设一个相同大小的指针数组即可。

```
1    // 直接寻址表表结构
2    const int MAX_N = 65536;
3    struct DirectTable
4    {
5        Item    * p[MAX_N];
6    };
```

上述代码使用到了 Item 结构的指针数组。对于数组中的元素 p[key],它指向的就是集合中关键字为 key 的元素,若集合中不存在关键字为 key 的元素,则 p[key] 指向空指针 NULL。

在该表结构上做查询、插入和删除操作的实现如下。

```
1    // 查询关键字对应元素,不存在返回空指针
2    Item* DIRECT_SEARCH(DirectTable &T, int key)
3    {
4        return T.p[key];
5    }
6    // 在集合中插入元素
7    void DIRECT_INSERT(DirectTable &T, Item x)
8    {
9        T.p[x.key] = &x;
10   }
11   // 在集合中删除元素
12   void DIRECT_DELETE(DirectTable &T, Item x)
13   {
14       T.p[x.key] = NULL;
15   }
```

对于上述代码中实现的三种操作,直接寻址表的时间复杂度均为 O(1)。在实际应用中,可以在直接寻址表中直接存储集合中的元素,而不是用指针数组记录对应关键字数据所存储的地址,从而节省这部分指针数组的额外空间开销。然而,这需要在设计表结构时,额外的设计一个特殊元素,并且令它实现如空指针一样标识对应关键字元素不存在的功能。

4.7.2   哈希表

直接寻址表提供了一种高效维护动态集合的数据结构设计思路,但是它设计的前提是集合元素关键字全域较小。如果集合关键字全域较大甚至关键字是字符串而非自然数时,直接寻址表将无法直接使用数组下标来映射关键字;而且当实

际存储的元素集合大小远小于关键字的全域范围时，直接寻址表也将因为设计的缺陷而大量浪费空间资源。

哈希表的设计目的是在尽量不浪费多余空间资源的前提下，依然能做到平均情况下所有操作为 O(1) 的时间复杂度。

1. 哈希函数

令关键字全域为 K，元素集合为 S，且 $|K| > |S|$。为了使得最后的空间消耗为 $O(|S|)$，哈希表的设计思想是对关键字做一遍哈希处理。

若最后所有元素都将被存储在长度 $|S|$ 的表中，则对于关键字 k 的哈希处理即利用哈希函数 h，得到 k 的哈希值 $h(k)$，而 $0 < h(k) < |S|$。哈希函数的设计是哈希表设计过程的最重要部分，应当满足简单均匀的原则：每个关键字都应当被等的哈希映射到表的某个位置，且关键字的哈希映射是相互独立的。

实际编程中，哈希函数的设计有很多常用的方法，其中除法哈希函数是最常使用的哈希函数。除法哈希函数是通过取关键字 k 除以 $|S|$ 的余数作为关键字的哈希值。除法哈希函数为

$$h(k) = k \bmod |S|$$

利用上述哈希函数，则当 $k=100$ 时，而实际元素集合大小 $|S|=6$，则 $h(k)=4$。除法哈希函数只需使用一次取模运算，即可计算出一个关键字的哈希值，保证了哈希值计算这一项工作只有 O(1) 的时间消耗。

然而，除法哈希的效果常常受表长度值影响，当 $|S|$ 为 2 的 p 次幂，则 k 的哈希值即为二进制下 k 的最低的 p 位数字。除非已知各种最低 p 位的排列形式是等可能的，否则在哈希函数的设计中最好应当考虑 k 的所有位。所以在实际编程中，哈希表长度大小 m 一般选择的并不是 $|S|$，而是 $|S|$ 附近的一个素数，且满足该素数离最近的 2 的幂较远。对于选定好的 m 值，改写后的除法哈希函数为

$$h(k) = k \bmod m$$

代码实现如下：

```
1    // 计算关键字 k 的哈希值
2    int h(int key)
3    {
4        return key % m;
5    }
```

2. 冲突

在哈希表中，冲突现象是在所难免的。所谓冲突，是指多个关键字在同一个哈希函数作用下，得到了相同的哈希值。如果使用数组来存储集合中的元素，很显然同一个位置是无法存储多个元素的。

冲突的处理，首先应当考虑哈希函数的选择。若哈希过程尽可能随机，就能

保证每个关键字的哈希值尽可能的不同，从而减少冲突的次数。但即使再精心地设计哈希函数，冲突依然存在。所以从源头解决冲突是相当困难的，最有效的方法是重新设计表结构，使得冲突出现后，依然能够使相同哈希值的元素在表中共存，并且不影响数据结构查询、增删的效率。

在接下来的内容中，将介绍两种冲突的解决方法，分别是链接法和开放寻址法。

3．链接法

链接法将所有冲突的元素放入一个链表，则整个哈希表的结构类似一个邻接表结构。在链接法中，表的每个位置存放的不再是指向元素地址的指针或者元素本身，而是对应哈希值所在链表的头指针。

在链接法中，因为所有元素都将作为链表的节点存储，所以需要稍微改造一下 4.7.1 节中的 Item 结构体，使之可以适用于链接法。链接法哈希表的表结构如下：

```
1   // 链接法中的 Item 结构
2   struct Item
3   {
4       int key;
5       Object value;
6       Item* next;
7   };
8   // 链接哈希表表结构
9   const int MAX_N = 100007;
10  struct ChainedHashTable
11  {
12      Item* head[MAX_N];
13  };
```

对于输入的元素，在将其关键字做哈希映射到对应链表后，相关的插入、删除和查询操作，就和普通的链表完全相同了。

```
1   // 查询关键字对应元素，不存在返回空指针
2   Item* CHAINED_HASH_SEARCH(ChainedHashTable &T, int key)
3   {
4       int h_key = h(key);
5       Item* pt = T.head[h_key];
6       for(; pt; pt = pt->next)
7           if(pt->key == key) break;
8       return pt;
9   }
10  // 在集合中插入元素
```

```
11    void CHAINED_HASH_INSERT(ChainedHashTable &T, Item x)
12    {
13        int h_key = h(x.key);
14        x.next = T.head[h_key]->next;
15        T.head[h_key]->next = &x;
16    }
17    // 在集合中删除元素
18    void CHAINED_HASH_DELETE(ChainedHashTable &T, Item x)
19    {
20        int h_key = h(x.key);
21        Item* pt = T.head[h_key];
22        for(; pt; pt = pt->next)
23            if(pt->next->key == x.key)
24            {
25                pt->next = pt->next->next;
26                break;
27            }
28    }
```

显然在表中插入元素的复杂度是 $O(1)$，因为只需在对应哈希值的链表头插入元素即可。假设上述代码所使用的哈希函数足够好，即可以使得所有哈希值均匀分布，则所有链表的长度都是接近的，为 $\alpha = |S|/m$，则在表中查询元素和删除元素的复杂度为 $O(1+\alpha)$。因为在设计时，m 是很接近 $|S|$ 的，所以上述复杂度也是 $O(1)$。

4. 开放寻址法

开放寻址法是另一种解决冲突的有效手段。与链接哈希表不同的是，因为没有链表，也没有外部存放的元素，所有元素都将存放在表中，所以在设计表的长度 m 时，必须满足 $m \geq |S|$，否则将导致有的元素无处存储。

当插入一个元素时，若发现 h(x.key) 对应的位置已经被占据，则需要在哈希表中继续探查，直到找到一个空表位可放为止。探查的过程就是开放寻址法解决冲突的手段。

开放寻址法将对哈希函数进行扩充，使得探查次数作为第二个参数传入函数，即 $h(k,i)$。$h(k,i)$ 对于某个关键字 k 可以生成一个探查序列，并且满足探查序列为 $<0,1,\cdots,m-1>$ 的一个排列。利用探查序列，当第 p 次探查的位置非空时，需要在下一次探查中检查 $h(k,p+1)$ 号表位。

有三种计算探查序列的方法：线性探查、二次探查和双重探查。本节将讨论线性探查的实现过程。

线性探查采用的哈希函数为

$$\begin{cases} h(k,0) = k\%m \\ h(k,i) = (h(k,i-1)+c)\%m, i > 0 \end{cases}$$

其中 c 为预设的常数，为了保证哈希函数最后生成的探查序列为 $<0,1,\cdots,m-1>$ 的一个排列，需要保证选定的 c 和 m 互质。一般情况下，令 c=1 是一个比较简便的选择。

定义开放寻址哈希表的结构如下：

```
1    struct Item
2    {
3        int key;
4        int value;
5    };
6    // 开放寻址哈希表表结构
7    const int MAX_N = 100007;
8    struct OpenHashTable
9    {
10       Item* p[MAX_N];
11   };
```

在表中插入元素的过程只需按照对应关键字计算出的探测序列一一探测，直到找到空的表位即可。

```
1    // 在集合中插入元素
2    void OPEN_HASH_INSERT(OpenHashTable &T, Item x, int c)
3    {
4        int h_key = h(x.key);
5        while(T.p[h_key]) h_key = (h_key + c) % MAX_N;
6        T.p[h_key] = &x;
7    }
```

在表中查询元素的过程与插入元素的过程类似。查找也依赖于对应关键字的探测序列，当探测到一个表位为空时，查询算法即可退出了。因为若查询的关键字存在，则它就应该在插入过程中存储在当前位置上。在算法过程中，若存在该元素，则返回对应指针；若不存在，则返回空指针。

```
1    // 查询关键字对应元素，不存在返回空指针
2    Item* OPEN_HASH_SEARCH(OpenHashTable &T, int key, int c)
3    {
4        int h_key = h(key);
5        while(T.p[h_key])
6            if(T.p[h_key]->key == key) break;
7        return T.p[h_key];
8    }
```

在开放寻址哈希表中删除元素是很困难的，因为如果找到一个元素将它所处位置清空，将导致之后查询其他元素在探查到该位置后因提前退出而出错。所以若遇到需要删除元素的集合操作，一般链接法是更好的解决冲突的选择。

开放寻址哈希表所有操作的复杂度计算比较复杂，但是可以确定开放寻址哈希表的所有操作的时间复杂度都是常数级别的。

5. 将字符串关键字转化为自然数关键字

通常情况下，期望的集合关键字全域为自然数集 $N = \{0,1,2,\cdots\}$，因为这更有利于利用数组的下标来索引元素。但是实际情况中，以字符串作为元素关键字还是很普遍的，所以为对应字符串找到一个自然数的唯一替身是很必要的。

假设在本部分讨论的字符串都是 ASCII 字符串，即字符集大小为 256。则对任意一个字符串来说，将它看成一个 256 进制数都是合理的。所以利用进制转换的思想，将"256 进制数"转化为十进制数，是一种非常简单的将字符串转化为自然数的方法。

但是上述方法依然存在两个问题。

首先，若有两个字符串 A 和 B 分别为"\0\0\0"和"\0\0"（'\0'是 ASCII 码表中第一个元素），则 A 和 B 哈希后都为 0。上述现象使得进制转化的方法出现了冲突。解决的方法是默认字符集中存在一个永远不会使用到的字符，且位于字符集的起始，则字符集中原有的所有字符都将在原始位置基础上右移一位，而字符集大小也将变为 257。这样处理后 A 和 B 的对应十进制数为 $1\times257^2 + 1\times257^1 + 1\times257^0$ 和 $1\times257^1 + 1\times257^0$，而这显然是两个不同的十进制数。

其次，当字符串的长度很大时，通过进制转化后的十进制数是一个高精度的整数，这将导致转化后的自然数存储是非常困难的。在之前介绍哈希函数时，也曾遇到过自然数过大的问题，而解决的方案是对一个素数取模，朴素的想法是将最终的十进制数对一个大素数取模以缩小关键字的数值规模。这种将字符串转化为十进制数后取模的方法，一般称为字符串哈希。对字符串做哈希的过程虽然类似之前介绍的普通哈希函数，但要求哈希过程没有冲突出现。所以大素数的选择是很重要的，它将决定冲突出现的概率。若选择的素数远大于元素集合的大小，而哈希值又是等概率分布的，则两个字符串冲突的概率非常小。

上述两个问题的提出与解决，也基本解决了如何将一个字符串唯一映射到一个大小可接受的自然数的问题。

在实际编程中还有很多技巧处理字符串哈希的细节。

（1）若在取模一个素数后，还是出现了冲突，则可以使用两个素数来配合哈希。即将字符串转化的十进制数对两个素数分别取模后得到的数对作为这个字符串的哈希值。两个字符串只有当数对中的两个成员都相等时，才判定相等。

（2）通常可以使用无符号整数来处理进制转化的运算过程，且不处理运算过程中的溢出现象。每一次溢出相当于使得当前数对整数类型的最大值取模。虽然整数类型的最大值并非素数，但是这种办法在实践中效果还是非常出色的。

通过上述介绍，接下来将介绍一种使用效果非常出色的字符串哈希算法。

```
1    //字符串哈希函数
2    unsigned long long HASH(char *str)
3    {
4            unsigned long long seed = 1313; // 31 131 1313 13131 131313
5            unsigned long long hash = 0;
6
7            while (*str) hash = hash * seed + (*str++);
8            return hash;
9    }
```

上述代码中 seed 代表将字符串当成多少进制的数来对待，它的选择一般是一个稍大于字符串字符集大小的正整数。在算法中直接利用 unsigned long long 的溢出来替代模大素数取模的处理。

4.7.3　例题讲解

扫一扫：程序运
行过程（4–13）

例 4-6　雪花

Time Limit: 4000/4000 MS (Java/Others)　　　Memory Limit: 65536/65536 K (Java/Others)

题目描述：

大家可能听说过，没有两片雪花是一样的。任务是写一个程序判断这句话是否是正确的。这个程序将会读入一组雪花的信息，并去搜寻是否有两片雪花相同。每片雪花有 6 个臂。对于每片雪花，程序将会被提供 6 个臂各自长度的值。任意一对雪花如果对应臂的长度相同，则程序应当判定它们是相同的。

输入：

输入的第一行包含一个单独的整数 n，$0 < n \leqslant 100\ 000$，代表接下来输入的雪花数量。接下来输入 n 行，每一行描述一片雪花。每一片雪花将会被 6 个整数描述（每个整数至少为 0，且不超过 10 000 000），代表 6 个臂的长度值。6 个臂的长度会按照位置顺序读入（顺时针或逆时针），读入的第一个臂是任意的。举个例子，相同的两片雪花可以被描述成 1 2 3 4 5 6，也可以被描述成 4 3 2 1 6 5。

输出：

如果所有的雪花都是独一无二的，程序需要打印一条信息：No two snowflakes are alike.

如果存在一对雪花是相同的，程序需要打印一条信息：Twin snowflakes found.

样例输入：

2

```
1 2 3 4 5 6
4 3 2 1 6 5
```

样例输出：

Twin snowflakes found.

题目来源：POJ 3349

思路分析：

本题要求在一堆雪花中找出两片相同的雪花，雪花的特征由每片雪花的 6 个 arm 的长度决定。比较过程中可以对雪花进行旋转和翻转。

若要将所有雪花两两比较，除去比较过程中为了处理旋转和翻转而做的额外开销，总的复杂度是 $O(N^2)$ 的，而这显然是令人不满意的。

若能找到一种将雪花的特征值压缩成一个自然数的方法，那么问题将简化为判断一个集合中是否有两个相同的数存在。但本题不同一般自然数或者字符串的哈希过程，因为雪花的这些特征值更为特殊，哈希过程不仅要考虑 6 个臂的长度值，还需要考虑臂之间的相对位置关系。

本题可以使用四个哈希值来配合使用。对于一个雪花的 6 个臂，定义它们为 $a[0\cdots5]$，则 4 个哈希值分别定义如下：

$$hash\_1 = \sum_{i=0}^{5} a[i]$$

$$hash\_2 = \sum_{i=0}^{5} abs(a[i] - a[(i+1)\%6])$$

$$hash\_3 = \sum_{i=0}^{5} abs(a[i] - a[(i+2)\%6])$$

$$hash\_4 = \sum_{i=0}^{5} abs(a[i] - a[(i+3)\%6])$$

将所有 6 个臂的长度值累加，可以保证旋转和翻转后，不同形态的雪花哈希值依然是统一的，而按照不同步长求取两两相邻元素的绝对值的和，可以保证 6 个臂值的和相同，但某条臂长度不同或者臂相对位置不同的雪花的哈希值不同。对于每个雪花都求取这 4 个哈希值存入一个结构体中，然后按照这 4 个关键字进行一次多关键字排序。

遍历排序后的哈希结构体数组，如果发现相邻两个哈希结构体完全相同，则可判定存在两片相同的雪花。若忽略结构体比较的时间开销，则本算法的时间复杂度仅为排序过程中的 $O(n \log_2 n)$ 和遍历过程中的 $O(n)$。

题目实现：

```
1    #include <cstdio>
2    #include <algorithm>
```

```
3
4    using namespace std;
5
6    const int N = 100010;
7
8    struct HashNode
9    {
10       int a, b, c, d;
11       friend bool operator == (const HashNode &x, const HashNode &y)
12       {
13           return x.a == y.a && x.b == y.b && x.c == y.c && x.d == y.d;
14       }
15       friend bool operator < (const HashNode &x, const HashNode &y)
16       {
17           if(x.d != y.d) return x.d < y.d;
18           if(x.c != y.c) return x.c < y.c;
19           if(x.b != y.b) return x.b < y.b;
20           return x.a < y.a;
21       }
22    }p[N];
23
24    int n, a[6];
25
26    void INIT( )
27    {
28       scanf("%d", &n);
29       for(int i = 0; i < n; ++i)
30       {
31           for(int j = 0; j < 6; ++j)
32               scanf("%d", &a[j]);
33           for(int j = 0; j < 6; ++j)
34           {
35               p[i].a += a[j];
36               p[i].b += abs(a[j] - a[(j + 1) % 6]);
37               p[i].c += abs(a[j] - a[(j + 2) % 6]);
38               p[i].d += abs(a[j] - a[(j + 3) % 6]);
39           }
40       }
41    }
42    void SOLVE()
```

```
43    {
44        sort(p, p + n);
45        for(int i = 0; i < n - 1; ++i)
46            if(p[i] == p[i + 1])
47            {
48    puts("Twin snowflakes found.");
49                return;
50            }
51    puts("No two snowflakes are alike.");
52    }
53    int main( )
54    {
55        INIT( );
56        SOLVE( );
57        return 0;
58    }
```

扫一扫：程序运
行过程（4-14）

本节还讲解了一道利用的哈希算法解决字符串匹配的问题。请到高等教育出
版社增值服务网站（http://abook.hep.com.cn）输入本书防伪码后继续学习。

4.8 二 分 法

二分法，是数学中求解单调连续函数零点的算法。因每次通过判定区间中点
性质使得搜索规模减小一半，故又称其折半法。在处理有序的离散序列时，二分
法也能在一些场合中发挥高效的作用。

本节将介绍程序设计中常用的二分查找和二分逼近算法。在此基础上，本节
还将介绍程序设计竞赛中将求解性问题利用二分转化为判定性问题的算法思想。

4.8.1 二分查找

在集合中查找一个元素的朴素遍历算法的时间代价是 $O(n)$ 的。若要优化这个
操作，可以使用各种数据结构（平衡二叉树、哈希表）来重新组织数据，以提高
查找操作的性能。当集合是静态的，且有序存储在数组中时，可以使用二分查找
来优化查找操作，使得每次查找的最坏时间复杂度为 $O(\log_2 n)$。

假设当前所有元素递增有序地存储在数组 A[1…n] 中，待查数为 key，则二分
查找算法的思路如下：

（1）假设当前查找区间为[low, high]，初始时，low=1，high=n。若 low>high，
则可以确定 key 不存在于数组中；否则确定当前区间的中点 mid=(low+high)/2。

（2）将 A[mid]与 key 比较：若 A[mid]与 key 相等，则返回当前中点位置；若 A[mid]>key，若 key 位于数组 A[mid]的左边，则更新查找区间为[low,mid−1]；反之更新查找区间[mid+1,high]。

下述代码将对以上算法进行实现：

```
1    // 二分查找算法
2    bool BINARY_SEARCH(int A[ ], int n, int key)
3    {
4        int low = 1, high = n;
5        while(high >= low)
6        {
7            int mid = (low + high) >> 1;
8            if(a[mid] == key) return true;
9            if(a[mid] > key) high = mid - 1;
10           else low = mid + 1;
11       }
12       return false;
13   }
```

4.8.2　二分逼近

相较于查找，另一类问题更加常见：对于一个给定数 key，求取序列中 key 的前驱或者后继，即询问集合中所有不小于 key 的数中最小的那个数；或反之，询问集合中所有不大于 key 的数中最大的那个数。

若原始序列有序，或通过排序处理序列后，则同样可以利用二分法逐步逼近所求的目标数上。

假设当前所有元素递增有序地存储在数组 A[1⋯n]中，待查数为 key，则查找 key 的后继的二分逼近算法的思路如下：

（1）若 key>A[n]，则当前序列中不存在 key 的后继，退出算法。

（2）假设当前查找区间为[low, high]，初始时，low=1，high=n。若 low=high，则可以确定 key 的后继为 A[high]；否则确定当前区间的中点 mid=(low+high)/2。

（3）将 A[mid]与 key 比较。若 A[mid]>key，key 位于数组 A[mid]，则更新查找区间为[low,mid]；反之则更新查找区间[mid+1,high]。

下述代码将对以上算法进行实现。

```
1    // 二分逼近算法，寻找元素的后继
2    int BINARY_SEARCH(int A[ ], int n, int key)
3    {
4        if(key > a[n]) return -1; // 后继不存在
5        int low = 1, high = n;
```

```
6          while(high > low)
7          {
8              int mid = (low + high) >> 1;
9              if(a[mid] >= key) high = mid;
10             else low = mid + 1;
11         }
12         return high;
13     }
```

　　查找元素前驱的算法思路与寻找元素后继类似，只是在代码实现上有些许差异。为了防止二分过程中出现死循环，求取中点时的除法应当向上取整。

　　下述代码将实现二分逼近元素前驱的算法。

```
1     // 二分逼近算法，寻找元素的前驱
2     int BINARY_SEARCH(int A[ ], int n, int key)
3     {
4          if(key < a[1]) return -1;              //前驱不存在
5          int low = 1, high = n;
6          while(high > low)
7          {
8              int mid = (low + high + 1) >> 1;   //向上取整
9              if(a[mid] <= key) low = mid;
10             else high = mid - 1;
11         }
12         return low;
13     }
```

　　事实上，上述两个算法都只是二分逼近在求取离散函数零点的一个具体应用。对算法稍加抽象后，可以得到一个更加通用的算法框架模型。

　　在上述两个二分逼近算法中，算法的框架都是相同的，真正区别两者功能的是在处理中点时的判断逻辑。假设在算法设计时，暂时隐藏对中点判断的逻辑实现，而是用一个 CHECK 函数来替代，并约定 CHECK 函数根据逻辑需要只返回**真**或**假**。由于序列原始的有序性，则 CHECK 函数的图像分布将是一个离散的单位阶跃函数。

　　在求取后继的算法中，可以适当改造算法的程序实现。

```
1     // 改造后的二分逼近算法，寻找元素的后继
2     bool CHECK(int A[ ], int mid, int key) //  对中点的判断逻辑
3     {
4          if(A[mid] >= key) return true;
5          return false;
6     }
7     int BINARY_SEARCH(int A[ ], int n, int key)
```

```
8   {
9       if(key > a[n]) return -1; // 后继不存在
10      int low = 1, high = n;
11      while(high > low)
12      {
13          int mid = (low + high) >> 1;
14          if(CHECK(a, mid, key)) high = mid;
15          else low = mid + 1;
16      }
17      return high;
18  }
```

则在求取后继算法中，CHECK 函数的图像分布如图 4.1 所示，而原问题也将抽象成求取图像中 CHECK 函数真假值突变的位置。

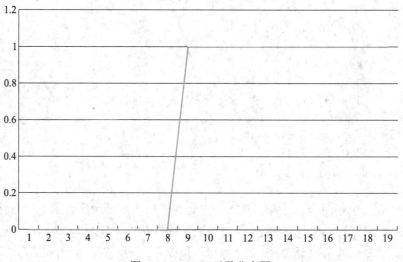

图 4.1   CHECK 函数分布图

在遇到一些更加复杂的问题时，对中点的判断逻辑也将随之复杂化。但利用上述框架，可以让算法设计者只关注 CHECK 函数的设计，而忽略一些旁枝末节，从而提高代码的实现速度。

4.8.3   求解性问题的二分策略

前面的内容着重介绍了二分法在有序序列上的几个应用。但如果二分法的应用仅仅止于此，那么二分法的功能将被极大的浪费。

在程序设计中经常会遇到这样一类最优化求解问题：通常正向直接求解最优解是极为费力的，反而对验证解是否可行容易实现。如果发现在定义域上解的可行性用函数描述也有类似阶跃函数的性质，那么就可以使用二分的策略来逼近解集中满足条件的最优解。

接下来使用两个实例应用来讲解这种二分策略的使用。

例1：求整数 n 的向下取整立方根。

对于这个问题，一个直接的解决方案即直接调用 cmath 库中的 pow 函数，但这样是把算法的正确性依赖于数学库对应的数值算法。如果要让程序设计者利用已有的知识自己设计算法来求解整数的向下取整立方根，又该如何解决？

在没有掌握足够的数值算法知识前提下，直接求解一个整数的立方根会很困难。然而对于一个相对的问题——判断一个较小整数 x 的立方与 n 孰大孰小，却会很容易。而原问题要求的答案就是满足立方值小于 n 的最大 x，即 $\max\{x\mid x^3\leqslant n\}$，而这就可以使用二分逼近来求解。

例1给出了一种正难则反的思想，而二分的使用使得原问题不仅得到了解决，而且时间复杂度也是非常令人满意的 $O(\log_2 n)$。

例2：按顺序给出 n 个数，将这 n 个数划分成连续的 m 段，使得每段的和中的最大值最小，输出最小值。（$m \leqslant n \leqslant 100\,000$）

这个问题可以使用动态规划解决，但时间复杂度高达 $O(n^3)$，所以正向的直接求解并非不能，但在当前数据要求下，无法得到满意的复杂度。

思考当前问题的对立问题：对于一个值 *max_value*，判断是否可以将序列切分成连续的 m 段，并且使得每个子段和都不大于 *max_value*。这个问题可以使用贪心算法在 $O(n)$ 的时间复杂度下解决：

（1）定义变量 s，作为当前待扩展子段的起始点，初始 $s=0$。

（2）从 s 出发不断向右扫描，直到 t 位置，满足 $sum(a[s\cdots t])>max\_value$，则将 $[s,t-1]$ 作为一个子段。

（3）令 $s=t$，回到步骤（2），直到扫描完整个序列。

上述贪心算法实际是求取最少子段数的划分方法，若最终求出的子段数 $k\leqslant m$，那么即可判定对于当前待判定的值 *max_value*，存在一种划分方式可以将序列切分成连续的 m 段，并且使得每个子段的和都不大于 *max_value*。当 $k<m$ 时，可以将当前方案中的一些子段继续分裂，直到新的子段数恰好等于 m，而这种策略下生成的子段集合依然满足任意子段的和不大于 *max_value*。

上述贪心算法的代码实现如下：

```
1    bool CHECK(int a[ ], int n, int m, int max_value)
2    {
3        int cnt = 0, sum = 0;
4        for(int i = 0; i < n; ++i)
5        {
6            if(a[i] > max_value) return false; // 若有单个元素值大于 max_value，则无法划分
7            sum += a[i];
```

```
8              if(sum > max_value)
9              {
10                   cnt++;
11                   sum = a[i];
12              }
13         }
14    cnt++; //处理最后一个未讨论的子段
15    return cnt <= m;
16    }
```

在解决了这个问题后，可以发现原问题要求的就是最小的 max_value，满足将之传入 CHECK 函数后，返回 true。对于一个值 max_value，如果它能够满足 CHECK 函数的逻辑要求，返回 true，那么 max_value+1 也能满足。所以在本题中，CHECK 函数也是一个阶跃函数，而使用二分逼近就能轻松得到最小的 max_value，满足传入 CHECK 函数后返回 true。

本算法的二分部分将类似前面内容中的求取后继的二分逼近算法。代码实现如下：

```
1     int BINARY_SEARCH(int a[ ], int n, int m)
2     {
3          int low = 0, high = inf; // inf 值大于序列中所有元素的和
4          while(high > low)
5          {
6               int mid = (low + high) >> 1;
7               if(CHECK(a, n, m, mid)) high = mid;
8               else low = mid + 1;
9          }
10         return high; // 返回答案
11    }
```

因为每次调用 CHECK 函数的复杂度为 $O(n)$，若设序列所有元素的和为 p，则整个算法的复杂度为 $O(p \log_2 n)$。

上述两个例子，启示读者在遇到一些求解问题，且无法圆满解决时，可以先思考它对立的判定性问题。若能在一个较好的复杂度下解决这个判定性问题，还能发现判定时答案在定义域上具有一定单调性，则可以使用二分逼近来曲线解决该求解性问题。

4.8.4　例题讲解

例 4-7　字典快速查询

Time Limit: 3000/3000 MS (Java/Others)　　Memory Limit: 65536/65536 K (Java/Others)

题目描述：

假设你刚刚从滑铁卢搬到一个大城市。这里的人说着难以理解的外语。幸运的是，你有一个字典来帮助你理解。

输入：

输入包括多达 100 000 条字典条目，之后是一个空行，接着是长达 10 万个词的询问。每个字典项占据一行，包含一个英文单词，后面跟一个空格和一个外语单词。没有外语单词多次出现在字典中。每个外语询问占据一行。输入中的每个词由不超过 10 个小写字母组成。

输出：

输出是翻译后的英文，每行输出一个词。若待翻译词不存在于字典中应翻译为"eh"。

样例输入：

dog ogday

cat atcay

pig igpay

froot ootfray

loops oopslay

atcay

ittenkay

oopslay

样例输出：

cat

eh

loops

题目来源： POJ 2503

思路分析：

题目要求实现字典的快速查询。在本题中，字典是静态的，即不存在对字典的在线修改。对于输入中的每一条字典条目，可用下述结构体来描述。

```
1    struct Entry
2    {
3        char foreign[20];
4        char local[20];
5    };
```

在结构体中，foreign 指代条目中的外语，而 local 这是外语对应的英语。将这个结构体数组按照 foreign 作为关键字排序，则整个结构体数组将在一定意义上成为有序序列。对于每一个输入待查询的外语单词，在结构体数组中按照 foreign 关键字二分查找。若数组中不存在元素的 foreign 关键字等于待查询外语，则输出 eh；否则输出对应数组元素中的 local 字段。

设字典条目数为 n，询问数位 q，且忽略排序过程和二分查找过程中的字符串比较的时间消耗，则本算法时间复杂度为排序 $O(n\log_2 n)$ 和二分查找 $O(q\log_2 n)$，总共为 $O((n+q)\log_2 n)$。

题目实现：

```
1    #include <cstdio>
2    #include <algorithm>
3    #include <cstring>
4    #include <iostream>
5
6    using namespace std;
7
8    const int N = 100010;
9
10   struct Entry
11   {
12       char foreign[20];
13       char local[20];
14       bool operator < (const Entry &o) const{
15           return strcmp(foreign, o.foreign) < 0;
16       }
17   }a[N];
18
19   char str[1000];
20   int n;
21
22   void BINARY_SEARCH(char* s)
23   {
24       int low = 0, high = n - 1;
25       while(high >= low)
26       {
27           int mid = (low + high) >> 1;
28           if(strcmp(s, a[mid].foreign) == 0)
29           {
30               puts(a[mid].local);
31               return;
32           }
```

```
33                  if(strcmp(s, a[mid].foreign) < 0) high = mid - 1;
34                  else low = mid + 1;
35          }
36          puts("eh");
37  }
38  int main( )
39  {
40          while(gets(str)){
41                  if(strlen(str) == 0) break;
42                  sscanf(str, "%s %s", a[n].local, a[n].foreign);
43                  n += 1;
44          }
45          sort(a, a + n);
46          while(gets(str))
47                  BINARY_SEARCH(str);
48          return 0;
49  }
```

本节还讲了一道利用二分逼近来解决的实际问题。请到高等教育出版社增值服务网站（http://abook.hep.com.cn）输入本书防伪码后继续学习。

扫一扫：程序运
行过程（4–16）

4.9　练　习　题

习题 4-1

题目来源：POJ 1411

题目类型：枚举算法

解题思路：给定正整数 $m(4 < m \leqslant 100\,000)$、$a$、$b(1 \leqslant a \leqslant b \leqslant 1000)$，求一对素数 p 和 q，使得 $p \times q \leqslant m$，并且 $a/b \leqslant p/q \leqslant 1$。枚举 q，范围是 $1 \sim m$ 的所有的素数，然后便可确定 p 的范围是 $[a \times q / b,\ \min(m/q, q)]$，从大到小枚举 p。若能找到一个 p 是素数，则第一个 p 即为一个可行解，更新答案。

习题 4-2

题目来源：HDOJ 2050

题目类型：递推

解题思路：求出 n 条折线分割平面的最大数目。设 $f(n)$ 为 n 条折线分割平面的最大数目，则在 $f(n-1)$ 的基础上分析，再加一条折线时，每次与现有 $n-1$ 条折线相交，则分割的平面加 1，一共相交 $4 \times(n-1)$。另外折线的夹角也会分割平面，即递推式为：$f(n) = f(n-1) + 4 \times(n-1) + 1\ (n \geqslant 2)$，$f(1) = 2$。

习题 4-3

题目来源：HDOJ 4260

题目类型：递归

解题思路：汉诺塔问题的变形，给出 3 根柱子 A、B、C，以及每根柱子上的盘子数（保证是最优状态）。现在把所有盘子移动到 B 柱上，最少需要多少步？按照汉诺塔最优移动规则，假设现在要把 n 号盘子移动到 B 柱子上，那么先要把前 $n-1$ 个盘子移动到辅助柱子上（这步用递归解决），然后 n 号盘子移动到目标柱子上（步数+1），再把 $n-1$ 个盘子移动到目标柱子上（$2^{(n-1)}-1$）。

习题 4-4

题目来源：HDOJ 3363

题目类型：递归

解题思路：给出一个包含字母 H 和 T 的串，问最少要切几刀才能使得切下来的块分别分给两个人？使得两个人得到的 H 和 T 的数目相等？把串想象成一个环，只要满足 H 和 T 都为偶数个，那么就可以做一条过圆心的直线把 H 跟 T 平分。过直线，只要考虑平分 H 或者 T 中的一个就可以了，因为直线本来就把环平分，而此时平分了 H 或者 T，那么剩下的部分也是被平分的。

习题 4-5

题目来源：HDOJ1316

题目类型：递推，高精度

解题思路：给定 Fibonacci 数的递推式，要求统计区间 $[a, b]$ 之间有多少 Fibonacci 数。由于数据范围 $a \leqslant b \leqslant 10^{100}$，所以需要用高精度算法预处理出这个范围内的所有 Fibonacci 数。又因为 10^{100} 内的 Fibonacci 数很少，所以对于给定区间，只需在预处理出的 Fibonacci 表内扫描一下即可。

习题 4-6

题目来源：POJ 3070

题目类型：递推，矩阵

解题思路：题目要求第 n 个 Fibonacci 数的后 4 位整数，即求 Fib[n]%10 000。由于 n 范围过大，无法直接使用 Fibonacci 的递推式求解。利用 fib[n]=fib[n-1]+fib[n-2]，得到递推式的转移矩阵 P（题目中已经给出），而 fib[n] 即为矩阵幂 P^n 的一个元素。使用矩阵快速幂使得矩阵幂在 $O(\log_2 n)$ 时间复杂内求出。

习题 4-7

题目来源：POJ 1200

题目类型：字符串哈希

解题思路：求一个字符串 str 的所有长度为 n 的子串，其中原串的不同字符个数为 nc。本题可以遍历出所有等长度的子串，但是需要判重。可以使用字符串哈希的方法将所有长度为 n 的子串用整数代替，然后将这些整数存入哈希表内维护和判重。最后的答案即为哈希表内集合元素的个数。

习题 4-8

题目来源：POJ 3882

题目类型：二分，字符串哈希

解题思路：本题要求求一个字符串中出现至少 k 次的最长重复子串的长度。如果在字符串中存在长度为 l 且出现至少 k 次的子串，则必然也存在长度为 $l-1$ 且出现至少 k 次的子串。可以通过二分长度后验证满足条件的最大长度。当二分长度为 l 后，只需遍历字符串中所有长度为 l 的子串，使用类似习题 4.7 中的算法，维护所有子串的哈希值。如果在哈希表中有一个字符串出现次数超过 k，则代表存在长度为 l 的子串出现了至少 k 次。

第 5 章　排序算法

排序是计算机程序设计中的一种重要操作，它的功能是将一组数据元素（或记录），按照一个关键字排列成有序的序列。许多算法都需要排好序的数据，因此选择恰当的排序方法可以大大降低算法的时间复杂度和空间复杂度，提高算法的运行效率。

排序的算法有很多，对空间的要求及其时间效率也不尽相同。排序算法主要分为基于比较的排序算法和基于统计的排序算法两大类。

本章首先介绍基于比较的排序算法，然后介绍基于统计的排序算法。

5.1　基于比较的排序算法

比较排序算法是排序算法的一类，通过一个抽象的内容比较操作（通常是"小于或等于"操作）来确定两个元素中哪个应该放在序列前面。

比较排序算法有很多种，第 4 章中介绍了归并排序算法，在这一节主要介绍简单排序算法和快速排序算法。下面是基于比较排序算法关于时间复杂度下界的定理。

定理 1：基于比较的排序，时间复杂度下界是 $O(n\log_2 n)$。

证明：对于 n 个待排序元素，在未比较时，可能的正确结果有 $n!$ 种。在经过一次比较后，其中两个元素的顺序被确定，所以可能的正确结果剩余 $n!/2$ 种。依次类推，直到经过 m 次比较，剩余可能性 $n!/(2^m)$ 种。直到 $n!/2^m \leqslant 1$ 时，结果只剩一种。此时的比较次数 m 为 $O(n\log_2 n)$ 次，结论得证。

5.1.1　简单排序

简单排序主要包括：选择法排序、插入排序和冒泡排序。简单排序算法同其他排序算法相比空间的要求较低，但是时间要求很高。

1. 选择法排序

选择排序的核心思想是在所剩下的数字中找到最小的数字，再继续从剩下的数字中找最小的，放到上一个数字的后面，直到全部结束为止。下面演示数组{2, 3, 9, 6, 1, 8}从小到大的排序过程。

（1）从第一个元素开始，找到最小的元素 1，跟第一个位置的元素交换。

2 3 9 6 1 8
↑   ↑

（2）从第二个元素开始，找到最小的元素 2，跟第二个位置的元素交换。

1 3 9 6 2 8
↑   ↑

（3）从第三个元素开始，找到最小的元素 3，跟第三个位置的元素交换。

1 2 9 6 3 8
↑   ↑

（4）从第四个元素开始，找到最小的元素 6，跟第四个位置的元素交换。

1 2 3 6 9 8
↑↑

（5）从第五个元素开始，找到最小的元素 8，跟第五个位置的元素交换。

1 2 3 6 9 8
↑ ↑

（6）只剩余一个元素，排序完成。

1 2 3 6 9 8

```
1   void SELECT_SORT(int iCount, int iNum[ ])
2   {
3        int minPos = 0;
4        for(int i=0;i<iCount;i++)
5        {
6            minPos=i;
7            for(int j=i+1;j<iCount;j++)            //从当前位置的下一位开始向前比较
8            {
9
10                if(iNum[j]<iNum[minPos])
11                {
12                    minPos=j;
13                }
14            }
15            //将第 i 个数字与后面最小的数字交换
16            swap(iNum[i], iNum[minPos]);
17        }
18        return ;
19   }
```

选择排序算法需要进行 $n-1$ 次选择，每次选择的时间复杂度为 O(n)，所以选择排序的时间复杂度为 O(n^2)。

2．插入排序

插入排序借助了"逐步扩大成果"的思想，每一步都将一个待排序数据按其大小插入到已经排好序的数据中，直到全部插入完毕。插入排序方法分直接插入排序和折半插入排序两种，本书只介绍直接插入排序。下面演示数组{2, 3, 9, 6, 1, 8}的从小到大排序过程。

（1）从第一个元素开始，找到它在数组中的位置，2 不动，结果如下：

2　3　9　6　1　8
↑

（2）从第二个元素开始，找到它在数组中的位置，3 不动，结果如下：

2　3　9　6　1　8
　　↑

（3）从第三个元素开始，找到它在数组中的位置，9 不动，结果如下：

2　3　9　6　1　8
　　　　↑

（4）从第四个元素开始，找到它在数组中的位置，6 插在 9 前，结果如下：

2　3　6　9　1　8
　　　　↑

（5）从第五个元素开始，找到它在数组中的位置，1 插在 2 前，结果如下：

1　2　3　6　9　8
↑

（6）只剩余一个元素，排序完成，8 插在 9 前，结果如下：

1　2　3　6　8　9
　　　　　　↑

```
1   void INSERTION_SORT(int iCount, int iNum[ ])
2   {
3       for(int i = 1; i < iCount; i++)
4       {
5           if(iNum[i - 1] > iNum[i])
6           {
7               int temp = iNum[i];
8               int j = i;
9               while(j > 0 && iNum[j - 1] > temp)
10              {
11                  iNum[j] = iNum[j - 1];
12                  j--;
13              }
14              iNum[j] = temp;
15          }
16      }
17  }
```

插入排序需要 n 次插入，每次插入的时间复杂度为 $O(n)$，所以算法的时间复

杂度为 $O(n^2)$。

3．冒泡排序

冒泡排序的核心思想是邻近的数字两两进行比较，按照从小到大的顺序进行交换，这样一趟过去后，最大的数字被交换到了最后一位，然后再从头开始进行两两比较交换，直到倒数第二位时结束。对含有 n 个元素的数组进行排序时，需要进行 $n-1$ 轮。每轮从元素的第一个位置开始，比较第一个元素和第二个元素，如果第二个比第一个小，则将两者交换；然后继续比较第二个和第三个元素，如果第三个比第二个小，则将两者交换；继续向后比较直到结束。经过第一轮比较之后，最后一个元素一定是数组中最大的一个，第二轮之后倒数第二个一定是次大的，经过 $n-1$ 轮后，数据将变为有序。下面演示{2, 3, 9, 6, 1}的冒泡法排序过程。

（1）第一轮比较，从第一个元素开始，两两比较。比较完成后最后一个元素是最大的元素。比较过程如下：

$$2 \quad 3 \quad 9 \quad 6 \quad 1 \quad (2<3 \ 不交换)$$
$$\uparrow \quad \uparrow$$

$$2 \quad 3 \quad 9 \quad 6 \quad 1 \quad (3<9 \ 不交换)$$
$$\quad \uparrow \quad \uparrow$$

$$2 \quad 3 \quad 9 \quad 6 \quad 1 \quad (9>6 \ 交换)$$
$$\qquad \uparrow \quad \uparrow$$

$$2 \quad 3 \quad 6 \quad 9 \quad 1 \quad (9>1 \ 交换)$$
$$\qquad\qquad \uparrow \quad \uparrow$$

$$2 \quad 3 \quad 6 \quad 1 \quad 9 \ （第一轮冒泡排序的结果）$$

（2）第二轮比较，从第一个元素开始，至第四个元素为止，比较过程跟第一轮相同。最终结果如下：

$$2 \quad 3 \quad 1 \quad 6 \quad 9$$

（3）第三轮比较，从第一个元素开始，至第三个元素为止，比较过程跟第一轮相同。最终结果如下：

$$2 \quad 1 \quad 3 \quad 6 \quad 9$$

（4）第四轮比较，从第一个元素开始，至第二个元素为止，比较过程跟第一轮相同。比较结束后排序完成，最终结果如下：

$$1 \quad 2 \quad 3 \quad 6 \quad 9$$

```
1    void BUBBLE_SORT(int iCount, int iNum[ ])
2    {
3        for(int i=0;i<iCount;i++)
```

```
4        {
5                    for(int j=0;j<iCount-i;j++)
6                    {
7                        //相邻元素进行比较，较大的放到后面
8                        if(iNum[j]>iNum[j+1])
9                        {
10                            swap(iNum[j], iNum[j + 1])
11                        }
12                    }
13        }
14    }
```

冒泡排序需要经过 n-1 轮操作，每次操作的比较次数为 O(n)，所以冒泡排序的时间复杂度为 O(n^2)，其中 n 为数组大小。

5.1.2 快速排序

快速排序是基于分治法的排序算法的一种。在计算机科学中，分治法是一种很重要的算法。字面上的解释是"分而治之"，就是把一个复杂的问题分成两个或更多的相同或相似的子问题，再把子问题分成更小的子问题，直到最后子问题可以简单地直接求解，原问题的解是子问题的解的合并。

快速排序是由 C. A. R. Hoare 在 1962 年提出的。它的基本思想是：通过一趟排序将要排序的数据分割成独立的两部分，其中一部分的所有数据比另外一部分的所有数据都要小，然后再按此方法对这两部分数据分别进行快速排序，整个排序过程可以递归进行，直到所有数据变成有序序列。

以从小到大排序为例，设要排序的数组是 $A[0]...A[N-1]$，首先任意选取一个数据（通常选用最后一个数据）作为关键数据（也叫轴），然后将所有比它小的数都放到它前面，所有比它大的数都放到它的后面，这个过程称为一趟快速排序。一趟快速排序的算法流程如下。

（1）设置两个变量 I、J，排序开始时：$I=0$，$J=N-1$；

（2）以最后一个数组元素作为轴，赋值给 key，即 $key=A[N-1]$；

（3）从前开始向后搜索，找到第一个大于 key 的 $A[I]$，复制到 $A[J]$；

（4）从后开始向前搜索，找到第一个小于 key 的 $A[J]$，复制到 $A[I]$；

（5）重复第 3、4 步，直到 $I=J$；

（6）将 key 复制到 $A[I]$。

每进行一趟快速排序后，key 的位置一定是其最终的位置，然后将数组前半部分和后半部分递归进行快速排序就能得到排好序的数组。

```
1    void QUICK_SORT(int a[ ],int left,int right)
```

```
2    {
3        if(right<=left) return;
4        int i=left,j=right;
5        int record=a[right];
6        while(i<j)
7        {
8            while(a[i]<record && i<j) i++;
9            if(i<j)
10           {
11               a[j]=a[i];
12               j--;
13           }
14           while(a[j]>record && i<j) j--;
15           if(i<j)
16           {
17               a[i]=a[j];
18               i++;
19           }
20       }
21       a[i]=record;
22       QUICK_SORT (a,left,i-1);
23       QUICK_SORT (a,i+1,right);
24   }
```

对于快速排序的效率分析比较复杂，简单来说，由于数据每次会分成两部分，每进行一趟快速排序的效率是 $O(n)$，所以整体的效率大致是 $O(n\log_2 n)$。但是快速排序存在退化的情况，如果序列原来有序，则每次分成的两部分中有一部分个数是 1，这时候效率就是 $O(n^2)$。为了避免退化，有时需要使用随机取轴，或者每次取开头、中间和结尾 3 个数当中中间的数为轴。

5.1.3 限制和优势

比较排序有很多性能上的限制。在最差情况下，任何一种比较排序至少需要 $O(n\log_2 n)$ 次比较操作。不过，比较排序在控制比较方面有显著优势，因此比较排序能对各种数据类型进行排序，并且可以很好地控制一个序列如何被排序。例如，如果倒置比较函数的输出结果可以让排序结果倒置，或者可以构建一个按字典顺序排序的比较函数，这样排序的结果就是按字典顺序的。

比较排序可以更好地适应复杂顺序，如对浮点数的排序，一旦比较函数完成，任何比较算法都可以不经修改而使用。这种灵活性和较高的执行效率使得比较排序在实际工作中得到了广泛应用。

5.2　基于统计的排序算法

　　基于比较的排序算法的最坏情况下界为 O($n$log$_2n$)，即进行 O($n$log$_2n$)次比较，而基于统计的排序算法时间复杂度可以降低到 O(n)，统计排序是线性时间排序的一种。线性时间排序一般只能处理整数的排序，对于非整数的排序一般很难处理。线性时间排序主要包括：计数排序和基数排序。

5.2.1　计数排序

　　计数排序是一种线性的非基于比较的排序算法，它要求输入数据的范围不能太大。

　　计数排序算法的基本思想是统计输入数据中每个元素出现的次数，这样对于给定的输入序列中的每一个元素 x，就可以确定该序列中值小于 x 元素的个数。一旦有了这个信息，就可以将 x 直接存放到最终的输出序列的正确位置上。例如，如果输入序列中只有 17 个元素的值小于 x，则 x 可以直接存放在输出序列的第 18 个位置上。当然，如果有多个元素具有相同的值时，不能将这些元素放在输出序列的同一个位置上，这时，在生成输出序列时要注意重复值的处理。由于算法的需要，排序后的序列要重新定义一个数组存储，而且还需要开放一个长度等于数据范围的辅助数组。下面是一个数据范围为 0~maxnum 的 maxn 个数以内的计数排序算法的实现样例。

```
1    const int maxn=100;
2    const int maxnum=10;
3    //输入序列，输出序列，元素个数
4    void COUNTING_SORT (int data[maxn],int n)
5    {
6        int pos[maxnum];    // 长度等于数据范围的辅助数组，每个数出现了多少次
7        int ans[maxn];
8        memset(pos,0,sizeof(pos));
9        for(int i=0; i<n; i++)
10            pos[data[i]]++;
11        for(int i=1; i<maxnum; i++)
12            pos[i]+=pos[i-1]; //计算 i 是第几个数
13        for(int i=n-1; i>=0; i--)
14        {
15            ans[pos[data[i]]-1]=data[i];
16            pos[data[i]]--;
17        }
18        for(int i=0; i<n; i++)
19            data[i]=ans[i];
```

　　计数排序中，没有用到元素间的比较，它利用元素的实际值来确定它们在输出数组中的位置。算法的空间复杂度和时间复杂度都是 O($2×n+m$)的，其中 n 为输入数据的个数，m 为数据范围。计数排序之后，输出序列中值相同的元素之间的相对次序与他们在输入序列中的相对次序相同。计数排序的最大缺点是当输入数据的范围比较大时（当 $m=n^2$ 时），算法的时间复杂度会很高，而且有时开出长度为 m 的数组也是比较困难的；另一方面，对于每个可能出现的数都要开一个位置记录，如果输入数据不是整数，对输入数据的转化映射也会很麻烦。

5.2.2 基数排序

　　基数排序是一种用在老式穿卡机上的算法。一张卡片有 80 列，每列可在 12 个位置中的任一处穿孔。排序器可被机械地"程序化"以检查每一叠卡片中的某一列，再根据穿孔的位置将它们分别放在 12 个盒子里。这样，操作员就可逐个地把它们收集起来。其中第一个位置穿孔的放在最上面，第二个位置穿孔的其次，以此类推。对十进制数字来说，每列中只用到 10 个位置（另两个位置用于编码非数值字符）。一个 d 位数占用 d 个列。因为卡片排序器一次只能查看一个列，要对 n 张卡片上的 d 位数进行排序就要用到排序算法。

　　直觉上，可能觉得应该按最高位排序，然后对每个盒子中的数递归地排序，最后把结果合并起来。然而，为排序每一个盒子中的数，10 个盒子中的 9 个必须先放在一边，这个过程产生了许多要加以记录的中间卡片堆。

　　与人们的直觉相反，基数排序是首先按最低有效位数字进行排序，以解决卡片排序问题。同样，把各堆卡片收集成一叠，其中 0 号盒子中的在 1 号盒子中的前面，后者又在 2 号盒子中的前面，以此类推。然后对整个一叠卡片按由低位到高位排序，并把结果同样地合并起来。重复这个过程，直到对所有的 d 位数字都进行了排序。所以，仅需要 d 遍就可将一叠卡片排好序。图 5.1 展示了基数排序作"一叠" 7 个三位数的排序过程。第一列为输入，其余各列展示了对各个数位进行逐次排序后表的情形。垂直向上的箭头指示了当前要被加以排序的数位。

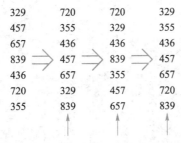

图 5.1　基数排序作用于一个由 7 个 3 位数组成的无序序列

在一台典型的顺序随机存取计算机上，有时采用基数排序来对有多重域关键字的记录进行排序。例如，根据三个关键字年、月和日来对日期排序。对于这个问题，可以用带有比较函数的排序算法来做。给定两个日期，先比较年份，如果相同，就比较月份；如果月份相同，就比较日。这里可以采用另一个方法，即对所给信息进行三次排序：先对日排序，其次对月排序，再对年排序。

基数排序的代码是很简单的。下面的过程假设长度为 n 的数组 A 中的每个元素都有 d 位数字，其中第 1 位是最低的，第 d 位是最高位。由于计算器内部的运算都是基于二进制的，所以对 10 取模是很慢的，可以直接将数字转为十六进制，这在计算机中实际上是不用转化的，因为一个整数在计算机中就是二进制，每 4 位解析一次就是十六进制了。对 16 取模可以用位运算对 15 取按位与得到，而计算机中位运算是非常快的。另一方面，对于整数，int 型的整数最大为 $2^{31}-1$，d 的大小等于 $(2^{31}-1)$/基数，为了减少 d 需要增大基数。对于基数排序来讲，只要基数的数量级小于等于 n 就可以，所以一般可以取 $2^8=256$，对 256 取模可以用对 255 取与得到，此时 $d=32$（位）/8（位）$=4$，是比较好的。

```
1    const int maxn=10000;
2    const int maxnum=256;
3    //输入序列，输出序列，元素个数
4    void COUNTING_SORT(int data[maxn],int n,int x)
5    {
6        int pos[maxnum];        //长度等于数据范围的辅助数组，每个数出现了多少次
7        int ans[maxn];
8        memset(pos,0,sizeof(pos));
9        int i;
10       for(i=0; i<n; i++)
11           pos[(data[i]&(255<<(8*x)))>>8*x]++;
12       for(i=1; i<maxnum; i++)
13           pos[i]+=pos[i-1];        //计算 i 是第几个数
14       for(i=n-1; i>=0; i--)
15       {
16           ans[pos[(data[i]&(255<<(8*x)))>>8*x]-1]=data[i];
17           pos[(data[i]&(255<<(8*x)))>>8*x]--;
18       }
19       for(i=0; i<n; i++)
20           data[i]=ans[i];
21   }
22   void RADIX_SORT(int data[maxn],int n)
23   {
24       int i,j=0;
25       for(i=0; i<4; i++)
26           COUNTING_SORT(data,n,i);
27   }
```

计数排序的时间复杂度和空间复杂度与对数据中元素的每一位进行排序时所使用的排序算法的时间复杂度和空间复杂度有关。如果 A 中元素是十进制数，那么对于每一位排序时用计数排序是非常好的选择，它可以达到 $O(2\times n+10)$ 的复杂

度，整体复杂度可以达到 $O(2 \times n \times d + 10 \times d)$。当然采用计数排序的基数排序也需要额外的空间。基数排序的缺点是要求输入数据能够提取关键字，由于内部的排序算法使用了计数排序，需要注意关键字到整数的转化。

5.3 例题讲解

本节讲解了一道需要利用排序后数据的问题。请到高等教育出版社增值服务网站（http://abook.hep.com.cn）输入本书防伪码后继续学习。

扫一扫：程序运行过程（5-1）

5.4 练习题

习题 5-1

题目来源：POJ1007

题目类型：排序

解题思路：对所有 DNA 按照冒泡排序的思想寻找逆序对的数量，然后按照逆序对的数量排序，最后输出答案即可。

习题 5-2

题目来源：HRBUST 1193

题目类型：排序

解题思路：对每个国家给出极佳排名方式，如果有相同的最终排名，则输出排名方式最小的那种排名，对于排名方式，金牌总数 < 奖牌总数 < 金牌人口比例 < 奖牌人口比例，按照以上规则输出答案即可。

习题 5-3

题目来源：HRBUST1606

题目类型：排序

解题思路：帖子有标题、内容、发帖时间、回复时间等，但是为了简化，现在仅需要标题和发帖时间对于每组测试数据的第 i 个查询，按照发帖时间降序输出第 ai（ai 为输入数据中定义的整数）页的帖子列表，格式为"标题 时间"，注意标题和时间之间有一个空格，每条帖子占一行，每输出一页帖子列表后，就要接着输出一个换行。

第6章 图的基本算法

图论是数学的一个分支。它以图为研究对象，利用图中点和线来描述现实事物的某种特定关系。图论问题是一大类经典问题，从基本的图论连通性问题到复杂的图论中的最大流问题均有涉猎。

本章首先介绍图的定义与存储方法，然后介绍图论中的三个经典问题：拓扑排序、最小生成树和最短路。本章在介绍图论问题的同时，给出相应的算法实现与复杂度分析。

6.1 图的定义及存储方法

由若干不同顶点与连接顶点的边所组成的图形就称为图。在计算机科学中，如果能够对图结构进行巧妙且高效的存储，那么对图论算法的实现很有帮助。本节将介绍图的定义以及常见的几种存储方法。

6.1.1 图的定义

如图 6.1 所示的形状就是一个图，图是由点和边的集合组成。在图结构中常常将点称为顶点，边是顶点的有序偶对，若两个顶点之间存在一条边，就表示这两个顶点具有相邻关系。需要注意的是，在图的定义中，顶点的位置以及边的曲直长短都是无关紧要的，而且也没有假定这些顶点和边都要在一个平面内，图中表示的就是顶点与顶点之间的连接关系。

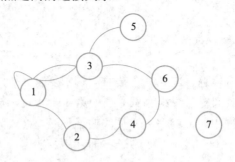

图 6.1　图的形状

通常用一个大写字母 G 来表示图，用 V 来表示图中顶点的集合，E 表示图中边的集合，并记成 $G = (V, E)$。V 中顶点的个数叫做图的阶。如果 V 和 E 都是有限集合，则 G 称为有限图，否则称为无限图。本书只讨论有限图的问题。

通常来说，图是实际问题的抽象。例如表示城市之间的道路建设，可以把每个城市看作一个点，连接城市的道路看作一条边。代表城市的点构成了图 G 的点集 V，代表道路的边构成了图 G 的边集 E，点集 V 和边集 E 组成了整个图 G，用来表示城市之间的道路交通。

为了更好地表示实际问题,需要引入权的概念。权有两种，点权和边权。在上述表示城市之间道路交通的图中,每条路的长度可以看作图上对应边的权值,也就是边权;而如果将道路上的收费站看作图中的点，连接收费站的道路作为图中的边，通过收费站所要支付的钱数就可以看作图中的点所具有的权值,也就是点权。

在描述有关图的算法效率的时候，通常以图中顶点的个数 n 和边的个数 m 来度量计算的规模。

6.1.2 有向图和无向图

如果给图的每条边规定一个方向，那么得到的图称为有向图。相反，边没有方向的图称为无向图。

在有向图中，与一个节点相关联的边有出边和入边之分，通常将有向图中的边称作弧，记作 $<v_i,v_j>$，它表示从顶点 v_i 到顶点 v_j 有一条边，这条边是顶点 v_i 的一条出边，同时也是顶点 v_j 的一条入边。在无向图中，边记作 (v_i,v_j)，它蕴涵着存在 $<v_i,v_j>$ 和 $<v_j,v_i>$ 两条边。

连接相同两个节点的多于 1 条的无向边叫作无向平行边。连接两个节点之间的多于 1 条且方向相同的有向边叫作有向平行边。平行边有时亦可叫作重边。

若有向图中有 n 个顶点，在不存在重边和自环的情况下，最多有 $n(n-1)$ 条边，并将具有 $n(n-1)$ 条弧的有向图称作有向完全图。若无向图中有 n 个顶点，则最多有 $n(n-1)/2$ 条边，并将具有 $n(n-1)/2$ 条边的无向图称作无向完全图。

顶点的度是指与该点相关联的边的条数。有向图的顶点的度可分入度和出度。顶点 v 的出边的数目称作顶点 v 的出度，顶点 v 的入边的数目称作顶点 v 的入度。无向图中与顶点 v 相关的边的条数称作顶点 v 的度。

6.1.3 路径与连通

从 v_0 到 v_k 的一条路径是指一个序列，$v_0,e_1,v_1,e_2,v_2,\cdots,e_k,v_k$，其中 e_i 的顶点为 v_{i-1} 和 v_i，路径长度是指路径上边的数目 k。如果一条路径的起止顶点相同，则该路径是"闭"的，也叫回路，反之，则称为"开"的。如果路径中除起始与终止顶点可以重合外，所有顶点两两不等，这样的路径称为简单路径。

在无向图中，如果从顶点 v_i 到顶点 v_j 有路径，则称 v_i 和 v_j 连通。如果图中任意两个顶点之间都连通，则称该图为连通图。

在有向图中，如果对于每一对顶点 v_i 和 v_j，从 v_i 到 v_j 和从 v_j 到 v_i 都有路径，则称该图为强连通图。

6.1.4　图的存储结构

要将图的信息存到计算机中，需要使用专门设计的数据结构。比较常见的是邻接矩阵和邻接表。另外还有十字链表的方式，由于其建立比较复杂，故很少使用，本书不做描述。下面就分别使用上面两种方式来存储图 6.2 所示的图。这里只考虑输入的信息为有向边的信息，如果输入为无向边则需自行拆成两条有向边处理。

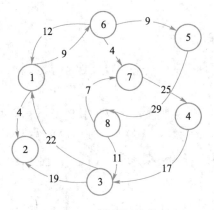

图 6.2　实例图结构

1. 邻接矩阵

邻接矩阵是表示图的数据结构中最为简单也是最为常用的一种，对于一个有 n 个点的图，它需要一个 $n \times n$ 的矩阵，这个矩阵的第 i 行第 j 列的数值表示点 v_i 到 v_j 的距离。对于图 6.3 来说，$n=8$，在邻接矩阵中 $map[1][2]=4, map[1][6]=9, map[3][2]=19, \cdots, map[8][7]=7$。

邻接矩阵需要初始化，$map[i][i]=0, map[i][j]=INF (i \neq j)$。对于每组读入的 v_i、v_j、w（v_i 为边的起点，v_j 为边的终点，w 为权值）赋值 $map[i][j]=w$ 即可。另外，邻接矩阵的值和边的输入顺序无关，无论以任何顺序输入边，$map[\ ][\ ]$ 中最后的值是一样的，图 6.2 的邻接矩阵 $map[\ ][\ ]$ 的值如表 6.1 所示。

对于邻接矩阵来说，初始化需要 $O(n^2)$ 的时间，建图需要 $O(m)$ 的时间，所以一共的时间复杂度是 $O(n^2)$。空间上，邻接矩阵的开销也是 $O(n^2)$，与点的个数有关。

邻接矩阵的优点就是实现简单，并且可以直接查询点 v_i 与 v_j 间是否有边及边的权值。但是邻接矩阵的缺点也是显而易见的，它遍历效率较低，并且不能存储重边；使用前需要初始化且初始化效率低；空间开销大，特别是当 n 比较大（如 $n>10^5$）的时候开一个 $n \times n$ 的数组是不现实的；对于稀疏图邻接矩阵的空间利用效率也不高，大多数位置为 INF，如表 6.1 所示的邻接矩阵。

表 6.1　使用邻接矩阵存储图 6.2 时各位置的值

map	1	2	3	4	5	6	7	8
1	0	4	INF	INF	INF	9	INF	INF
2	INF	0	INF	INF	INF	INF	INF	INF
3	22	19	0	INF	INF	INF	INF	INF
4	INF	INF	17	0	INF	INF	INF	INF
5	INF	INF	INF	INF	0	INF	INF	29
6	12	INF	INF	INF	9	0	4	INF
7	INF	INF	INF	25	INF	INF	0	INF
8	INF	INF	11	INF	INF	INF	7	0

2. 邻接表

邻接表是图的一种链式存储结构。对于图 G 中每个顶点 v_i，把所有邻接于 v_i 的顶点 v_j 连成一个单链表，这个单链表称为顶点 v_i 的邻接表。

邻接表有三种实现方法，分别为动态建表实现、使用 STL 中的 vector 模拟链表实现和静态建表实现。

（1）动态建表

```
1   struct EdgeNode              //邻接表节点
2   {
3       int to;                  //终点
4       int w;                   //权值
5           EdgeNode ∗ next;     //指向下一条边的指针
6   };
7   struct VNode                 //起点表节点
8   {
9           int from;            //起点
10          EdgeNode ∗ first;    //邻接表头指针
11  };
12  VNode   Adjlist[maxn];       //整个图的邻接表
```

邻接表中每一个表节点 EdgeNode 有三个属性，其一为邻接点序号 to，用以存放与顶点 v_i 相邻接的顶点 v_j 的序号 j，另一个为边上的权值 w，第三个是指针 next，用来将邻接表的所有节点连在一起。另外，为每个顶点 v_i 的邻接表设置一个具有两个属性的表头节点 VNode：一个是顶点序号 from，另一个是指向其邻接表的指针 first，它是指向 v_i 的邻接表的第一个节点的指针。使用一个 VNode 的数组就可以访问每个顶点的邻接表了。

动态建表过程中要求对于每一个新读入的边数据，新建一个 EdgeNode 对象，加到对应的 VNode 的邻接表里，需要动态申请内存。在样例实现中，将新节点加到了链表的头部。

信息存储主要代码：

```
1    void ADD(int i, int j, int w)
2    {
3        EdgeNode * p=new EdgeNode( );
4        p->to=j;
5        p->w=w;
6        p->next=Adjlist[i].first;
7        Adjlist[i].first=p;
8    }
```

与邻接矩阵不同，这种存储方式最终形成的邻接表与输入数据的顺序有关，如果数据输入的顺序如下：

5 8 29

6 1 12

8 3 11

1 2 4

3 1 22

4 3 17

7 4 25

6 5 9

8 7 7

1 6 9

3 2 19

6 7 4

则建立的邻接表如图 6.3 所示。

在无向图的邻接表中，顶点 v_i 的度恰好是第 i 个链表中的节点数；而在有向图中第 i 个链表的节点数只是顶点 v_i 的出度，为了求入度，必须遍历整个邻接表或者建立一个逆邻接表（以 v_i 为边终点的邻接表）。

对于动态建立的邻接表，它的时间效率是 $O(m)$、空间效率是 $O(m+n)$。动态建立邻接表，不会浪费多余的空间，需要存储多少信息就使用多少内存。但是当判断任意两个顶点(v_i 和 v_j)之间是否有边相连时需要搜索第 i 个和第 j 个链表，因此效率较低。

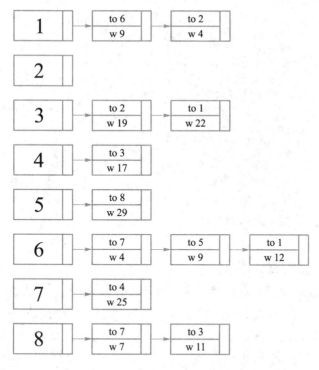

图 6.3 邻接表存储示意图

（2）STL 中的 vector 实现

这里所说的 STL 中的 vector 实现指的是使用 C++的 STL 中的 vector 来模拟链表而实现的。下面是所需要的数据结构。

```
1    struct EdgeNode    //边表节点类型
2    {
3         int to;        //顶点的序号
4         int w;         //边长
5    };
6    vector < EdgeNode > map[maxn];
```

信息存储主要代码：

```
1    void ADD(int i, int j, tin w)
2    {
3         EdgeNode e ;
4         e.to=j;
5         e.w=w;
6         map[i].push_back(e);
7    }
```

遍历代码：

```
1    void TRAVERSAL()
2    {
3        for(i=1;i<=n;i ++)
4        {
5            for(vector<NODE>::iterator k=map[i].begin();k!=map[i].end();k++)
6            {
7                NODE t=*k;
8                cout <<i <<' '<<   t.to <<' '<< t.w << endl;
9            }
10       }
11   }
```

可以发现，这种实现方式与前一种区别不大，但是代码量较少，也不易犯错误，不需要考虑内存的管理。

（3）静态建表（链式前向星）

邻接表的静态建表方式存储图的方式也叫链式前向星。链式前向星方法最开始是基于前向星，以提高其构造效率为目的设计的存储方式，最终形成的数据却是一个变形的邻接表。在这里不再赘述前向星的构造方法和使用，直接讲解链式前向星。链式前向星采用数组模拟链表的方式实现邻接表的功能，使用较少的额外空间，是建图和遍历效率最高的存储方式。

数据结构如下：

```
1    int head[n];
2    struct EdgeNode
3    {
4        int to;
5        int w;
6        int next;
7    };
```

数组模拟链表的主要方式就是记录下一个节点在数组中的哪一个位置。head 数组存储描述点 v_i 边信息链的起点在 Edges 数组的位置。构造链式前向星就是将新加入的节点连在对应链的最开始并修改 head 数组的对应位置的值。

信息存储主要代码如下，其中 k 表示当前输入第 k 条边。

```
1    void ADD(int i, int j, int w)
2    {
3        Edges[k].to=j;
4        Edges[k].w=w;
5        Edges[k].next=head[i];
6        head[i]=k;
```

```
7   }
```

遍历代码：

```
1    void TRAVERSAL ( )
2    {
3         for(i=1;i<=n;i ++)
4         {
5              for(k=head[i];k!=-1;k=edge[k].next)
6              {
7                   cout << i << ' ' << edge[k].to << ' ' << edge[k].w << endl;
8              }
9         }
10   }
```

以表 6.2 为例，边的输入数据和邻接表的动态建表样例相同，则按照上面的
处理方式，最后的结果如表 6.3 所示。

表 6.2　head 数组各位置的值

No.	1	2	3	4	5	6	7	8
head	10	0	11	6	1	12	7	9

表 6.3　edge 数组各位置的值

No.	1	2	3	4	5	6	7	8	9	10	11	12
to	8	1	3	2	1	3	4	5	7	6	2	7
w	29	12	11	4	22	17	25	9	7	9	19	4
next	0	0	0	0	0	0	0	2	3	4	5	8

6.2　图的遍历及拓扑排序

给出一个图 G 和其中的任意一个顶点 v_0，从 v_0 出发访问图 G 中的所有顶点，
每个顶点访问一次，叫做图的遍历。图主要的遍历方式有图的深度优先遍历，宽
度优先遍历，这两种遍历方式借鉴了搜索中的深度优先搜索和宽度优先搜索的思
想。最后本节还将讲解图的拓扑排序。

6.2.1　图的深度优先遍历

首先介绍图的深度优先遍历。它的基本思想是访问顶点 v_0，然后访问 v_0 邻接
的未被访问的顶点 v_1，再从 v_1 出发按照深度优先的方式递归遍历。当遇到一个所
有邻接于它的顶点都被访问过了的顶点 u，则回到已访问顶点序列中最后一个拥
有未被访问相邻顶点的顶点 w，从 w 出发继续访问。最终当任何已被访问过的顶

点都没有未被访问的相邻顶点时，遍历结束。也就是说，深度优先遍历是沿着图的某一条分支遍历，直到它的末端，然后回溯，沿着另一分支进行同样的遍历，直到所有的分支都被遍历过为止。

如图 6.4 所示，从 v_1 开始遍历，先访问 v_2，再继续访问 v_6、v_5、v_4，此时不可继续访问，回溯至 v_2 继续访问 v_7、v_3，然后回溯，发现所有点的相邻节点都被访问；则访问结束，最终得到的深度优先遍历的顺序是 $v_1\ v_2\ v_6\ v_5\ v_4\ v_7\ v_3$。

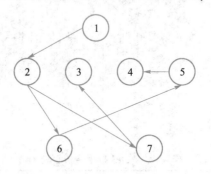

图 6.4　深度优先搜索实例图

深度优先遍历的样例程序如下：

```
1    bool s[maxn]={0};
2    void DFS(int x)
3    {
4        s[x]=true;      //标记当前点已经被访问
5        printf("%d\n",x);
6        int i;
7        for(i=head[x];i!=-1;i=edge[i].next)
8        {
9            //对于每个未被访问的相邻节点，使用深度优先遍历。遍历返回后，尝试其他支路
10           if(!s[edge[i].to])
11           {
12               DFS(edge[i].to]);
13           }
14       }
15   }
```

深度优先遍历的实质是检查每个顶点的邻接顶点是否已经被访问过的过程，即对每一条边处理一次，对每个顶点有效访问一次，所以如果存储结构采用邻接矩阵，对于每个顶点查找其邻接点的效率是 $O(n)$，所以遍历效率就是 $O(n^2)$。如果采用前向星或邻接表来作为图的存储结构，每条边都被处理一次，则遍历效率是 $O(m)$。

6.2.2 图的宽度优先遍历

下面介绍图的宽度优先遍历，它与深度优先遍历不同在于，访问顶点 v_0，然后访问 v_0 邻接到的未被访问的所有顶点 v_1、v_2、...、v_i，然后再依次访问 v_1、v_2、...、v_i 邻接到的未被访问的所有顶点，如此进行下去，直到所有顶点都被访问到。

对于上面的图 6.4 来说，从 v_1 开始访问，先访问 v_1 所有的相邻节点，分别为 v_2 v_3 v_4 v_5，然后顺序访问上述 4 个节点的相邻节点，即 v_2 的相邻节点 v_6，v_3 的相邻节点 v_7，v_4 v_5 没有相邻的未访问节点，然后访问 v_6 v_7 相邻的节点，发现都被访问过，遍历结束，最终得到的宽度优先遍历的顺序是 v_1 v_2 v_3 v_4 v_5 v_6 v_7。

宽度优先遍历实现时使用到了队列，具体的样例代码如下：

```
1    bool s[maxn]={0};
2    void BFS(int x)
3    {
4        int queue[maxn];
5        int iq=0;
6        queue[iq++]=x;
7        int i,k;
8        for(i=0;i<iq;i++)
9        {
10           //每次从队头取节点，一定是下一个待扩展节点
11           printf("%d\n",queue[i]);
12           //遍历与当前节点相连的节点，如果没有被访问过，入队
13           for(k=head[queue[i]];k!=-1;k=edge[k].next)
14           {
15               if(!s[edge[k].to])
16               {
17                   queue[iq++]=edge[k].to;
18               }
19           }
20       }
21   }
```

宽度优先搜索的实质与深度优先搜索相同，都是通过边来检查邻接的顶点是否已经被访问过的过程，因此时间复杂度相同，如果存储结构采用邻接矩阵，遍历效率是 $O(n^2)$，如果采用前向星或邻接表来作为图的存储结构，遍历效率是 $O(m)$，但是所得到的访问序列与深度优先遍历是不同的。

6.2.3 图的拓扑排序

如果一个有向图无法从某个顶点出发经过若干条边回到该点，则这个图是一

个有向无环图。图的拓扑排序是对有向无环图来说的，无向图和有环的有向图没有拓扑排序，或者说不存在拓扑排序。对一个有向无环图 G 进行拓扑排序，是将 G 中所有顶点排成一个线性序列，图中任意一对顶点 u 和 v，若图 G 存在边 $<u,v>$，则 u 在线性序列中出现在 v 之前。对有向图进行拓扑排序产生的线性序列称为满足拓扑次序的序列，简称拓扑序列。一个有向无环图通常可以表示某种动作序列或操作要求，而有向无环图的拓扑序列通常表示某种切实可行的方案。在实际应用中，拓扑排序常用于复杂工艺的工序安排问题。

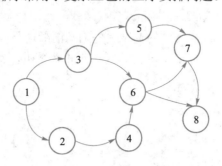

图 6.5　有向无环图

以图 6.5 为例，$v_1\ v_2\ v_3\ v_4\ v_5\ v_6\ v_7\ v_8$ 是有向无环图的一个拓扑序列，与此同时，$v_1\ v_3\ v_2\ v_4\ v_5\ v_6\ v_7\ v_8$ 也是它的一个拓扑序列，也就是说对于一个有向无环图，拓扑序列可能不只一个。对于图 6.5 来说，它的拓扑序列也远不止是上面的两个。继续查看拓扑序列，可以发现图中所有的有向边的起点都在终点的左边扩展开来，若在有向图 G 中从顶点 v_i 到顶点 v_j 有一条路径，则在拓扑序列中顶点 v_i 必在顶点 v_j 之前。那么如何有效地找到一条拓扑序列，下面介绍一种无前驱顶点优先的拓扑排序算法。

1. 基本算法

无前驱的顶点优先的拓扑排序算法的每一步总是输出当前无前驱(即入度为零)的顶点。算法有以下三步：

（1）从有向图中选择一个没有前驱（即入度为 0）的顶点并输出；

（2）从网中删去该顶点，并且删去从该顶点发出的全部有向边；

（3）重复上述两步，直到剩余的网中不存在没有前驱的顶点为止。

对于上面的算法，如果最终存在不能删除的点，则剩余的点和边一定构成环路，否则算法结束时图 G 中的点都会被删除并输出。

实现上，可以使用链式前向星存储整张图，再开一个额外的数组存储每个点的入度，每当删除一个点，就遍历以这个点为起点的边，将边对应的终点的入度设为-1，同时使用一个队列存储当前已经发现的入度为零的点，在更新入度的同时更新这个队列，那么队列最终存储的就是一个完整的拓扑排序序列。

2. 算法的实现与分析

下面一段代码是使用链式前向星存储图，并使用 indegree 数组存储每个点的入度时，无前驱顶点优先的拓扑排序算法的一种队列实现。

```
1    void TOPOSORT( )
2    {
3        int queue[maxn];
4        int iq=0;
5            //先将图中没有前驱(即入度为 0)的顶点加入队列
6            for(i=1;i<=n;i++)
7            {
8                if(indegree[i]==0)
9                {
10                   queue[iq++]=i;
11               }
12           }
13       //使用队列中的点更新 indegree 数组并生成拓扑排序序列
14       for(i=0;i<iq;i++)
15       {
16           //删去从该顶点发出的全部有向边，更新 indegree 数组
17           for(k=head[queue[i]];k!=-1;k=edge[k].next)
18           {
19               indegree[edge[k].to]--;
20               if(indegree[edge[k].to]==0)
21               {
22                   //如果 indegree 数组变为 0，说明新的没有前驱的顶点被找到，加入队列中
23                   queue[iq++]=edge[k].to;
24               }
25           }
26       }
27       //输出拓扑排序序列
28       for(i=0;i<iq;i++) cout << queue[i] << ' ';
29       cout << endl;
30   }
```

对于上面的算法，如果 iq 的最终值小于 n 则说明拓扑序列不存在。该算法在 $O(m)$ 的时间内对 indegree 数组进行初始化，$O(n)$ 的时间内对 queue 进行初始化，后面的部分虽然是两层循环，但是实际上是遍历了每一条边，所以时间复杂度应为 $O(m)$，总的时间复杂度为 $O(n+m)$。

6.2.4   例题讲解

本节讲解一道利用拓扑排序算法解决的问题。请到高等教育出版社增值服务网站（http://abook.hep.com.cn）输入本书防伪码后继续学习。

6.3   最小生成树

对于无向图 G 和一棵树 T 来说，如果 T 是 G 的子图，则称 T 为 G 的树；如果 T 是 G 的生成子图，则称 T 是 G 的生成树。对于一个边上具有权值的图来说，其边权值之和最小的生成树叫作图 G 的最小生成树。

图的最小生成树在实际生活中有很重要的应用，比如说用一个无向图表示 n 个城市之间的交通网，边上的权是公路预算，现在要用公路把 6 个城市联系起来，至少要修 5 条公路，那么如何选择这 5 条公路就是求一个无向图的最小生成树。

对于一个图 G，如果图中的边权值都不相同，则图的最小生成树唯一。本节将介绍解决最小生成树问题的两个经典算法：Kruskal 算法和 Prim 算法。

6.3.1   Kruskal 算法

1. 基本算法

Kruskal 算法基于贪心的思想，对于图 $G = \{V, E\}$，先构造 $G' = \{V, \varnothing\}$，然后依次向 G' 中添加 E 中未添加过的权值最小的边，如果这条边加入后 G' 中存在环，则去掉这条边，直到 G' 成为一棵树。n 为图 G 中顶点个数。

具体步骤：

（1）首先初始化，生成图 G'，并将 E 中的边按权值从小到大排序。

（2）从最小的边开始，尝试将边从小到大逐一加入到图 G' 中，如果当前边加入后存在环，则弃当前边，否则标记当前边并计数。

（3）遍历所有的边后，如果选择的边数等于 $n-1$，则生成最小生成树，计算所选择的边的权值之和；否则最小生成树不存在，只存在最小生成森林，但是 Kruskal 算法不需要再次运行，当前结果就是图 G 的最小生成森林。

算法的关键在于如何判定新加入的边会使图 G' 产生环，可以使用并查集，并查集中的一个等价类代表图 G' 中的一个连通分量，也就是森林中的一棵树，如果新加入边的两端在并查集的一个等价类中，则说明存在环，需要舍弃这条边；否则保留当前边，并合并涉及的两个等价类。

2. 算法实现与分析

下面是使用链式前向星和并查集实现的 Kruskal 算法，由于并查集将在第 7

章介绍，在此只给出函数说明。需要注意的是对于并查集需要初始化 UFSTree[i]=i。

```
1    //并查集部分
2    const int maxn = 1010;         //元素个数
3    int UFSTree[maxn];
4    int find(int x)                //查找 x 所在等价类的代表元素
5    void merge(int x, int y)       //合并 x、y 所在的等价类
6    //kruskal
7    const int maxe = 100010;       //边个数
8    struct node
9    {
10       int a, b;                  // 一条边的起始点和终止点
11       int w;                     // 权值
12       bool select;
13   } edge[maxe];
14   bool cmp(node a,node b)
15   {
16       if(a.w!=b.w) return a.w<b.w;
17       if(a.a!=b.a) return a.a<b.a;
18       return a.b<b.b;
19   }
20   void KRUSKAL(node * edge,int n,int m)
21   {
22       int k=0;                   //合并了多少条边
23       int i,x,y;
24       sort(edge+1,edge+1+m,cmp);
25       for(i=1;i<=m;i++)
26       {
27           if(k==n-1) break;      //若合并了 n-1 条边，则说明最小生成树已经得到，可以返回
28           x=find(edge[i].a);
29           y=find(edge[i].b);
30           if(x!=y)
31           {
32               merge(x,y);
33               k++;
34               edge[i].select=true;
35           }
36       }
37   }
```

在算法实现中，如果使用快速排序对边表进行排序，则这一步预处理的时间复杂度为 $O(m\log_2 m)$。对于实现良好的并查集来说，每次操作的时间复杂度都是

接近 O(1)，而在算法中至多有 m 次对并查集的操作，这一步时间复杂度为 O(m)。那么整个算法的时间复杂度就是 O($m \log_2 m + m$)，也就是说算法的瓶颈在于边的排序上。

6.3.2　Prim 算法

将图 G 中所有的顶点 V 分成两个顶点集合 V_A 和 V_B。在计算过程中 V_A 中的点为已经选好连接生成树的点，其余的点属于 V_B。最开始的时候 V_A 包含任意选取的图 G 中的一个点 u，其余的点属于 V_B，算法结束时所有与 u 连通的点属于 V_A，其余点仍留在 V_B 中。如果算法结束时 V_B 不为空，则说明图 G 不存在生成树，只存在生成森林。如果需要计算，则可以使用 G 的包含在 V_B 中所有顶点及这些顶点间的边所组成的子图再次运行 Prim 算法。具体步骤：

（1）首先初始化，生成树的总权值为 0，任选一个点放入 V_A，其余的点放入 V_B。

（2）在所有属于 V_B 的点中找一个 u，V_A 中找一点 v，使 u 到 v 的边的权值最小，将 u 从 V_B 中除去，加入到 V_A 中。并将 u 到 v 的边的权值加入到生成树的总权值中，标记这条边。

（3）重复（2）的过程，直到 V_B 中已经没有点，或者 V_B 中的点和 V_A 中的点没有边连接。

算法的正确性可以用数学归纳法来证明，有兴趣的读者可以查询相关资料或自行尝试，本书不给出证明。

具体的代码实现如下：

```
1    //Prim
2    const int maxn=101;              //点个数
3    void PRIM(int n,int dist[maxn],int map[maxn][maxn],int pre[maxn])
4    //n 个点,dist[i]表示向外延伸的最短边长,map 来记录图信息,pre 记录连接信息
5    {
6        int i,j,k;
7        int min;
8        bool p[maxn];                // 记录该点是否属于 VA，不属于 VA 的点属于 VB
9        for (i = 2; i <= n; i++)     //初始化
10       {
11           p[i]=false;
12           dist[i] = map[1][i];
13           pre[i]=1;
14       }
15       dist[1] = 0;
16       p[1] = true;
17       for (i = 1; i <= n - 1; i++)  //循环 n-1 次，每次加入一个点
```

```
18          {
19              min = INT_MAX;
20              k=0;
21              for(j=1;j<=n;j++)
22              {
23                  if(!p[j]&&dist[j]<min)
24                  {
25                      min = dist[j];
26                      k=j;
27                  }
28              }
29              if(k==0) return;          //如果没有点可以扩展，则说明图 G 不连通，返回
30              p[k]=true;                //将 k 从 VB 中除去，加入到 VA 中
31              for(j=1;j<=n;j++)
32              {
33                  //对于每个与 k 相邻的在 VB 中的点 j，更新到 j 距离最近的点及其距离
34                  if(!p[j] && map[k][j] != INT_MAX && dist[j] > map[k][j])
35                  {
36                      dist[j]=map[k][j];
37                      pre[j]=k;
38                  }
39              }
40          }
41      }
```

在 Prim 算法中，需要对点集进行 $n-1$ 次迭代。每次迭代过程中，利用 dist 数组维护 V_B 中每个点到当前最小生成树的最小边长，选择最小代价边的复杂度为 $O(n)$；本次迭代选中新加入最小生成树的节点后，还需要对剩余 V_B 中点的 dist 值进行更新，而更新的复杂度也为 $O(n)$。综上 Prim 算法的时间复杂度为 $O(n^2)$。利用邻接矩阵存储边集以及使用诸如 dist 数组即 pre 数组来存储结果信息，所以算法的空间复杂度为 $O(n^2)$。

本节为读者讲解一道最小生成树问题，得到最小生成树的算法，读者可以自由选择。请到高等教育出版社增值服务网站（http://abook.hep.com.cn）输入本书防伪码后继续学习。

扫一扫：程序运
行过程（6-2）

6.4　单源最短路径

一个带权有向图 $G = (V, E)$，其中每条边的权是一个实数。另外，还给定 V 中

的一个顶点，称为源，需要计算从源到所有其他各顶点的最短路径长度。这里的长度是指路径上各边权之和，这个问题通常称为单源最短路径问题。

本节将介绍解决单源最短路的三个常用算法：Dijkstra 算法、Bellman-Ford 算法和 SPFA 算法。

6.4.1   Dijkstra 算法

单源最短路径的最经典的算法是荷兰计算机科学家艾兹格.W.迪科斯彻提出来的。Dijkstra 算法基于贪心的思想，计算一个节点到其他所有节点的最短路径。算法有一点限制，在于该算法要求图中不存在负权边。如果要计算带负权边的单源最短路径，请参考之后两节介绍的 Bellman-Ford 算法和 SPFA 算法。

1. 基本算法

将图 G 中所有的顶点 V 分成两个顶点集合 V_A 和 V_B。如果源点 S 到 u 的最短路径已经确定，则点 u 属于集合 V_A，否则属于 V_B。最开始的时候 V_A 只包含源点 S，其余的点属于 V_B，算法结束时所有由源点 S 可达的点属于 V_A，由源点 S 不可达的点仍留在 V_B 中。如果想要在求出最短路长的同时记录最短路径，方法是记录终点的前一个点，这样只要倒着查回去就能确定整条最短路径。

具体步骤如下：

（1）首先初始化，将源点 S 到图中各点的直接距离当做初始值记录为 S 到各点的最短距离，如果不能直接到达，记为 INF，S 到 S 的距离为 0。

（2）在所有属于 V_B 的点中找一个 S 到其路径长度最短的点 u，将 u 从 V_B 中除去，加入到 V_A 中，得到从 S 到 u 的路径为 S 到 u 的最短路径。

（3）由新确定的 u 点更新 S 到 V_B 中每一点 v 的距离，如果 S 到 u 的距离加上 u 到 v 的直接距离小于当前 S 到 v 的距离，表明新生成的最短路径的长度要比前面计算的更短，那么就更新这个距离，同时更新最短路径。

（4）重复步骤（2）、（3），直到 V_B 中已经没有点或者 V_B 中的点都不能由源点 S 到达。

算法的正确性可以用数学归纳法来证明，有兴趣的读者可以查询相关资料或自行尝试，在这里就不证明了。

其实 Dijkstra 算法和 Prim 算法的思想和实现非常的相像，只是由于问题不同，实现过程中的计算内容不同，前者计算路径长度，后者比较边的长短。

2. 算法实现与分析

存储图信息使用邻接矩阵，在每次循环中，再用一个循环找距离最短的点，然后用遍历的方法更新与其相邻的边。注意比较可以发现，除了路径记录和更新 $dist$ 数组的部分以外，Dijkstra 算法和 Prim 算法的实现完全相同。

```
1    //Dijkstra
```

```
2      const int maxn=10001;//点个数
3      void DIJKSTRA(int n,int dist[maxn],int map[maxn][maxn],int pre[maxn],int s)
4      //n 个点,dist[i]表示点 i 到原点 s 的最短距离,map 来记录图信息,pre 记录前驱、原点、终点
5      {
6          int i,j,k;
7          int min;
8          bool p[maxn]; // 记录该点是否属于 VA，不属于 VA 的点属于 VB
9          for (i = 1; i <= n; i++) //初始化
10         {
11             p[i]=false;
12             if (i != s)
13             {
14                 dist[i] = map[s][i];
15                 pre[i]=s;
16             }
17         }
18         dist[s] = 0;
19         p[s] = true;
20         for (i = 1; i <= n - 1; i++)//循环 n-1 次，求 S 到其他 n-1 个点的最短路
21         {
22             min = INT_MAX;
23             k=0;
24             for(j=1;j<=n;j++)//在 VB 中的点中取一 s 到其距离最小的点 k
25             {
26                 if(!p[j]&&dist[j]<min)
27                 {
28                     min = dist[j];
29                     k=j;
30                 }
31             }
32             if(k==0) return;        //如果没有点可以扩展，即剩余的点不可达，返回
33             p[k]=true;              //将 k 从 VB 中除去，加入到 VA 中
34             for(j=1;j<=n;j++)
35             {
36                 //对于每个与 k 相邻的在 VB 中的点 j，更新 s 到 j 的最短路径
37                 if(!p[j] && map[k][j] != INT_MAX && dist[j] > dist[k]+ map[k][j])
38                 {
39                     dist[j]=dist[k]+map[k][j];
40                     pre[j]=k;
41                 }
```

```
42            }
43        }
44  }
```

类似 Prim 算法，Dijkstra 算法同样需要对点集进行 $n-1$ 次迭代。算法利用 $dist$ 数组维护图中每个点到起点的即时最短距离。每次迭代过程中，利用 $dist$ 的信息，选出当下未确定最短路径值的点中 $dist$ 值最小的点，并将它标记，这一步的时间复杂度为 O(n)。而选完标记点后，需要利用这个点的最短路径值去松弛剩余点的 $dist$ 值，这一步的时间复杂度为 O(n)。综上所述，Dijkstra 算法的时间复杂度为 O(n^2)。与 Prim 算法一样， Dijkstra 算法的空间复杂度也为 O(n^2)。

6.4.2   Bellman-Ford 算法

对于单源最短路径的问题，前面介绍了 Dijkstra 算法，但是 Dijkstra 算法对于带负权边的图就无能为力了，而 Bellman-Ford 算法可以解决这个问题。

Bellman-Ford 算法根据发明者 Richard Bellman 和 Lester Ford 命名，可以处理路径权值为负数时的单源最短路径问题。设想从图中找到一个环路（即从 v 出发，经过若干点之后又回到 v）且这个环路中所有路径的权值之和为负，那么通过这个环路，环路中任意两点的最短路径就可以无穷小下去。如果不处理这个负环路，程序就会永远运行下去。 而 Bellman-Ford 算法具有分辨这种负环路的能力。

1. 基本算法

Bellman-Ford 算法基于动态规划，反复用已有的边来更新最短距离，Bellman-Ford 算 法 的 核 心 思 想 是 松 弛 。 如 果 $dist[u]$ 和 $dist[v]$ 满 足 $dist[v] \leqslant dist[u] + map[u][v]$，$dist[v]$ 就应该被更新为 $dist[u] + map[u][v]$。反复地利用上式对 $dist$ 数组进行松弛，如果没有负权回路的话，应当会在 $n-1$ 次松弛之后结束。原因在于考虑对每条边进行一次松弛的时候，得到的实际上是至多经过 0 个点的最短路径，对每条边进行两次松弛的时候得到的是至多经过 1 个点的最短路径。如果没有负权回路，那么任意两点间的最短路径至多经过 $n-2$ 个点，因此经过 $n-1$ 次松弛操作后应当可以得到最短路径。如果有负权回路，那么第 n 次松弛操作仍然会成功，Bellman-Ford 算法就利用这个性质判定负环。

2. 算法实现与分析

使用链式前向星存储图信息，实现的 Bellman-Ford 算法如下：

```
1   bool BELLMAN_FORD(int s,int head[maxn],NODE edge[maxn],int dist[maxn])
2   {
3        int i,j,k;
4        for(i=0; i<n; i++) dist[i]=INF;
5        dist[s]=0;
```

```
6          for(i=0; i<n-1; i++)
7          {
8              for(j=0; j<n; j++)
9              {
10                 if(dist[j]==INF) continue;
11                 for(k=head[j]; k!=-1; k=edge[k].next)
12                 {
13                     if(edge[k].w!=INF && dist[edge[k].to]>dist[j]+edge[k].w)
14                     {
15                         dist[edge[k].to]=dist[j]+edge[k].w;
16                     }
17                 }
18             }
19         }
20         for(j=0; j<n; j++)
21         {
22             if(dist[j]==INF) continue;
23             for(k=head[j]; k!=-1; k=edge[k].next)
24             {
25                 if(edge[k].w!=INF && dist[edge[k].to]>dist[j]+edge[k].w) return false;
26             }
27         }
28         return true;
29  }
```

Bellman-Ford 算法在极限情况下需要进行 $n-1$ 次更新，每次更新需要遍历每一条边，所以 Bellman-Ford 算法的时间复杂度为 $O(n \cdot m)$，也就是说它的时间复杂度比 Dijkstra 算法要高。

6.4.3 SPFA 算法

前面介绍了 Dijkstra 算法和 Bellman-Ford 算法，在很多时候，给定的图存在负权边，这时 Dijkstra 算法便没有了用武之地，而 Bellman-Ford 算法的复杂度又过高，SPFA 算法就发挥作用了。

求单源最短路的 SPFA (Shortest Path Faster Algorithm)算法是在 Bellman-Ford 算法的基础上进行了改进，使其在能够计算带负边权图的单源最短路径的基础上，时间复杂度大幅度降低。

1. 基本算法

设立一个先进先出的队列用来保存待优化的节点，优化时每次取出队首节点 u，并且用 u 点当前的最短路径估计值对离开 u 点所指向的节点 v 进行松弛操作，

如果 v 点的最短路径估计值有所调整，且 v 点不在当前的队列中，就将 v 点放入队尾。这样不断从队列中取出节点来进行松弛操作，直至队列空为止。这个算法保证只要最短路径存在， SPFA 算法必定能求出最小值。

SPFA 算法同样可以判断负环，如果某个点弹出队列的次数超过 $N\text{-}1$ 次，则说明存在负环。对于存在负环的图，无法计算单源最短路径。

2. 算法实现与分析

```
1    bool SPFA(int s, int n , int h ead[maxn],NODE edge[maxn],int dist[maxn])
2    {
3        int i,k;
4        int dist[maxn];
5        bool visit[maxn];
6        int queue[maxn];
7        int iq;
8        int top;
9        int outque[maxn];
10       for(i=0; i<=n; i++)
11       {
12           dist[i]=INF;
13       }
14       memset(visit,0,sizeof(visit));
15       memset(outque,0,sizeof(outque));
16       iq=0;
17       queue[iq++]=s;
18       visit[s]=true;
19       dist[s]=0;
20       i=0;
21       while(i!=iq)
22       {
23           top=queue[i];
24           visit[top]=false;
25           outque[top]++;
26           if(outque[top]>n)return false;
27           k=head[top];
28           while(k>=0)
29           {
30               if(dist[edge[k].b]-edge[k].w>dist[top])
31               {
32                   dist[edge[k].b]=dist[top]+edge[k].w;
33                   if(!visit[edge[k].b])
```

```
34                        {
35                                visit[edge[k].b]=true;
36                                queue[iq]=edge[k].b;
37                                iq++;
38                        }
39                    }
40                    k=edge[k].next;
41            }
42            i++;
43        }
44        return true;
45  }
```

期望的时间复杂度 $O(k \cdot e)$ ，其中 k 为所有顶点进队的平均次数，可以证明 k 的期望一般不大于 2。也就是说 SPFA 不但能达到 Bellman-Ford 算法一样的功能，而且还比 Bellman-Ford 算法要快很多。但是 SPFA 的效率不是很稳定，对于某些数据可以很快，但是当一些特殊构造的图出现，使得每个点都多次进入队列时，在效率上可能还不如直接实现的 Dijkstra 算法。

6.4.4　差分约束系统

差分约束系统是线性规划问题的一种。在一个差分约束系统中，线性规划矩阵 A 的每一行包含一个 1 和-1，A 的所有其他元素都为 0。因此，由 $AX \leqslant B$ 给出的约束条件是 m 个差分约束集合，其中包含 n 个未知元。每个约束条件为如下形式的简单线性不等式：$x_j - x_i \leqslant b_k$ ，其中 $1 \leqslant i, j \leqslant n, 1 \leqslant k \leqslant m$ 。

例如，考虑这样一个问题，寻找一个五维向量 $X = (x_i)$ 以满足：

$$\begin{pmatrix} 1 & -1 & 0 & 0 & 0 \\ 1 & 0 & 0 & 0 & -1 \\ 0 & 1 & 0 & 0 & -1 \\ -1 & 0 & 1 & 0 & 0 \\ -1 & 0 & 0 & 1 & 0 \\ 0 & 0 & -1 & 1 & 0 \\ 0 & 0 & -1 & 0 & 1 \\ 0 & 0 & 0 & -1 & 1 \end{pmatrix} \begin{pmatrix} x_1 \\ x_2 \\ x_3 \\ x_4 \\ x_5 \end{pmatrix} \leqslant \begin{pmatrix} 0 \\ -1 \\ 1 \\ 5 \\ 4 \\ -1 \\ -3 \\ -3 \end{pmatrix}$$

这一问题等价于找出未知量 $x_i, i \in [1,5]$ ，满足下列 8 个差分约束条件：

$$x_1 - x_2 \leqslant 0; \quad x_1 - x_5 \leqslant -1; \quad x_2 - x_5 \leqslant 1; \quad x_3 - x_1 \leqslant 5;$$
$$x_4 - x_1 \leqslant 4; \quad x_4 - x_3 \leqslant -1; \quad x_5 - x_3 \leqslant -3; \quad x_5 - x_4 \leqslant -3;$$

该问题的一个解为 $X = (-5 \quad -3 \quad 0 \quad -1 \quad -4)^T$ ，另一个解 $Y = (0 \quad 2 \quad 5 \quad 4 \quad 1)^T$ ，

这两个解是有联系的：Y 中的每个元素比 X 中相应的元素大 5。这一事实并不是巧合：若 $X = (x_1,\ x_2, \cdots,\ x_n)^T$ 是一个差分约束系统 $AX \leqslant B$ 的一个解，d 为任意常数，则 $X + D = (x_1 + d,\ x_2 + d, \cdots,\ x_n + d)^T$ 也是该系统 $AX \leqslant B$ 的解。因为对于每个 x_i 和 x_j，有 $(x_j + d) - (x_i + d) = x_j - x_i$。因此，若 X 满足 $AX \leqslant B$，则 $X + D$ 也同样满足。基本算法如下：

每一个约束条件的不等式与求单源最短路算法中的松弛操作极为类似。

将图形理论与差分约束系统 $AX \leqslant B$ 加以联系：$m \times n$ 的线性规划矩阵 A 可被看作是 n 个顶点，m 条边的图的关联矩阵的转置。对于 $i \in [1, n]$，每一个未知变量 x_i 对应图中的每一个顶点 v_i；每两个未知变量组成的不等式对应图中的一条有向边。

这样，通过求解新建立图的单源最短路径问题就能得到差分约束系统的一组解。

为保证图的连通，在图中引入附加节点 v_s 使图中每个顶点 v_i 都能从 v_s 可达，并设弧 $<v_s, v_i>$ 的权 $w(v_s, v_i) = 0$。对于每一个差分约束 $x_j - x_i \leqslant b_k$ (注意是小于等于符号)，弧 $<x_i, x_j>$ 的权 $w(x_i, x_j) = b_k$。

初始化 $dist[v_s] = 0$，$dist[v_i] = INF$ $(i \neq s)$。

求解以 v_s 为源点的单源最短路径，此时一般使用 SPFA 算法，因为差分约束系统中一般都存在负值。另外在这里有个技巧，使用 SPFA 时可以不添加附加的节点 v_s，在初始化的时候直接将所有的点都加入队列中，其实就是相当于源点 v_s 入队，开始算法后 v_s 出队更新所得到的队列，又因为没有边指向 v_s，所以后面的更新不会涉及 v_s。

需要说明的是：如果图中存在负权回路，则该差分约束系统不存在可行解。v_s 到某点如果不存在最短路，即最短路为 INF，则对于该点所表示的变量取任意值，都能满足差分约束系统的要求。

差分约束系统的求解过程是比较简单的，只要能够构造出差分约束系统，根据上面的构图方式，使用 SPFA 算法即可解决。差分约束系统的使用难点在于将实际问题转化为差分约束系统。

6.4.5 例题讲解

扫一扫：程序运行过程（6-3）

例 6-1 圣诞树

Time Limit: 3000/3000 MS (Java/Others)   Memory Limit: 131072/131072K (Java/Others)

题目描述：

KCM 市迎来了圣诞节。KCM 市长正在准备一棵巨大的圣诞树。树的结构如

图 6.6 所示。

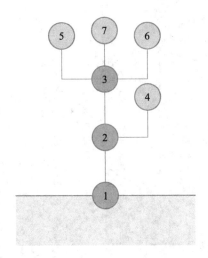

图 6.6 圣诞树结构图

树可以看作点和边组成的集合，点的编号为 1 到 n。树的根始终都是 1 号节点。在树中的每个节点都有自己的重量，且每个节点的重量都不全是相同的。由于连接节点对的边也是不尽相同的，所以每个边的单价也是不同的。由于一些技术难题，一条边的最终价格为（所有子孙节点的重量和）×（该边的单价）。

市长希望一方面能够尽可能地减少开支，另一方面能够利用所有节点，计算出最小的代价。

输入：

输入包含 T 组测试数据。T 的大小将在输入文件的第一行给出。每个测试数据包括多行。在每个测试数据的第一行，将给出两个整数 v 和 e $(0 \leqslant v, e \leqslant 50\,000)$ 分别代表图中的节点数和边数。接下来的一行将给出 v 个整数分别代表 v 个节点的权值；e 行的每行输入三个整数 a、b 和 c，表示有一条单价为 c 的边连接了节点 a 和 b。

输出：

对于每组测试数据，输出一个整数代表最小代价。如果无法构造一棵圣诞树，请在一行中输出"No Answer"。

样例输入：

2
2 1
1 1
1 2 15

```
7 7
200 10 20 30 40 50 60
1 2 1
2 3 3
2 4 2
3 5 4
3 7 2
3 6 3
1 5 9
```

样例输出：

```
15
1210
```

题目来源： POJ3013

思路分析：

本题要求找到无向图的一棵生成树，满足 1 号点为根的情况下，利用题目描述中的公式计算后，所有边的价格之和最小。

直接套用题目给出的公式难度过大，但是可以稍微调整公式中元素的主次关系，即以点作为公式中的主要探讨对象，则题目要求的答案可以改写成另外一个公式，即 $\sum\{(点权)\times(该点到根路径的边权和)\}$。由于每个点的点权都是固定不变的，所以只需要使得每个点到根的路径权值最小即可。计算根到每个点的最短路径，而每个点到根的路径上的祖先就是根到该点最短路径上的点。只需要从根节点调用一次单源最短路径算法，就可以得到问题的结果。当且仅当最短路径算法过程无法遍历所有点时，问题无解。

题目实现：

```
1    #include <cstdio>
2    #include <cstring>
3    #include <algorithm>
4    #include <iostream>
5    #include <queue>
6
7    using namespace std;
8
9    typedef long long ll;
10
11   const int MAXN = 50010;
12   const int MAXM = 50010;
```

```
13    const long long INF = 1LL << 62;
14
15    struct node{
16        int to, w, next;
17    }edges[MAXM * 2];
18    int box[MAXN], size;
19    int n, m, w[MAXN];
20
21    bool flag[MAXN];
22    long long dis[MAXN];
23
24    void ADD(int from, int to, int w){
25        edges[size].to = to;
26        edges[size].w = w;
27        edges[size].next = box[from];
28        box[from] = size++;
29    }
30    ll SPFA( ){
31        queue<int> que;
32        fill(dis, dis + n + 1, INF);
33        memset(flag, false, sizeof(flag));
34        que.push(1), dis[1] = 0;
35
36        while(que.size( )){
37            int e = que.front( );
38            que.pop( );
39            flag[e] = false;
40            for(int i = box[e]; ~i; i = edges[i].next){
41                int ne = edges[i].to;
42                if(dis[ne] - dis[e] > edges[i].w){
43                    dis[ne] = dis[e] + edges[i].w;
44                    if(!flag[ne]){
45                        flag[ne] = true;
46                        que.push(ne);
47                    }
48                }
49            }
50        }
51
52        ll ans = 0;
```

```
53          for(int i = 1; i <= n; ++i){
54              if(dis[i] == INF) return -1;
55              ans += dis[i] * w[i];
56          }
57          return ans;
58      }
59
60      int main(){
61          int t;
62          scanf("%d",&t);
63          while(t--){
64              scanf("%d%d", &n, &m);
65              for(int i = 1; i <= n; ++i) scanf("%d", &w[i]);
66              memset(box, -1, sizeof(box)), size = 0;
67              for(int i = 0, a, b, c; i < m; ++i){
68                  scanf("%d%d%d", &a, &b, &c);
69                  ADD(a, b, c), ADD(b, a, c);
70              }
71              ll ret = SPFA( );
72              if(ret ==- 1) puts("No Answer");
73              else cout << ret << endl;
74          }
75          return 0;
76      }
```

扫一扫：程序运
行过程（6-4）

本节讲解了一道利用单元最短路径解决的差分约束问题。请到高等教育出版
社增值服务网站（http://abook.hep.com.cn）输入本书防伪码后继续学习。

6.5   每对顶点的最短路径

6.4 节中介绍了 3 种计算单源最短路径的算法，但是有些问题中，只算出一个
顶点到其他顶点的最短路径是不够的，需要算出每对顶点间的最短距离。如果多
次运行上一节中讲述的各种方法，要么编程特别复杂，要么时间复杂度过高。在本
节中将分别介绍两种动态规划的算法，来求解每对顶点的最短路径问题。动态规划
的思想将在第 11 章详细介绍，这里只介绍与每对顶点最短路径问题相关的具体应用。

6.5.1   最短路径和矩阵乘法

本节介绍第一种解决每对顶点最短路径问题的动态规划算法。由于在本算法

中状态转移方程与矩阵乘法的公式极其相似，所以该算法看上去就像矩阵的连续乘法一样。

在本小节中，会介绍该动态规划算法的 $O(n^4)$ 时间复杂度的朴素实现，并在此基础上利用矩阵快速幂思想将算法优化到 $O(n^3 \log_2 n)$ 时间复杂度。

1. 基本算法

假设用邻接矩阵来存储图结构，即 $W = \{w_{ij}\}$。考虑从顶点 i 到顶点 j 的一条至多包含 m 条边的最短路径 P，并假定路径中没有负环存在。由于图中没有负环，所以每个顶点只经过一次。如果 $i = j$，则 P 的权重为 0 且 m 为 0；反之，则可以考虑 j 在路径中的前驱顶点 k，并由 k 将路径分离成两部分：顶点 i 到顶点 k 的一条至多包含 $m-1$ 条边的最短路径 p'，以及有向边 $<v_k, v_j>$，因此 $\delta(i,j) = \delta(i,k) + w_{kj}$。

定义 l_{ij}^m 为从顶点 i 到顶点 j 的一条至多包含 m 条边的最短路径长度，按照上述递推式可以得到一个动态规划算法。

（1）当 $m = 0$ 时

$$l_{ij}^0 = \begin{cases} 0, i = j \\ \infty, i \neq j \end{cases}$$

（2）当 $m \geqslant 1$ 时

$$l_{ij}^m = \min_{1 \leqslant k \leqslant n} \{l_{ik}^{m-1} + w_{kj}\}$$

如果图中不包含负环，对于图中任意两个顶点的最短路径都为简单路径，则对于顶点 i 到顶点 j 的最短路径至多包含 $n-1$ 条边，即最短路权值 $\delta(i,j) = l_{ij}^{n-1}$。

通过观察可以发现，上述状态转移方程与矩阵乘法的公式非常相似。定义 $A \times B$ 为基于上述状态转移方程的矩阵"乘法"，则动态规划方程可以简写为下述形式：

$$\begin{aligned} l_{ij}^1 &= l_{ij}^0 \times W = W \\ l_{ij}^2 &= l_{ij}^1 \times W = W^2 \\ l_{ij}^3 &= l_{ij}^2 \times W = W^3 \\ &\vdots \\ l_{ij}^{n-1} &= l_{ij}^{n-2} \times W = W^{n-1} \end{aligned}$$

则矩阵 $l_{ij}^{n-1} = W^{n-1}$ 包含的就是最终的每对顶点的最短路权值。

基于上述递推的算法时间复杂度为 $O(n^4)$。由于最终的结果只和 W^{n-1} 有关，且状态转移 $A \times B$ 同矩阵乘法一样满足运算结合律，所以可以引入 4.6.2 节中的矩阵快速幂思想使得算法的时间复杂度优化到 $O(n^3 \log_2 n)$。

2．算法实现与分析

按照算法设计，将原图的邻接矩阵 W 封装成一个结构体，以方便后续的矩阵"乘法"函数的编写。存储原图的数据结构的代码如下。

```
1    const int N = 110;                                    //点个数
2    struct Matrix{
3        int map[N][N];                                    //邻接矩阵
4        void init( ){
5            for(int i = 0; i < n; ++i)
6                for(int j = 0; j < n; ++j)
7                    map[i][j] = (i == j ? 0 : inf);       // 邻接矩阵的初始化
8        }
9    };
```

矩阵"乘法"部分代码如下。

```
1    Matrix MULT(const Matrix &a, const Matrix &b){
2        Matrix ret;
3        ret.init( );
4        for(int i = 0; i < n; ++i)
5            for(int j = 0; j < n; ++j){
6                for(int k = 0; k < n; ++k)
7                    if(a.map[i][k] != inf && b.map[k][j] != inf)
8                        ret.map[i][j] = min(ret.map[i][j], a.map[i][k] + b.map[k][j]);
9            }
10       return ret;
11   }
```

计算每对顶点最短路径矩阵的代码如下。

```
1    void MATRIX_APSP( ){
2        Matrix ans;
3        ans = W; // W 为存储原图的邻接矩阵
4        int k = n - 2; //令 ans = W，则只需再做 n - 2 次矩阵"乘法"即可，需特判 n = 1 的情况
5        //矩阵快速幂
6        while(k){
7            if(k & 1) ans = mult(ans, W);
8            W = mult(W, W);
9            k >>= 1;
10       }
11   }
```

经过上述算法后，每对顶点的最短路径权值就存储在 ans 矩阵中了。每次矩阵"乘法"的时间复杂度为 $O(n^3)$，外层利用快速幂思想只调用了"乘法" $O(\log_2 n)$

次，所以总的时间复杂度为 $O(n^3 \log_2 n)$ 。

6.5.2　Floyd 算法

Floyd 算法是解决每对顶点最短路问题的另一个经典算法，它同样基于动态规划的思想。它既可以处理有向图，也可以处理无向图，而且允许图中存在负权的边。唯一的要求是图中不能有负环。

1. 基本算法

Floyd 算法基于动态规划的思想，以 u 到 v 的最短路径至多经过前 k 个点为转移状态进行计算，通过 k 的增加达到寻找最短路径的目的。

Floyd 算法考虑的是一条最短路上的中间节点，路径 $p=<v_1, v_2, v_3, ..., v_n>$ 的中间节点是指路径 p 上除了 v_1 和 v_n 的任意节点，也就是处于集合 $\{v_2, v_3, ..., v_{n-1}\}$ 中的元素。

定义普通图 G 的所有节点为 $V=\{v_1, v_2, v_3, ..., v_n\}$，考虑其中一个子集 $\{v_1, v_2, v_3, ..., v_k\}$，这里的 $k<n$。对于任意节点 $i, j \in V$，考虑路径 p 为所有从节点 i 到节点 j 的中间节点均取自集合 $\{v_1, v_2, v_3, ..., v_k\}$ 中的最短路径（路径 p 为简单路径）。Floyd-Warshall 算法利用了路径 p 和从节点 i 到节点 j 之间中间节点均取自集合 $\{v_1, v_2, v_3, ..., v_{k-1}\}$ 的最短路径长度之间的关系。

依赖于节点 v_k 是否为路径 p 的一个中间节点。根据上面的讨论 d_{ij}^k 的递归定义如下：

$$d_{ij}^k = \begin{cases} W_{ij} & , \ \text{若} k=0 \\ \min\left(d_{ij}^{k-1}, \ d_{ik}^{k-1}+d_{kj}^{k-1}\right), & \text{若} k \neq 0 \end{cases}$$

对于任何简单路径来说，所有中间节点都属于集合 $\{v_1, v_2, v_3, ..., v_n\}$，设 i 和 j 的最短路径长度为 $\delta(i,j)$，则对于所有的 $i, j \in V$，$d_{ij}^n = \delta(i,j)$。

2. 算法实现与分析

```
1    const int maxn=101;          //点个数
2    void FLOYD(int n,int map[ ][maxn],int dist[ ][maxn],int pre[ ][maxn])
3    //n 个点，map 存储图信息， dist 存储最短长度， pre 存储 i 到 j 路径中 j 的前一节点
4    {
5        int i,j,k;
6        for (i=1;i<=n;i++)
7        {
8            for (j=1;j<=n;j++)
9            {
10               dist[i][j]=map[i][j];
11               pre[i][j]=i;
```

```
12                }
13           }
14     for (k=1;k<=n;k++)
15     {
16           for (i=1;i<=n;i++)
17           {
18                for (j=1;j<=n;j++)
19                {
20                     if (dist[i][k]!=inf && dist[k][j]!=inf && dist[i][k]+dist[k][j]<dist[i][j])
21                     {
22                          dist[i][j]=dist[i][k]+dist[k][j];
23                          pre[i][j]=pre[k][j];
24                     }
25                }
26           }
27     }
28 }
```

Floyd 算法的实现比较简单，3 层 for 循环决定了 Floyd 算法的时间复杂度是 $O(n^3)$ 的。同时由于其算法简单干净，在稠密正权图上甚至比运行 n 次 Dijkstra 算法还要快。

6.5.3   例题讲解

扫一扫：程序运行过程（6-5）

例 6-2   奶牛接力赛

Time Limit: 1000/1000 MS (Java/Others)   Memory Limit: 65536/65536K (Java/Others)

题目描述：

$N(2 \leqslant N \leqslant 1\ 000\ 000)$ 只奶牛为了健身计划，决定在牧场上的 $T(2 \leqslant T \leqslant 100)$ 条道路上开展跑步接力赛。

每条道路都连接了两个不同的路口 $(1 \leqslant I_{1i} \leqslant 1\ 000; 1 \leqslant I_{2i} \leqslant 1\ 000)$，每个路口都是至少两条道路的终点。奶牛们知道每条道路的长度，以及每条道路两端的路口编号。它们还知道没有两个端点同时被两条道路连接。所有道路构成了一个图。

为了完成接力赛，每个奶牛都被安排在某个路口上（有些路口可能被安排多只奶牛）。奶牛必须被合理地安排，使得它们能够顺利地传递接力棒，并且到达确定的终点。

写一个程序帮助安排所有的奶牛，使得从起点（S）到终点（E）恰好经过 N 条道路的路径是满足条件的所有道路中的最短路。

输入：

第一行：4 个整数，N、T、S 和 E。

第二行到第 $T+1$ 行：描述第 i 条道路的信息，包含 3 个整数 $length_i$、l_{1i} 和 l_{2i}，分别表示这条道路的长度和端点路口编号。

输出：

一个整数代表起点到终点恰好经过 N 条道路的最短路。

样例输入：

2 6 6 4

11 4 6

4 4 8

8 4 9

6 6 8

2 6 9

3 8 9

样例输出：

10

题目来源：POJ3613

思路分析：

题目要求计算无向图中两点间恰好经过 N 条边的最短路。

本题中边的数量远小于点的编号范围，所以需要使用离散化将点的编号范围缩小到 T 的规模。

在用矩阵乘法解决最短路过程中，状态的定义是至多包含 m 条边的最短路，而本题要求的是恰好包含 m 条边的最短路。只需对原图的邻接矩阵进行适当的修改即可。

原始的算法中因为令 $map[i][j] = 0$，导致在转移的时候出现了 $l_{ij}^m = l_{ij}^{m-1} + w_{jj}$ 的情况，而这也是使得最后算法求得至多 m 条边的最短路的原因。在原始算法中默认了长度为 0 的自环存在，而每走一次这样的自环，在算法流程中相当于走了一条边，但实际上是停在了原地未动。如果将图中这样人为设计的自环全部去除（即令所有边初始时都为正无穷），则算法的每一次迭代都必须走一条有意义的边，就能保证在迭代 N 次后，所有计算出来的最短路径都恰好走 N 条边。

使用修改后的矩阵乘法算法，本题可以在 $O(T^3 \log_2 N)$ 的时间复杂度下得到正确解决。

题目实现:

```
1    #include <iostream>
2    #include <cstdio>
3    #include <cstring>
4    #include <algorithm>
5    #include <cmath>
6
7    using namespace std;
8
9    typedef long long ll;
10
11   const int N = 110;
12
13   inline void MIN(int &x, int y){
14       if(x == -1) x = y;
15       else x = min(x, y);
16   }
17
18   int S, E, n, m, k;
19   int flag[1010];
20
21   struct Matrix{
22       int map[N][N];
23       void init( ){
24           memset(map, -1, sizeof(map));
25       }
26   }W, ans;
27
28   Matrix MULT(const Matrix &a, const Matrix &b){
29       Matrix ret;
30       ret.init( );
31       for(int i = 0; i < n; ++i)
32           for(int j = 0; j < n; ++j){
33               for(int k = 0; k < n; ++k)
34                   if(a.map[i][k] != -1 && b.map[k][j] != -1)
35                       MIN(ret.map[i][j], a.map[i][k] + b.map[k][j]);
36           }
37       return ret;
38   }
39   void MATRIX_APSP(){
```

```
40          k = -1;
41          ans = W;
42          while(k){
43                  if(k & 1) ans = MULT(ans, W);
44                  W = MULT(W, W);
45                  k >>= 1;
46          }
47          printf("%d\n", ans.map[flag[S]][flag[E]]);
48  }
49  int main( ){
50          scanf("%d %d %d %d", &k, &m, &S, &E);
51          W.init( );
52          memset(flag, -1, sizeof(flag));
53          for(int i = 0, a, b, w; i < m; ++i){
54                  scanf("%d %d %d", &w, &a, &b);
55                  if(flag[a] != -1) a = flag[a];
56                  else a = flag[a] = n++;
57                  if(flag[b] != -1) b = flag[b];
58                  else b = flag[b] = n++;
59                  // 离散化
60                  MIN(W.map[a][b], w);
61                  W.map[b][a] = W.map[a][b];
62          }
63
64          MATRIX_APSP( );
65
66          return 0;
67  }
```

本节还讲解了一道分别利用 Floyd 算法解决的问题。请到高等教育出版社增值服务网站（http://abook.hep.com.cn）输入本书防伪码后继续学习。

扫一扫：程序运行过程（6-6）

6.6　练　习　题

习题 6-1

题目来源：POJ 2367

题目类型：拓扑排序

解题思路：题目给出一个序列中一些数的前后关系，希望还原这个序列。将数字之间的前后关系想象成有向图中的有向边，由于前后关系不存在环，所以这个图是有向无环图。而对于一种还原后的序列就对应该有向无环图的一个拓扑排序。

习题 6-2

题目来源：POJ 1789

题目类型：最小生成树

解题思路：题目用 7 个小写字母来表示每种 truck 的型号。truck 之间有进化关系，进化的差异 d(to,td) 定义为两种型号字母串中不同字母的个数。现在想找到一棵进化树，使得进化树中所有进化边的差异之和最小。预处理出任意两个 truck 之间的差异，则本题需要求出一棵最小生成树。由于原图是满图，所以在本题 Prim 算法会是更好的选择。

习题 6-3

题目来源：POJ 1511

题目类型：最短路

解题思路：给定一个有向图，要求源点到所有点的最短路之和以及所有点到源点的最短路之和。从源点到所有点的最短路只需从源点求一次单元最短路即可。而所有点到源点的最短路之和只需将原图所有边反向后，再从源点求一次单元最短路。

习题 6-4

题目来源：POJ 3169

题目类型：最短路，差分约束

解题思路：n 头牛编号为 $1 \sim n$，按照编号的顺序排成一列，每两头牛的之间的距离 ≥ 0。这些牛的距离存在着一些约束关系：

（1）有 ml 组（u, v, w）的约束关系，表示牛[u]和牛[v]之间的距离必须 $\leq w$。

（2）有 md 组（u, v, w）的约束关系，表示牛[u]和牛[v]之间的距离必须 $\geq w$。

问如果这 n 头无法排成队伍，则输出-1；如果牛[1]和牛[n]的距离可以无限远，则输出-2，否则输出牛[1]和牛[n]之间的最大距离。

首先题目中的隐含条件是 $d[i] \leq d[i+1]$，即 $d[i+1]+0 \geq d[i]$，然后对 ml 个条件：$d[y]-d[x] \leq w \rightarrow d[x]+w \geq d[y]$；对 md 个条件：$d[y]-d[x] \geq w \rightarrow d[y]+(-w) \geq d[x]$。对于一个不等式 $d[u]+w \geq d[v]$，可以在图中加边 (u, v, w)。接下来从 1 号点运行 spfa。若 1 号点和 n 号点不连通，输出-2；若图中有负环，输出-1；否则输出 $d[n]$。

习题 6-5

题目来源：HDOJ 3631

题目类型：每对顶点最短路

解题思路：已知有 N 个点，M 条边，Q 个操作。步骤 1：标记该点为已标记过的点。步骤 2：查询点 X 到点 Y 的路径长度（必须经过已标记过的点）。本题需要改造 Floyd 算法的第一层循环。设 $dp[k][i][j]$ 为已经标记了 k 个点，i 点到 j 点只经过标记点的最短路。则当第 k 个被标记的点为 $p[k]$ 时，使用递推式 $dis[i][j]=\min(dis[i][j],\ dis[i][p[k]]+dis[p[k]][j])$ 来更新所有点对的最短路值。而当要求输出当前答案时，只需直接输出 $dis[i][j]$ 中的值即可。

第 7 章　并查集和线段树

数据结构在计算机程序设计、算法实现中起到十分重要的作用，本章将介绍两种实用的高级数据结构，并查集以及线段树。并查集在求解动态合并、等价性问题中具有非常重要的作用；线段树在求解区间问题，以及优化算法方面发挥重要作用。

7.1　并　查　集

考虑下面的问题：

在庞大的人际关系网中，很难预料到朋友之间是亲戚的关系。假定现在能得到一些亲戚关系的信息，例如 A 和 B 是亲戚，而 B 和 C 也是亲戚，可以推断出 A 和 C 也是亲戚。如果这样的关系再多一些，并且还可能不断有新的关系加入，那么现在问题来了：在任何一个时刻，回答下面的询问：判定出基于已有信息之下，两个人之间是否有亲戚关系？

以每个人为节点，亲戚关系为边，亲戚关系的网络可表示为一个无向图。这样任何两个人之间是否有亲戚关系，便可以通过判定这两个人在图当中是否连通来实现。然而如果有动态的信息更新，这个图将不断发生变化，那么每次询问都需要遍历一遍图，显然在关系网十分庞大的时候，这样做的时间开销是十分巨大的。

在这个无向图中，把每个连通分量中的所有元素视为一个集合，所有的连通分量表示的是一些不相交集合（Disjoint Sets）。为执行信息的更新和查询，实际上可以转化为对这些不相交集合的合并和查询问题。并查集是一种树状的数据结构，是用来处理不相交集合的合并和查询问题的最好方式。本节将介绍并查集的一些基本概念和操作，然后举几个并查集的应用实例，帮助大家理解并查集的几种操作以及扩展。

7.1.1　并查集的基本概念

并查集有几种实现方式，如单链表实现和森林实现等，这里将介绍并查集的森林实现。在并查集的森林实现中，将每一个集合看成一棵树，多个不同的集合就构成了森林。图 7.1 为并查集的森林实现，有相同根节点的元素属于同一集合。

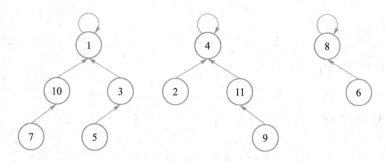

图 7.1　并查集的森林实现

在每个集合树中，每一个节点表示一个元素，在同一棵树中的元素即在同一集合中，集合树的根节点唯一确定了该集合，也就是说，要判断两个元素是否属于同一集合，即判断两个元素所在集合树的根节点是否相等。在集合树中，除了根节点外，每一个节点指向其父节点，根节点指向它自己。并查集的定义代码如下。

```
1    const int MAXN = 100010;//元素最大个数
2    struct UFSet
3    {
4        int s[MAXN];//s[i]表示标号为 i 的元素的父节点编号
5    };
```

在具体代码实现时，只需要维护每个元素指向的父节点编号，就可以反映出整个集合森林，所以一般并查集可以简单地用一个数组实现，其空间复杂度为 O(n)，其中 n 为元素的个数。

以图 7.1 的例子为例，数组 $s[i]$ 的内容如表 7.1 所示。

表 7.1　并查集的森林实现

Index	1	2	3	4	5	6	7	8	9	10	11
s[Index]	1	4	1	4	3	8	10	8	11	1	4

7.1.2　并查集的操作

并查集有 3 种操作：初始化并查集、查找元素所在集合和合并两个不相交集合。

1. 初始化并查集

初始化并查集就是将每个元素所在集合初始化成它本身，初始化后，将存在 n 个集合，其中 n 为全部元素的个数。如图 7.2 所示 n=8 时，初始化并查集后的结果。

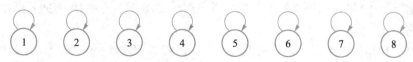

图 7.2　并查集的初始化

初始化代码如下。

```
1   //初始化并查集，其中 n 为元素总个数
2   void INIT(UFSet &uf, int n)
3   {
4       for(int i=1;i<=n;i++)
5       uf.s[i]=i; //将每个元素指向自己
6   }
```

以图 7.2 的例子为例，初始化之后，数组 s[i]的内容如表 7.2 所示。

表 7.2   并查集的初始化

Index	1	2	3	4	5	6	7	8
s[Index]	1	2	3	4	5	6	7	8

并查集初始化需要遍历整个并查集对每个元素重新赋值，所以初始化并查集的时间复杂度为 O(n)，其中 n 为元素总个数。

2．查询元素所在集合

查找元素就是判断不同元素是否属于一个集合。

并查集是一个森林状数据结构，每一个集合都是一个树状结构，所以查询元素所在集合，就是查询元素所在集合树的根节点编号。不同的元素可以通过比较根节点是否相同来判定是否在同一集合中。在集合树中，每个节点都指向自己的父节点，只有根节点指向自己，所以可以通过递归查询父节点的方式，找到该节点所在集合树的根节点，找到根节点也就找到了元素所在集合。所以一个显而易见的算法实现就是从需要查找元素开始，一直沿父节点向上走，直到遇到根节点结束。当一个节点的父节点就是它自己时，这个节点就是根节点。代码实现如下。

```
1   //查找 x 所属集合，未优化版
2   int FIND(UFSet &uf,int x)
3   {
4       if(uf.s[x]==x)                    //如果到达根节点，则返回根节点编号
5       return x;
6       return FIND(uf,uf.s[x]);          //向上遍历到父亲节点
7   }
```

现在分析一下查询操作的时间复杂度，做一次查询操作的时间和查询元素在所在集合树中的位置相关，如果查询元素离其所在集合树根节点距离为 m，则时间复杂度为 O(m)，当集合树退化成一条链时（如图 7.3 所示），时间复杂度变成线性的。

查询操作只需要得到集合树的根节点，所以查询时并不关心元素到根节点的路径，同样查询的元素通过几次查询到达根节点也不重要。只要满足同一集合的元素在查询它们的根节点时，根节点相同即可。所以，在做查询操作的时候，可

以将查询节点到根节点之间的所有节点（包括被查询的节点）都直接指向根节点，这样在下次查询时，可以缩短从查询元素到根节点整条路径上所有节点到根节点的距离，提高查询的效率。如图 7.4 所示为查询 2 号节点前后所有节点状态的对比图。

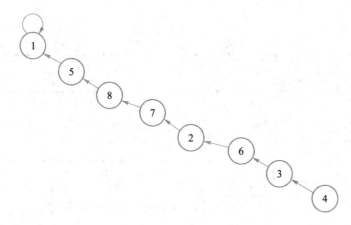

图 7.3　并查集退化成链状

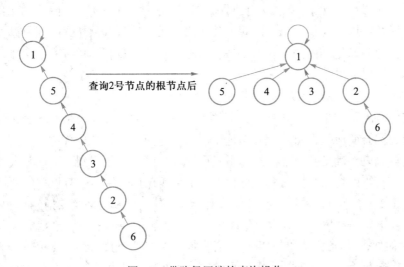

图 7.4　带路径压缩的查询操作

　　通过这样的处理，当下次再次查询该元素或者它到根节点之间的点时，可以快速到达根节点，时间复杂度大大降低。这种优化方式叫作路径压缩，代码如下。

```
1    //查找 x 所属集合，路径压缩优化版本
2    int FIND(UFSet &uf,int x)
3    {
4        if(uf.s[x]==x) //如果到达根节点，则返回根节点编号
```

```
5          return x;
6          return uf.s[x]=FIND(uf,uf.s[x]);//将当前节点指向它所在集合树的根节点
7      }
```

以图 7.4 的例子为例，在路径压缩前后，数组 s[i]的变化如表 7.3 和表 7.4 所示。

表 7.3   路径压缩之前

Index	1	2	3	4	5	6
s[Index]	1	3	4	5	1	2

表 7.4   路径压缩之后

Index	1	2	3	4	5	6
s[Index]	1	1	1	1	1	2

下面对路径压缩后，可以得知，虽然做一次查询操作的时间还是和查询元素到所在集合树根节点的距离 *Len* 有关，但是做完一次操作后，将缩短元素到其根节点的距离，同时提高下次查询的效率，所以其时间比前面所讲的算法要快速得多。可以证明，查询操作的平均时间仅为 $O(\alpha(n))$，其中 $\alpha(n)$ 是反阿克曼函数，反阿克曼函数可以认为小于 5。因此，使用路径压缩的查询操作的时间复杂度可以认为是常数时间复杂度 $O(1)$。查询操作复杂度的证明过程超出了本书范围，有兴趣的读者可以参考相关资料。

3. 合并两个不相交集合

将两个不相交集合合并就是将两棵集合树合并成一棵，由于两棵树之间任意连一条边都会变成一棵树，所以理论上只需要将两个不相交集合树中分别取一个点，连接起来都满足要求，但是为了实现简单，同时为了得到一个比较高效的合并算法，一般是将两棵树的根节点相连。至于两棵集合树的根节点 *x* 和 *y*，是 *x* 指向 *y* 还是 *y* 指向 *x*，根据需要做出改变，本书默认将 *x* 的父节点指向 *y*。常见的方式可以根据两棵树的深度；将深度较小的树的根节点指向深度较大树的根节点，这里要维护每一个集合树的深度；或者根据树中节点个数，将节点数较少的树的根节点指向节点数较大的树的根节点，需要维护每一棵集合树的节点数量。由于路径压缩的存在，将 *x* 的父节点指向 *y* 的做法并不会对效率有很大影响。

```
1      //合并 x,y 所在集合
2      void UNION(UFSet &uf,int x,int y)
3      {
4          x=FIND(uf,x);          //找到 x 所在集合树的根节点
5          y=FIND(uf,y);          //找到 y 所在集合树的根节点
6          if(x!=y)               //如果 x，y 所在集合不相交
```

```
7            {
8                    uf.s[x]=y;        //将 x 指向 y
9            }
10   }
```

合并集合操作的复杂度主要是两个 Find 操作，所以其时间复杂度和查询操作一致，即为 O(1)。

以图 7.5 的例子为例，在合并前后数组 s[i] 的变化如表 7.5 和表 7.6 所示。

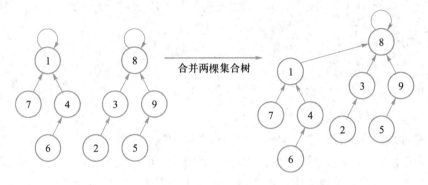

合并两棵集合树

图 7.5   并查集的合并

表 7.5   合并之前的数组

Index	1	2	3	4	5	6	7	8	9
s[Index]	1	3	8	1	9	4	1	8	8

表 7.6   合并之后的数组

Index	1	2	3	4	5	6	7	8	9
s[Index]	8	3	8	1	9	4	1	8	8

4. 维护集合大小

并查集不仅可以维护不相交集合，而且还可以维护一些集合内的相关性质，维护每个集合的大小就是其中比较简单的例子。

首先我们需要在原先声明的结构体内增加一个变量数组 sz[ ]，表示该点所在集合大小。

```
1    struct UFSet
2    {
3            int s[MAXN];        //s[i]表示标号为 i 的元素的父节点编号
         int sz[MAXN];        //s[i]表示标号为 i 的元素所在集合大小
4    };
```

集合规模只会在合并两个集合的时候出现变化，因此我们只需要在 UNION

操作中添加维护集合大小的操作即可。注意，我们其实只维护了每个集合**根节点**（Find(x)==x）的 sz 值，最终 sz[FIND(uf,x)]才是元素 x 所在集合的大小。

```
1    //合并两个集合并且维护集合大小
2    void UNION(UFSet &uf,int x,int y)
3    {
4        x=FIND(uf,x);              //找到 x 所在集合树的根节点
5        y=FIND(uf,y);              //找到 y 所在集合树的根节点
6        if(x!=y)                   //如果 x，y 所在集合不相交
7        {
8    uf.s[x]=y;//将 x 指向 y
             uf.s[y]+=uf.s[x];     //将 x 所在集合大小添加到 y 中去
9        }
10   }
```

5. 维护节点到根节点距离

这种维护方式就比较巧妙了。如果直接维护每个点到达根节点距离的话，那么在合并两个集合时，就需要对其中一个集合中的所有点的距离值进行更新，显然这与并查集简洁有效的思想相背离。因此我们需要考虑如何才能使合并时的更新复杂度降低。先来考虑一下合并两个集合时做了哪些事情：

（1）将 x 所在集合的根节点添加到 y 所在集合的根节点下；

（2）维护新集合的父节点值。

从第 2 条我们得到启发，能不能先维护每个点到达父节点的距离信息呢？答案是显然可以的。设 d[i]:i 到达 i 所在集合根节点的父节点的距离，在 UNION 操作中只需要对 x 集合根节点进行调整即可，图 7.5 很好地说明了这一点，只有 1 号节点的父节点发生变化。问题到这里是否解决了呢？再来看 FIND 操作对 d 值的影响，在压缩路径过程中，先得到根节点 FIND(s[x])，设为 y，y 也是 s[x]的父节点。利用递归的原理，假设已经得到了正确的 d[s[x]]，那么在 x 的父节点从 s[x]变为 y 后，d[x]如何改变呢？读者可以思考一下（提示：结合图 7.6，利用向量的加法性质）。模板代码这里不再给出，下面有个例题会给出详细代码。

图 7.6   向量的加法

7.1.3　例题讲解

例 **7-1**　　Find them, Catch them

Time Limit: 1000/1000 MS (Java/Others)　　　　Memory Limit:10000/10000 K (Java/Others)

题目描述：

一个城市里有两个帮派，n 个人，每个人都属于两个帮派中的一个，现在出两种信息：

（1）D a b 表示 a b 两个人不在同一个帮派。

（2）A a b 表示询问 a b 两个人是否在同一个帮派中，如果根据前面的操作能推断出"是"，则输出"In the same gang"；如果能推断出"不是"，则输出"In different gangs"；如果不能推断出，则输出 "Not sure yet"。

输入：

第一行一个整数 T(1≤T≤20),表示数据的个数。接下来 T 组数据，每组数据开头两个数 n、m 表示一共有 n 个人和 m 个信息，接下来 m 行每行表示一个信息，信息的描述如题目描述中所示。

输出：

对每一个形如 A a b 类型的信息，输出对应的答案，答案为三种："In the same gang"、"In different gangs"和"Not sure yet"。

样例输入：

1

5 5

A 1 2

D 1 2

A 1 2

D 2 4

A 1 4

样例输出：

Not sure yet.

In different gangs.

In the same gang.

题目来源： POJ1703

题目分析：

这道题给出一些元素的关系，要求两个元素是否在同一集合，由并查集的性质可知，可以用并查集解决。并查集可以处理一些等价性问题，可以将一些等价性的元素合并到一起。但是这道题中，第一个操作给出的是一种不等价关系，所以重点就是如何将这种不等价关系转换成一种等价关系。因为只有两个帮派，假设一共有 n 个人，那么就可以将标号为 i 的元素设为第 i 个人在第一个帮派中的情况，i+n 表示第 i 个人在第 2 个帮派中的情况。如果第 a 个人和第 b 个人不在同一个帮派中，就说明 a 在帮派 1，b 在帮派 2；或者 a 在帮派 2，b 在帮派 1，这就构成一种等价关系，所以可以将 a 和 b+n 所在集合合并成一个集合，并将 b 和 a+n 所在集合合并成一个集合。对于第二个操作，如果 a 和 b 在同一个集合或者 a+n 和 b+n 在同一个集合，说明 a、b 在同一个帮派；否则如果 a 和 b+n 或者 b 和 a+n 在同一集合，说明 a、b 不在同一帮派；如果还不满足的话，则说明现在还不能确定 a、b 是否在同一个帮派。

题目实现：

```
1    #include <stdio.h>
2    const int MAXN= 200010;//元素最大个数
3    struct UFSet
4    {
5        int s[MAXN];//s[i]表示标号为 i 的元素所指向的节点编号
6    };
7    void INIT(UFSet &uf, int n)
8    {
9        for(int i=1;i<=n;i++)
10       uf.s[i]=i; //将每个元素指向自己
11   }
12   int FIND(UFSet &uf,int x)
13   {
14       if(x==uf.s[x]) //如果到达根节点，则返回根节点编号
15       return x;
16       return uf.s[x]=FIND(uf,uf.s[x]);//将当前节点指向它所在集合树的根节点
17   }
18   void UNION(UFSet &uf,int x,int y)
19   {
20       x=FIND(uf,x);//找到 x 所在集合树的根节点
21       y=FIND(uf,y);//找到 y 所在集合树的根节点
22       if(x!=y)
23       {
24           uf.s[x]=y;//将 x 指向 y
25       }
26   }
27   int main( )
28   {
29       int time;
```

```
30          scanf("%d",&time);
31          while(time--)
32          {
33              int n,m,x,y;
34              char q[10];
35              UFSet uf;
36              scanf("%d %d",&n,&m);
37              INIT(uf,2*n);//初始化并查集
38              for(int i=0;i<m;i++)
39              {
40                  scanf("%s%d%d",q,&x,&y);
41                  if(q[0]=='D')//
42                  {
43                      UNION(uf,x,y+n);//x 在集合 1 且 y 在集合 2
44                      UNION(uf,x+n,y);//x 在集合 2 且 y 在集合 1
45                  }
46                  else if(q[0]=='A')
47                  {
48                      if(FIND(uf,x)==FIND(uf,y))
49                      printf("In the same gang.\n");//表示在同一集合
50                      else if(FIND(uf,x)==FIND(uf,y+n)||FIND(uf,x+n)==FIND(uf,y))
51                      printf("In different gangs.\n");//表示在不同集合
52                      else
53                      printf("Not sure yet.\n");//还不能确定
54                  }
55              }
56          }
57          return 0;
58      }
```

例 7-2　Corporative Network

Time Limit: 3000/3000MS (Java/Others) Memory Limit:262144/262144KB (Java/Others)

题目描述：

对于一个给定 n 个数字的集合，每次有 3 种操作：

I u v:把 u 的父节点设成 v，并且 u 到 v 的距离变为|u-v|%1000

E u：询问 u 到该树根节点的距离

O：退出操作

输入：

第一行输入数据组数 T。每一组数据开头是 N（5<=N<=20000)，表示点的个

数。然后输入一些操作，含义如题目描述所示。

输出：

对每个 E 操作输出单独一行答案

样例输入：

1

4

E 3

I 3 1

E 3

I 1 2

E 3

I 2 4

E 3

O

样例输出：

0

2

3

5

题目来源： LA 3027

题目分析：

集合的合并与维护我们一般采用并查集来实现。首先，我们维护两个变量 s[x] 和 d[x]，分别表示 x 所在并查集中 x 的父节点和 x 到父节点的距离，注意 s[x] 不是 x 在原题中的父节点，但是 x 的根节点一定是 x 在原题中的根节点。

题目实现：

```
1    #include<cstdio>
2    #include<math.h>
3    const int MAXN = 20010; //元素最大个数
4    struct UFSet
5    {
6        int s[MAXN];        //s[]表示标号为 i 的元素所指向的节点编号
7        int d[MAXN];        //d[]表示标号为 i 的元素到所指向节点（"父节点"）编号的距离
8    };
9
10   void INIT(UFSet &uf,int n)
11   {
```

```
12      for ( int i = 1;i <= n;i++ )
13      {
14          uf.s[i] = i;
15          uf.d[i] = 0;
16      }
17  }
18
19  int FIND(UFSet &uf,int x )
20  {
21      if (x==uf.s[x])
22      return x;
23      int t = FIND(uf,uf.s[x]);//找到 x 所在集合的根节点 t，并且 x 的父节点已经指向 t
        uf.d[x]+=uf.d[uf.s[x]];
24      //利用向量加法：将 x 从指向原来的父节点变为指向 t，d 值相应变化
25      uf.s[x] = t;//x 父节点变为 t
26      return uf.s[x];//返回根节点 t
27  }
28
29  int main( )
30  {
31      int t,n;
32      scanf("%d",&t);
33      while(t--)
34      {
35          UFSet uf;
36          scanf("%d",&n);
37          INIT(uf,n);
38          char str[2];
39          while (scanf("%s",str)!=EOF)
40          {
41              if (str[0]=='O')
42                  break;
43              if (str[0]=='E')
44              {
45                  int t1;
46                  scanf("%d",&t1);
47                  int t2=FIND(uf,t1);
48                  printf("%d\n",uf.d[t1]);
49              }
50              else
```

```
51                {
52                        int t1,t2;
53                        scanf("%d%d",&t1,&t2);
54                        uf.s[t1]=t2;
55                        int t3=fabs(t1-t2);
56                        uf.d[t1]=t3%1000;
57                }
58            }
59        }
60        return 0;
61    }
```

扫一扫：程序运行过程（7-2）

本节还讲解了一道利用并查集来解决计算机之间能否通信的问题。请到高等教育出版社增值服务网站（http://abook.hep.com.cn）输入本书防伪码后继续学习。

7.2 线 段 树

线段树是一种树状结构，一般用于处理区间运算和数据统计问题，并且常附带动态修改的操作，如在经常修改元素值的数组中求一段连续元素的和。图 7.7 就是一个区间长度为 7 的线段树（下标从 1 开始，每个节点从左往右三个数 L、I、R 的意义为节点编号为 I，对应的线段为$[L$、$R]$）。

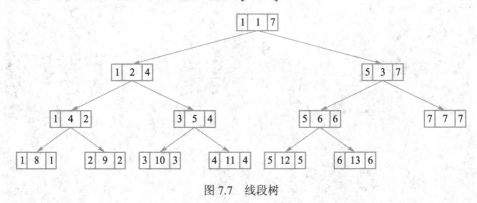

图 7.7   线段树

本节将介绍线段树的基本概念和一些对应的性质，并通过一个例子来讲解线段树支持的操作。最后，将讲解几道例题，以加深读者对线段树的理解，以便读者灵活应用线段树。

7.2.1   线段树的概念与性质

线段树是一种使用完全二叉树结构，即每一个节点要么没有儿子，要么有左右两个儿子。线段树是一种表示区间性质的数据结构，对于线段树上的每一个节点，都会覆盖一段区间，每个节点覆盖的区间为其父节点的一半。线段树中长度为 *1* 的线段为单元线段，每个单元线段唯一对应一个叶子节点。每个非叶子节点，设其代表的线段为$[l,r]$($l<r$)，那么根据定义，它有两个儿子，其中左儿子所代表的区间为$[l,(l+r)/2]$，右儿子代表的区间为$[(l+r)/2+1,r]$。读者可以根据图 7.7 来理解线段树的构造。

下面介绍一下线段树的一些性质：

性质 1　对于长度为 *n* 的区间，其线段树的深度不会超过 $\log_2 n$。

证明：线段树中每一个线段都是以其中点为界分成左右两个子线段的，一个长度为 *n* 的线段，最多分 $\log_2 n$ 次就使得其不可再分（变成单元线段），这表现在线段树中就是从线段树一个节点往下走最多 $\log_2 n$ 次即可走到叶子节点。因为最长的线段为根节点，其长度为 *n*，所以线段树的深度不会超过 $\log_2 n$。

性质 2　对于任意线段（不超出根节点对应线段的范围），线段树都能够用不超过 $2\log_2 Len+1$ 个节点来覆盖。*Len* 为线段长度。

例如，在图 7.7 中，线段[2,5]可用节点 5,9,12 覆盖；线段[1,6]可用节点 2,6 覆盖等。假设要覆盖的线段为$[L,R]$，它可以被 *k* 个节点 N_1、N_2、N_3、…、N_k 覆盖，记 $F([L,R])=k$。N_1、N_2、N_3、…、N_k 所对应的线段分别为$[L_1,R_1]$、$[L_2,R_2]$、$[L_3,R_3]$、…、$[L_k,R_k]$，且满足对任意 $i<k$，有 $R_{i+1}=L_i+1$，即这些节点对应的线段刚好是连续的。

数学归纳法证明如下：

（1）当区间长度为 *Len*=1 时，结论显然成立。

（2）假定区间长度为 $Len\in[1,M-1]$时，结论均成立。下面考虑 *Len*=M 的情形。

我们先考虑节点 N_1。

情况 A：N_1 为左节点。

很显然此时 N_1 的右侧节点(N_1+1)不会被选择。因为如果被选择的话，那么可以用 N_1 和 N_1+1 的父节点来取代 N_1 和 N_1+1。于是 N_1 的右侧节点完全覆盖了线段$[R_1+1,R]$（即$[L,R]$去掉 N_1 对应线段之后剩下的部分），但不是恰好完全覆盖。

线段$[R_1+1,R]$，将被节点(N_1+1)的某些子节点覆盖。而显然$[R_1+1,R]$的区间长度不会超过$[L_1,R_1]$，从而不会超过$[L,R]$的一半。于是，$F([L,R])=F([R_1+1,R])+1\leq 2\log_2(M/2)+1+1\leq 2\log_2 M+1$。

情况 B：N_1 为右节点。

找到第一个不是右节点的 N_1 的祖先，假定为 *Ns*。

如果 *Ns* 为根节点，那么显然有 $R_1=R$，从而节点 N_1 恰好覆盖$[L,R]$，于是 $F([L,R])=1\leq 2\log_2(M+1)$。于是线段$[R_1+1,R]$，即$[L,R]$去掉 N_1 对应线段之后剩下的部分，将由 *Ns* 或者 *Ns* 的某些子节点覆盖。

如果$[R_1+1,R]$被 *Ns* 覆盖，那么 $F([L,R])=2\leq 2\log_2(M+1)$。如果$[R_1+1,R]$被 *Ns*

的某些子节点覆盖，那么显然，N_2 将是一个左节点。利用情况 A 的结论，有

$F([R_1+1,R]) \leqslant 2\log_2(Len([R_1+1,R]))+1 < 2\log_2M+1$，即 $F([R_1+1,R]) \leqslant 2\log_2M$。

于是，$F([L,R]) \leqslant 2\log_2M+1$。

情况 C：N_1 为根节点。

此时 $F([L,R])=1$，结论显然成立。

综上所述，命题得证。

有了这个性质我们可以知道在线段树中修改，查询一个线段的时间复杂度将会是 $O(\log_2n)$，其中 n 为查询整个区间的长度。

性质 3　线段树中总线段数小于 $2 \times n$（n 为整个区间长度）。

由性质 1 知道，线段树得长度不超过 $\log_2n$。显而易见，除了最后一层，第 i 层的节点数等于 2^i。于是总节点数 $\leqslant 2^0+2^1+\cdots+2^{\log_2n} < 2n$。

7.2.2　线段树的基本操作

根据需要实现的功能，线段树可以支持不同的操作。线段树有三种基本操作，即构建线段树、修改线段树和查询线段树。解决不同问题的线段树的几个基本操作方式不会完全相同，但是线段树的思想是相通的，这里以 RMQ 问题来介绍线段树的基本操作。

RMQ (Range Minimum/Maximum Query)问题是指：对于长度为 n 的数列 A，回答若干询问 RMQ(A,i,j)(i,j≤n)，返回数列 A 中下标在 i,j 里的最小(大) 值，也就是说，RMQ 问题是指求区间最值的问题。RMQ 问题可以用很多种做法，线段树是优秀的解法之一，并且线段树可以实现支持动态修改元素的 RMQ，这是很多其他解决 RMQ 问题的算法（如 ST 算法）难以做到的。

下面是线段树单个节点的代码实现。

```
1   const int MAXN=100010        //区间的最大长度
2   #define mid ((t[p].l+t[p].r)/2)    //当前节点区间的中点
3   #define ls (p*2)             //当前节点左儿子标号
4   #define rs (ls+1)            //当前节点右儿子标号
5   struct STree
6   {
7       int l,r;                 //节点所表示区间的左右端点
8       int Max;                 //区间最大值
9   }t[MAXN<<2];                 //线段树中节点的总个数,一般开到总区间长度的四倍
```

现在来分析节点的定义代码，注意节点中只保存了节点所表示区间的左右端点和区间最大值，并没有保存节点的左右儿子标号，这是因为线段树是一个完全二叉树，根节点下标为 1。那么对于一个节点，若其下标为 p，如果其不是叶子节点，则其左儿子下标就为 2p，其右儿子下标就为 2p+1，如果其不是根节点，则其

父亲节点的下标就为 p/2，所以，并不需要在节点中保存该节点的左右儿子或者父节点位置信息，只需要知道一个当前节点标号 p，就可以访问到其左右儿子和父节点。

　　注意：上述线段树的定义只是对于解决 RMQ 问题的定义，对于不同题目，有时还需要根据题意在节点中增加一些特殊的数据，并在线段树的构建、修改操作时动态地进行维护，所以线段树节点的定义根据需要变化，只有区间的左右端点是一定要记录的。

　　线段树的空间消耗为 O(kn)，其中 n 为整个区间的长度，k 为每个节点中的数据个数，如 RMQ 问题中我们保存了三个数据，区间左右端点 l、r 和区间最大值 Max。对于不同的问题其空间复杂度也会发生变化。

　　1．线段树的构建

　　线段树的构建是一个递归的过程。构建从根节点开始，先将儿子节点构建好，再通过合并左右儿子得到父节点，在 RMQ 问题中合并就是将左右儿子中的最大值中的较大值赋给父亲节点。

　　如区间 A[1,7]={3,7,4,9,6,8,11}，构建 A 的 RMQ 线段树后的结果如图 7.8 所示，其中每个节点的三个数字分别表示区间左端位置、区间最大值和区间右端位置。

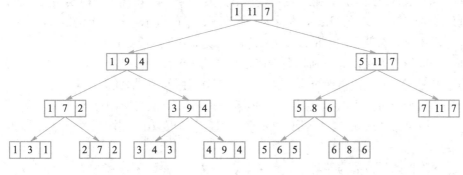

图 7.8　线段树求 RMQ 问题

　　线段树的构建代码十分简单，如下所示：

```
1    //将标号为 p 的左右两个儿子中的信息向上合并到节点 p 中
2    void PUSHUP(int p)
3    {
4        t[p].Max=max(t[ls].Max,t[rs].Max);
5    }
6    //构建以标号 p 节点为根，区间为[l,r]的线段树
7    void BUILD(int p,int l,int r,int *data)
8    {
9        t[p].l=l,t[p].r=r;
```

```
10        if(l==r)//如果为单元线段要进行初始化
11        {
12              t[p].Max=data[r];//将 data[r]的值赋值给当前节点的最大值
13              return;
14        }
15        BUILD(ls,l,mid,data);//构建节点 p 的左子节点
16        BUILD(rs,mid+1,r,data);//构建节点 p 的右子节点
17        PUSHUP(p);//向上合并节点 p 的左右子节点
18    }
```

这里分析一下代码，首先函数 PUSHUP(p)是将节点 p 的左右两儿子最大值中的较大值赋值给节点 p 的最大值，其中函数 max 在<algorithm>头文件中定义，功能是返回两个值的较大值。

注意：对于不同的问题，PUSHUP 函数的实现也不同，如果是要求区间的最小值，那么 PUSHUP 中就应该用 min 函数(返回两个之中的较小值，同样要在<algorithm>中定义)。总之，PUSHUP 函数的功能是将两个子线段合并成一个线段。

对于 BUILD 函数，其功能就是构建线段树。首先初始化线段树节点的左右区间端点，然后对于左端点等于右端点的情况，说明该节点是一个叶子节点，其确定一个单元线段，所以这时候不需要构建该节点的左右儿子，而是将其最大值赋值成 A[r],其中 A 数组表示线段树要计算 RMQ 的数组，A[r]表示第 r 个元素。因为该叶子节点表示的单位线段为[r,r],所以要将 A[r]赋值给它。

如果不是单元节点，则其最大值是从其儿子节点向上合并得到的，所以要先构建左右儿子节点，再通过向上合并得到该节点区间的最大值。

下面来分析一下时间复杂度，由性质 3 可知，线段树中的节点数量是 $O(n)$，每一个线段做一次初始化，所以初始化的时间复杂度为 $O(n)$。

2. 线段树的修改

线段树的修改分为两种，一种是单点修改，一种是区间修改。

(1) 单点修改。在 RMQ 问题中，单点修改是修改一个元素的值。单点修改，就是修改单元线段，而每个单元线段都与线段树的叶子节点一一对应，所以单点修改就是修改线段树中的叶子节点。因为更新叶子节点只会对它的祖先节点造成影响，所以在修改后只需将修改后的节点向上合并到其父亲节点就能完成更新。

将图 7.8 中的线段树的 A[2]修改为 10。具体修改步骤如下：

① 从根节点[1,7]出发，位置 2 在区间的左儿子中，所以进入其左儿子[1,4]。

② 位置 2 在[1,4]的左儿子中，再次进入区间[1,4]的左儿子[1,2]。

③ 位置 2 在[1,2]的右儿子中，进入区间[1,2]的右儿子[2,2]。

④ 到达叶子节点[2,2]，进行修改，修改完成后向上更新节点。

⑤ 从叶子节点向上更新节点,修改过程中经过的节点都要进行合并左右子节

点操作，取左右子节点最大值中的较大值，最终修改的区间分别为[2,2]、[1,2]、[1,4]三个区间。

修改过后的线段树如图7.9所示，其中修改过后的节点将用加粗方框表示。

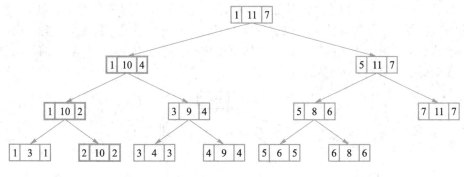

图 7.9　线段树单点修改

单点修改的代码如下所示：

```
1    //将以节点 p 为根节点的线段树中表示线段[po,po]的叶子节点的值修改为 val
2    void MODIFY(int p,int po,int val)
3    {
4        if(t[p].l==t[p].r)//如果到达叶子节点，则进行修改
5        {
6            t[p].Max=val;
7            return;
8        }
9        if(po>mid)//在节点 p 的右子节点中
10       MODIFY(rs,po,val);
11       else//在节点 p 的左子节点中
12       MODIFY(ls,po,val);
13       PUSHUP(p);//向上合并节点 p 的左右子节点
14   }
```

因为单点更新会更新从根到一个叶子节点的路径上的节点，而线段树的深度为 $O(\log_2 n)$，所以一次单点更新的时间复杂度为 $O(\log_2 n)$。其中，n 为整个区间的长度。

（2）区间修改

在 RMQ 问题中，区间修改体现为修改连续的元素为同一值。区间修改相对于单点修改就要复杂一些，首先，不能将区间修改转换成多次单点修改，因为一次单点修改的时间复杂度为 $O(\log_2 n)$，其中 n 为整个区间的长度。如果修改区间长度为 L，则一次区间修改的时间复杂度就是 $O(L\log_2 n)$，对于需要多次区间修改操作的问题，其时间复杂度无法接受。

　　为了解决这个问题，我们需要在线段树上的每个节点上增加一个标记，表示该节点所表示的区间是否被整体修改过。增加标记的好处是，在一次区间修改时，如果当前的节点所表示的线段被整体修改，那么我们不需要将当前节点的所有子孙节点都修改，而是只将当前节点进行标记即可。由 7.2.1 节中的性质 2 可知，线段树中任意一个线段在线段树中被分为不超过 $2\log_2 n$ 条线段，再加上这些节点的祖先节点，所以一次区间修改时修改的节点数不会超过 $4\log_2 n$ 个，整体的时间复杂度就可以下降到 $O(\log_2 n)$。

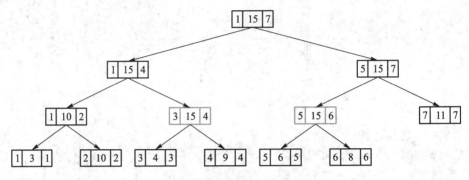

图 7.10　线段树区间修改

　　如图 7.10 所示，将图 7.9 的线段树的区间[3,6]中的所有数字修改为 15，因为区间[3,6]在线段树中被拆分为[3,4]和[5,6]两个区间,则只需将[3,4]和[5,6]两个区间的最大值修改为 15，打上标记表明这个节点及其所有子孙的值都改为 15 即可（图中加蓝色的节点表示该节点已打上标记）。在整个过程中，修改了[1,7]、[1,4]、[5,7]、[3,4]、[5,6]一共 5 个节点,而如果不是打标记的方式,还需要修改[3,3]、[4,4]、[5,5]、[6,6]四个节点。

　　注意：修改过的区间的祖先节点都因为合并儿子节点更新了数据，但是修改过的区间的子孙节点并没有更改，这就有可能造成数据不统一，从而造成错误。比如上例中，修改了区间[4,7]的值，但是并没有修改[4,4],[5,5]的值，当我们需要查询区间[4,4]的最大值时，线段树中存储的值为 9，而不是更改后的 15，这就造成了错误。在这个时候，就要在查询的过程中注意标记。

　　因为一个节点的标记值表明该区间的修改情况，如果标记值为真且最大值为 3，则说明该节点所表示区间的所有值被修改为 3，所以该节点的所有子孙节点也应该被修改为 3。所以当我们要访问一个节点的子节点时，如果该节点的标记值表明这个区间被修改过，那么在访问其子节点之前，我们先要将该节点的标记向下传递给它两个儿子，再将该节点的标记去掉。这样才能保证数据的同步性。如上例中，要查询区间[4,4]的最大值，必将先访问区间[3,4]，这时将区间[3,4]的标记和最大值 15 下传给它的两个子节点[3,3]、[4,4]后，再访问区间[4,4]，这时区间

[4,4]的最大值已被修改为 15，所以答案是正确的。查询过程如图 7.11 所示：

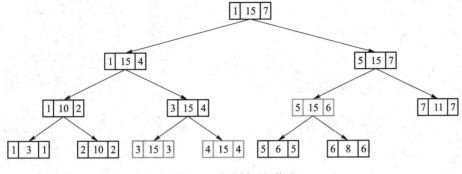

图 7.11　线段树区间修改

对于多次区间修改，其操作和一次修改是一样的。如将图 7.11 中的线段树的区间[1,4]再修改为 8，那么将区间[1,4]的标记记为真，再将最大值修改为 8 即可，对于其子孙节点不需要修改。如图 7.12 所示。

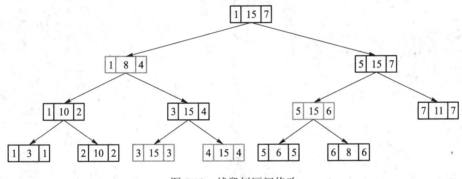

图 7.12　线段树区间修改

注意：虽然目前区间[1,4]的子孙节点的值保持原值，但是当下一次要访问区间[1,4]的子孙节点时，必然会先将区间[1,4]的标记和最大值下传给它的子孙节点，所以保持了数据的同步性。

由于区间更新增加了标记，所以线段树节点的定义中需要增加一个标记域。具体实现代码如下：

```
1    //线段树节点定义
2    struct STree
3    {
4        int l,r;          //节点所表示区间的左右端点
5        int Max;          //区间最大值
6        bool flag;        //标记,true 表示被修改过，false 表示没有被修改
7    }t[MAXN<<2];          //线段树中节点的总个数,一般开到总区间长度的 4 倍
```

```
8      //将标号为 p 的左右两个儿子中的信息向上合并到节点 p 中
9      void PUSHUP(int p)
10     {
11         t[p].Max=max(t[ls].Max,t[rs].Max);
12     }
13     //构建以标号 p 节点为根，区间为[l,r]的线段树
14     void BUILD(int p,int l,int r,int *data)
15     {
16         t[p].l=l,t[p].r=r,t[p].flag=false;
17         if(l==r)                        //如果为单元线段要进行初始化
18         {
19             t[p].Max=data[r];           //将 data[r]的值赋值给当前节点的最大值
20             return;
21         }
22         BUILD(ls,l,mid,data);           //构建节点 p 的左子节点
23         BUILD(rs,mid+1,r,data);         //构建节点 p 的右子节点
24         PUSHUP(p);                      //向上合并节点 p 的左右子节点
25     }
26     //将节点 p 的标记下传到其两个子节点中
27     void PUSHDOWN(int p)
28     {
29         if(t[p].flag==true)             //如果节点被修改过则要进行向下传递标记
30         {
31             t[ls].flag=t[p].flag;
32             t[rs].flag=t[p].flag;
33             t[ls].Max=t[p].Max;
34             t[rs].Max=t[p].Max;
35             t[p].flag=false             //传递完成后，重新初始化标记
36         }
37     }
38     //将以节点 p 为根节点的线段树中区间为[l,r]的值修改为 val
39     void MODIFY(int p,int l,int r,int val)
40     {
41         if(t[p].l==l&&t[p].r==r)         //如果当前节点即为修改节点，直接进行修改
42         {
43             t[p].flag=true,t[p].Max=val; //修改最大值和标记
44             return;
45         }
46         PUSHDOWN(p);                     //进入子节点之前先下传标记
47         if(l>mid)
```

```
48          MODIFY(rs,l,r,val);              //在右子节点中
49      else if(r<=mid)
50          MODIFY(ls,l,r,val);              //在左子节点中
51      else                                 //横跨左右子节点
52      {
53              MODIFY(ls,l,mid,val);
54              MODIFY(rs,mid+1,r,val);
55      }
56      PUSHUP(p);                           //修改完子节点要进行合并
57  }
```

至于区间修改的时间复杂度,由于任何区间在线段树中都可以被拆分为 $O(\log_2 n)$ 个区间, 所以其时间复杂度为 $O(\log_2 n)$, 其中 n 为区间总长度。

3. 线段树的查询

同修改一样,线段树的查询也分区间查询和单点查询两种,但是单点查询也可以看成多点查询的一种特殊情况,例如查询第 3 个元素的最大值和查询区间[3,3]的最大值是一样的, 所以这里只介绍区间查询。

区间查询和区间修改有很多相似的地方,首先区间被线段树拆分成多个区间,区间查询时只需将这些区间合并起来,得到的最终值就是想要查询的值。在查询的过程中,从树根出发。对于每一个节点,如果当前节点所代表的区间完全被查询区间所包含,则返回当前整个区间的最大值;否则当前节点所代表的区间一定与被查询区间相交,在这种情况下,如果当前节点的左半区间与被查询区间相交,则进入其左半区间查询;如果当前节点的右半区间与被查询区间相交,则进入其右半区间查询;最后比较两个结果选出较大的,即返回当前节点所代表的区间与被查询区间相交部分的最大元素的值。

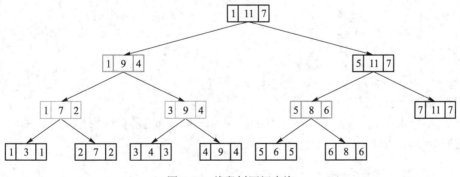

图 7.13　线段树区间查询

如图 7.13 所示,想要查询区间[1,6]的最大值,因为区间[1,6]被分成[1,4]和[5,6]两个区间, 所以只需要得到[1,4]和[5,6]两个区间的最大值, 就可以得到区间[1,6]

的最大值为 9。

查询[1,6]区间最大值的具体步骤如下。

（1）首先从根节点[1,7]出发，查询区间[1,6]横跨区间[1,7]的左右子节点，所以要将区间[1,6]分成两个区间[1,4]和[5,6]，分别进入区间[1,7]的左右子节点进行查询。

（2）进入区间[1,7]的左节点[1,4]查询[5,6]的最大值，发现查询区间和当前区间相等，所以直接返回当前节点的最大值 9。

（3）进入区间[1,7]的右节点[5,7]查询[5,6]的最大值，发现[5,6]在区间[5,7]的左节点中，所以继续在区间[5,7]的左节点[5,6]中查询。

（4）进入区间[5,6]查询[5,6]的最大值，发现查询区间和当前区间相等，所以直接返回当前节点的最大值 8。

（5）得到了区间[1,4]的最大值 9 和[5,6]的最大值 8，可以得到区间[1,6]的最大值为 9 和 8 间的较大值 9。

查询还要注意的一点就是，如果节点存在标记，也就是说如果存在区间修改操作，与区间修改一样，当进入一个节点的子节点前，要将该节点的标记下传给其子节点后，才能访问其子节点，同样是为了保证数据的同步性。

线段树的区间询问实现代码如下。

```
1    //查询以节点 p 为根节点，区间为[l,r]的最大值
2    int QUERY(int p,int l,int r)
3    {
4        if(t[p].l==l&&t[p].r==r)              //如果当前节点即为查询区间，则返回最大值
5        return t[p].Max;
6        //PUSHDOWN(p);                        //如果存在区间修改，则要下传标记
7        if(l>mid)                            //如果查询区间在右子节点中
8        return QUERY(rs,l,r);
9        else if(r<=mid)//如果查询区间在左子节点中
10       return QUERY(ls,l,r);
11       else//查询结果分布在两个子节点中
12       return max(QUERY(ls,l,mid),QUERY(rs,mid+1,r));
13   }
```

从代码上可以看出，线段树查询操作的时间复杂度和修改操作是一样的，同为 $O(\log_2 n)$，其中 n 为整个区间的长度。

7.2.3   例题讲解

例 7-3   A Simple Problem with Integers

Time Limit: 5000/5000MS (Java/Others)   Memory Limit:131072/131072K (Java/Others)

题目描述：

有 N 个数字，现在给出两种操作，一种是将一个区间上的所有数加上一个值，另一种是求一个区间上的所有之和。

输入：

第一行两个数 N 和 Q，表示有 N 个数，Q 组操作。（1≤N,Q≤100 000）

第二行 N 个数，表示这 N 个数初始的值。(-10^9≤Ai≤10^9)

接下来 Q 行，每行一组操作。操作有两种格式：

（1）C a b c 表示将区间[a,b]上的所有数加上 c($-10\,000$≤c≤10 000)。

（2）Q a b 表示询问区间[a,b]上的所有数之和。

输出：

对于每一个询问，输出答案，每个答案占一行。

样例输入：

```
10 5
1 2 3 4 5 6 7 8 9 10
Q 4 4
Q 1 10
Q 2 4
C 3 6 3
Q 2 4
```

样例输出：

```
4
55
9
15
```

题目来源： POJ3468

思路分析：

这道题是区间修改，区间询问。因为存在区间的修改，所以要使用标记。这里的标记的含义是当前区间被增加的值是多少，与求 RMQ 不同的是，在下传标记的时候要将标记累加到子节点中的标记，因为可能将一个区间增加了多次。同时，在下传标记的时候要对子节点存储区间的和进行修改，加上标记值乘以子节点区间的长度。因为是区间修改，所以增加的总和应该是增加的值乘以区间的长度。最后，合并左右子节点的和，就是将左子节点的和加上右子节点的和，得到当前节点区间的和。具体代码实现请题目实现。

题目实现：

```
1      #include <stdio.h>
```

```
2       #include <stdlib.h>
3       #include <string.h>
4       #define mid ((t[p].l+t[p].r)>>1)//当前节点区间的中点
5       #define ls (p<<1)//当前节点的左子节点编号
6       #define rs ((ls)+1)//当前节点的右子节点编号
7       #define len (t[p].r-t[p].l+1)//当前节点区间长度
8       const int MAXN=200010;//区间最大值
9       struct Tree
10      {
11          int l;
12          int r;
13          long long sum;//区间和
14          long long lazy;//标记
15      }t[MAXN<<2];
16      int v[MAXN];
17      void PUSHDOWN(int p)
18      {
19          if(t[p].lazy)//如果当前节点标记不为 0，则要下传标记
20          {
21              t[ls].lazy+=t[p].lazy;
22              t[rs].lazy+=t[p].lazy;
23              t[ls].sum+=t[p].lazy*(t[ls].r-t[ls].l+1);
24              t[rs].sum+=t[p].lazy*(t[rs].r-t[rs].l+1);
25              t[p].lazy=0;//下传标记后将标记清 0
26          }
27      }
28      void PUSHUP(int p)//合并左右子节点的区间和
29      {
30          t[p].sum=t[ls].sum+t[rs].sum;
31      }
32      void BUILD(int p,int l,int r)//构建线段树
33      {
34          t[p].l=l,t[p].r=r;
35          t[p].lazy=0;//初始化标记为 0
36          if(l==r)//到达叶子节点结束
37          {
38              t[p].sum=v[l];
39              return ;
40          }
41          BUILD(ls,l,mid);
```

```
42              BUILD(rs,mid+1,r);
43              PUSHUP(p);
44      }
45      void MODIFY(int p,int l,int r,int val)//修改区间
46      {
47              if(t[p].l==l&&t[p].r==r)
48              {
49                      t[p].lazy+=val;//修改当前区间标记
50                      t[p].sum+=val*len;//修改当前区间和
51                      return ;
52              }
53              PUSHDOWN(p);//下传标记
54              if(r<=mid)
55              MODIFY(ls,l,r,val);
56              else if(l>mid)
57              MODIFY(rs,l,r,val);
58              else
59              {
60                      MODIFY(ls,l,mid,val);
61                      MODIFY(rs,mid+1,r,val);
62              }
63              PUSHUP(p);
64      }
65      long long QUERY(int p,int l,int r)
66      {
67              if(t[p].l==l&&t[p].r==r)
68              {
69                      return t[p].sum;
70              }
71              PUSHDOWN(p);
72              if(r<=mid)
73              return QUERY(ls,l,r);//返回左询问区间的和
74              else if(l>mid)
75              return QUERY(rs,l,r);//返回右询问区间的和
76              else
77              return QUERY(ls,l,mid)+QUERY(rs,mid+1,r);//返回左右询问区间的和
78      }
79      int main( )
80      {
81          int n,q,i;
```

```
82          scanf("%d %d",&n,&q);
83          char str[2];
84          for(i=1;i<=n;i++)
85          {
86              scanf("%d",&v[i]);
87          }
88          BUILD(1,1,n);
89          int x,y,c;
90          for(i=1;i<=q;i++)
91          {
92              scanf("%s%d%d",str,&x,&y);
93              if(str[0]=='Q')//询问区间[x,y]的和
94              {
95                  printf("%I64d\n",QUERY(1,x,y));
96              }
97              else if(str[0]=='C')//修改，将区间[x,y]之间的数都加上 c
98              {
99                  scanf("%d",&c);
100                 MODIFY(1,x,y,c);
101             }
102         }
103         return 0;
104     }
```

  本节还讲解了两道利用线段树来解决的问题，帮助大家更好理解单点修改和区间修改时线段树操作的精要。请到高等教育出版社增值服务网站（http://abook.hep.com.cn）输入本书防伪码后继续学习。

扫一扫：程序运行过程（7-4）

7.3　练 习 题

扫一扫：程序运行行过程（7-5）

习题 7-1

题目来源：POJ1182

题目类型：并查集

解题思路：具体做法为将确定了相对关系的动物放在同一棵集合树中，并且维护一个值 $v[i]$ 表示 i 节点和其所在集合树根节点的关系，分别为 0—同一类型，1—被吃，2—吃。当询问的两个节点在同一棵树中时，只需要根据 $v[\ ]$ 的值判断是否为假话即可。当表示两个动物的元素不在同一棵集合树中时，要将两棵树合并为一棵树，并修改对应的 $v[\ ]$ 的值，再进行判断即可。最后统计假的数量，输

出答案。

习题 7-2

题目来源：POJ1308

题目类型：并查集

解题思路：首先要明确一个图构成树的条件，首先边的数量一定是点的数量 −1，只能存在一个根节点，不能存在环（包括自环），除根外每个节点只能有一个父亲，根节点没有父亲。这些查询均可以由并查集来做，在构造并查集的时候根据父节点和子节点是否已经在同一集合树中可以判断环和多个父亲的情况。当构造完并查集后，判断是否只有一个根节点即可，题目中还有一些特殊情况，如空树，具体实现留给大家思考。

习题 7-3

题目来源：HDOJ1232

题目类型：并查集

解题思路：如果一个图被分成了 n 个连通块，则需要 $n-1$ 条边就可以使这个图连通。所以这道题的关键就是求图的连通块的个数，这是并查集的一个基本的应用。将同一个连通块的点合并到同一个集合中，最后看还剩下多少不同集合即可。

习题 7-4

题目来源：HDOJ1166

题目类型：线段树

解题思路：这是一道典型的单点修改，区间询问的线段树问题，这里要解决的问题是求和。那么只需在线段树节点中维护一个 sum，即该节点所表示线段的和。在修改的时候，将根据加法操作、减法操作来修改叶子节点并将修改信息上传到根节点。将询问区间拆分为多个子线段然后根据线段树合并相应的子区间即为答案。

习题 7-5

题目来源：POJ2299

题目类型：线段树

解题思路：求包含 $a[i]$ 的逆序对数，只需求 $a[i]$ 左边比它大的数的个数，以及右边比它小的数的个数即可。因为这两个值是相对的，所以只求每个数左边比它大的数的个数，或右边比它小的数的个数。考虑一个数左边比它大的数的个数。考虑用线段树维护值域为 $[l,r]$ 的个数，从左到右依次插入一个数，每插入一个数 $a[i]$。便将值域 $[a[i],a[i]]$ 加上 1，当求 $a[i]$ 左边比它大的数时，只要计算值域为 $[a[i]+1,Max]$ 的数量即可（Max 为 $a[i]$ 中的最大值）。这就变成了一个单点更新，求区间和的线段树问题。

注意：这道题值域的范围相当大，所以根据值域建立线段树是不行的，要做一些优化以降低值域的大小，具体方法留给大家自行思考。

习题 7-6

题目来源：POJ 2528

题目类型：线段树

解题思路：这是一道典型的区间染色问题，每次将一段区间染色成一种新的颜色，问最后墙上有多少种不同的颜色。用线段树维护这些区间，线段树的一个节点维护一个值，表示这个区间是否被完全覆盖。所谓完全覆盖指的是这个区间是否只有一个颜色。如果不是，用-1 表示。新加入一个海报时，将对应区间染成新的颜色，即将对应的区间的标记设为新加入海报的颜色即可。如果一个区间被完全覆盖，说明其子孙节点也被完全覆盖，向下传递标记即可。最后查询总区间不同颜色数量的时候，如果遇到一个区间被完全覆盖，则记录该区间的颜色，否则，递归查询其左右子节点。最后需要注意的是，这道题的海报数量只有 10 000，但是墙的宽度会达到 10 000 000，如果直接按照墙的宽度建立线段树，将会超内存，其具体解决方法留给读者思考。

习题 7-7

题目来源：POJ3667

题目类型：线段树

解题思路：经典的区间合并问题，在线段树中维护三个值：lenl、len、lenr，分别表示该区间以左端点为起点的最长连续空房数、最长连续空房数、以右端点结束的最长连续空房间数。关于这三个值的合并，类似于例题 7-4。关于入住和退房可在线段树中再维护一个标记 *flag*，表示该区间的状态，如 0 表示该区间完全空，1 表示该区间被完全覆盖，-1 表示该区间部分被覆盖。查询的时候，用一种递归的方法。如果当区间的最长连续空房间数都小于 a，则表示该区间不满足要求；如果当前节点的左子节点的最长连续空房间大于 a，则在左子节点中查询；否则查找横跨左右子节点的最长连续空房间数。如果还不满足，最后查询右子节点。

第 8 章 字符串问题

字符串匹配，查找相关的问题在 ACM ICPC 竞赛中占有重要的地位，本章将先介绍一个高效存储字符串的数据结构，然后介绍一个高效字符串匹配算法以及它的扩展。随后将举几个例子讲解这些算法和数据结构的应用。

8.1 Trie 树

Trie 树又称字典树，是一种树状结构，也是哈希树的变种。典型应用是用于统计、排序和保存大量的字符串（但不仅限于字符串），所以经常被搜索引擎系统用于文本词频统计。它的优点是：利用字符串的公共前缀来减少查询时间，最大限度地减少无谓的字符串比较，查询效率比哈希树高。字典中的每一个单词在 Trie 树中体现为从根节点出发的路径，路径中每条边代表一个字母，将边连接起来便形成了对应的单词。如图 8.1 所示。这是一棵 Trie 树，其中存储了 ab、ac、bc、c、cd 五个单词（其中加粗节点表示单词结尾节点）。

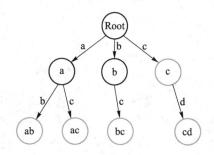

图 8.1　Trie 树

8.1.1　Trie 树的基本概念

Trie 树是由链接（或称为边）和节点组成的数据结构。这些链接可能为空，也可能指向其他节点，除了根节点外每个节点只有一个指向它的节点，称之为它的父节点。每个节点都有 X 条链接，其中 X 代表字符集的大小。每一个链接代表一个字符，指向下一个节点。对每一个节点，从根节点到该节点的路径中包含的链接串就是该节点所表示的字符串，也就是字典树中的一个单词。在一般的应用中，常常在 Trie 树的节点中保存一个 bool 型值 flag，表示该节点是否是字典中一个单词的结尾，即当从根节点按照对应的链接走到一个节点时，如果发现该节点的 flag 值为真，那么表示当前路径的字符串就是字典树中保存的单词。如图 8.1 所示。加粗节点的 flag 为 1，表示该节点是一个单词的结尾。因为从根节点到一个节点的路径是唯一的，所以 Trie 树中每一个节点唯一地表示一个字符串（根节点表示空串）。下面是 Trie 树节点的代码实现。

```
1    const int MAXN=100010;//节点总数的最大值
2    const int KNUM=26;//字符集的大小
3    struct Trie
4    {
5        struct Node
6        {
7            int next[KNUM];//next[i]表示该节点通过第 i 条边连接的节点编号
8            int flag;//标记
9            void INIT( )//初始化节点
10            {
11                memset(next,0,sizeof(next));
12                flag=0;
13            }
14        }node[MAXN];
15        int tot;//当前 Trie 树中节点的数量
16    }T;
17    void TRIE_INIT(Trie &T)//初始化 Trie 树和根节点
18    {
19        T.tot=0;//将节点总数清 0，0 号点为根节点
20        T.node[0].INIT( );//初始化根节点
21    }
```

Trie 树的节点数量和 Trie 树所存单词的总长度有关，设 Trie 树中所存单词总长度为 n，则其空间复杂度为 O(nm)，其中 m 为每一个节点所占空间，m 的值取决于字符集 KNUM 的大小和标记的数量，对于不同的问题有不同的空间复杂度。

8.1.2 Trie 树的操作

Trie 树有两个基本操作，插入操作和查询操作。其中插入操作一般用来更新 Trie 树，向 Trie 树中插入一个新的单词，查询操作一般是查询某个特定单词在 Trie 树中是否存在。

1. 插入操作

现在来介绍 Trie 树的插入操作。假设要向一个空的 Trie 树（只存在根节点）中插入字符串 abc，操作步骤如下。

（1）从根节点出发，依次按字符更新 Trie 树，第一个字符为 a，因为目前根

节点 next 数组均为空，不存在表示 a 的链接，所以要新建一个节点，使得根节点通过 a 链接指向新建节点。

（2）进入新节点，判断下一个字符链接是否存在，如果存在就直接沿着这条链接转移到它指向的节点，否则继续新建一个节点

（3）重复步骤（2），直到到达最后一个字符 c。

插入字符串 abc 的过程如图 8.2 所示。

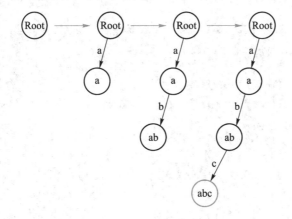

图 8.2　Trie 树插入过程

完成字符串 abc 的插入操作后，为了表示这个字符串为 Trie 树中的一个单词，还需要将插入操作中最后一个节点的 flag 值设为 1，表示它是单词 abc 的结尾。

现在如果要继续插入单词，如 abd，同样需要从根节点开始插入。由于根节点已经存在 a 链接，所以不需要新建节点，直接沿着链接移动到 a 节点即可，同理移动到 ab 节点；这时插入字符 d，由于 ab 节点没有 d 边，所以要新建节点。最后还要标记新建立的节点为单词的结尾。插入 abd 的过程如图 8.3 所示。

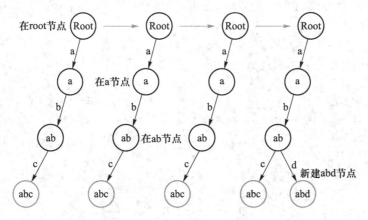

图 8.3　Trie 树插入过程

插入单词的代码实现如下。

```
1    //向 Trie 树中插入单词 str
2    void INSERT(Trie &T,char *str)
3    {
4        int p=0;//p 表示当前节点的标号,0 表示根节点的标号
5        int len=strlen(str);    //len 表示插入单词的长度
6        for(int i=0;i<len;i++)
7        {
8            int index=str[i]-'a';//index 是下一个字符的编号，这里默认第一个字符为 a
9            if(T.node[p].next[index]==0)
10            {
11                T.node[++T.tot].INIT( );//新建一个节点
12                T.node[p].next[index]=T.tot;//将当前节点的 index 边连向新建立节点
13            }
14            p=T.node[p].next[index];//进入下一个节点
15        }
16        T.node[p].flag=1;//将该节点标记为单词的结尾
17    }
```

插入一个单词的时间复杂度为 O(n)，其中 n 为插入单词的长度。

插入多个单词和插入一个单词的思路是一致的，因为第一次插入可以看成在一棵包含空串的 Trie 树上插入一个单词，所以插入多个单词就是多次在当前 Trie 树的基础上调用 insert 函数。

2．查询操作

查询操作和插入类似，也是从根节点开始，不过查找操作不能新建节点，如果查找的过程中遇到空边，表示查找的单词不在 Trie 树中。另外，如果查找完成，没有遇到空边，也不能说明查找单词一定存在。这时还要判断最后一个节点的 flag 标记是否为 1。如果不为 1，则依然表示查找的单词不在 Trie 树中（因为它是 Trie 树中一个单词的前缀），否则表示单词存在。

```
1    //在 Trie 树中查找单词 str，若存在返回 true，否则返回 false
2    bool SEARCH(Trie &T,char *str)
3    {
4        int p=0;                //p 表示当前节点的标号,0 表示根节点的标号
5        int len=strlen(str);    //len 表示插入单词的长度
6        for(int i=0;i<len;i++)
7        {
8            int index=str[i]-'a';//index 是下一个字符的编号，这里默认第一个字符为 a
9            if(T.node[p].next[index]==0)
10            return false;
11            p=T.node[p].next[index];
```

```
12        }
13        if(T.node[p].flag)
14        return true;
15        return false;
16    }
```

同插入操作一样，查询一个单词的时间复杂度为 $O(n)$,其中 n 为查询单词的长度。

以上就是 Trie 树的基本操作。在实际应用中，常常会根据题目需要在节点中维护多个信息，下面举几个例子来说明 Trie 树的应用。

8.1.3 例题讲解

扫一扫：程序运
行过程（8-1）

例 **8-1** 统计难题

Time Limit: 4000/2000 MS (Java/Others)　　Memory Limit: 131070/65535 K (Java/Others)

题目描述：

某学生最近遇到一个难题，老师交给他很多单词（只由小写字母组成，不会有重复的单词出现），现在老师要他统计出以某个字符串为前缀的单词数量（单词本身也是自己的前缀）。

输入：

输入数据的第一部分是一张单词表，每行一个单词，单词的长度不超过 10，它们代表的是老师交给 Ignatius 统计的单词，一个空行代表单词表的结束。第二部分是一连串的提问，每行一个提问,每个提问都是一个字符串。

注意：本题只有一组测试数据，处理到文件结束。

输出：

对于每个提问，给出以该字符串为前缀的单词的数量。

样例输入：

banana

band

bee

absolute

acm

ba

b

band

Abc

样例输出：

2

3

1

0

题目来源：HDOJ1251

思路分析：

这道题是 Trie 树的典型应用，首先根据给出的字符串构建出 Trie 树，在 Trie 树插入的基本操作中，每个节点有一个 flag 属性，表示该节点是否为一个单词的结尾。但在本题中并不是要查找是否存在单词，而是查找单词出现的个数，那么 flag 属性所表达的意义需要根据题意做一些修改。

设节点 num 属性表示从根节点到该节点所表示的字符串出现的个数，对于每一个询问，只要从根节点往下走，走到最后一个节点返回 num 值即为答案，所以重要的就是如何维护 num 的值。在构建 Trie 树的时候，插入每一个单词时，把所有经过的节点的 num 加上 1 即可，这里只要对 insert 函数做一些小的修改即可完成这个操作。

题目实现：

```
1    #include <iostream>
2    #include <string.h>
3    #include <stdio.h>
4    #include <algorithm>
5    using namespace std;
6    const int MAXN=400010;
7    const int KNUM=26;
8    struct Trie
9    {
10       struct Node
11       {
12           int next[KNUM];      //next[i]表示该节点通过第 i 条边连接的节点编号
13           int num;             //标记
14           void INIT( )
15           {
16               memset(next,0,sizeof(next));
17               num=0;
18           }
19       }node[MAXN];
20       int tot;//当前 Trie 树中节点的数量
21    }T;
22    void TRIE_INIT(Trie &T)//初始化 Trie 树和根节点
23    {
```

```
24          T.tot=0;
25          T.node[0].INIT( );
26      }
27      void INSERT(Trie &T,char *str)
28      {
29          int p=0;//p 表示当前节点的标号,0 表示根节点的标号
30          int len=strlen(str);    //len 表示插入单词的长度
31          for(int i=0;i<len;i++)
32          {
33              int index=str[i]-'a';//index 表示下一个字符的编号，这里默认第一个字符为 a
34              if(T.node[p].next[index]==0)
35              {
36                  T.node[++T.tot].INIT( );//新建一个节点
37                  T.node[p].next[index]=T.tot;//将当前节点的 index 边连向新建立的节点
38              }
39              p=T.node[p].next[index];//进入下一个节点
40              T.node[p].num++;//每经过一个节点就将该节点的 num 加 1
41          }
42      }
43      int SEARCH(Trie &T,char *str)
44      {
45          int p=0;//p 表示当前节点的标号,0 表示根节点的标号
46          int len=strlen(str);//len 表示插入单词的长度
47          for(int i=0;i<len;i++)
48          {
49              int index=str[i]-'a';//index 表示下一个字符的编号，这里默认第一个字符为 a
50              if(T.node[p].next[index]==0)//遇到空节点表示查找单词不存在
51                  return 0;
52              p=T.node[p].next[index];
53          }
54          return T.node[p].num;//返回前缀的数量
55      }
56      int main()
57      {
58          TRIE_INIT(T);//初始化 Trie 树
59          char str[110];
60          while(true)
61          {
62              gets(str);
63              int len=strlen(str);
```

```
64              if(len==0)
65              break;
66              INSERT(T,str);
67          }
68      while(gets(str)!=NULL)
69      {
70              printf("%d\n",SEARCH(T,str));
71      }
72      return 0;
73  }
```

本节还讲解了一道利用字典树来判断某字符串是否是其他字符串前缀的问题。请到高等教育出版社增值服务网站（http://abook.hep.com.cn）输入本书防伪码后继续学习。

扫一扫：程序运行过程（8-2）

8.2   KMP 算法

KMP 算法是一种线性时间复杂度的字符串匹配算法，它是对 BF（Brute-Force，最基本的字符串匹配算法）的改进。对于给定的原始串 S 和模式串 T，需要从字符串 S 中找到字符串 T 出现的位置的索引。KMP 算法由 D.E.Knuth 与 V.R.Pratt 和 J.H.Morris 同时发现，因此人们称它为 Knuth-Morris-Pratt 算法，简称 KMP 算法。在讲解 KMP 算法之前，有必要对它的前身-BF 算法有所了解，因此首先介绍最朴素的 BF 算法。

8.2.1   BF 算法简介

如图 8.4 所示，原始串 S=abcabcabdabba，模式串为 abcabd。（下标从 0 开始）从 s[0]开始依次比较 S[i]和 T[i]是否相等，直到 T[5]时发现不相等,这时候说明发生了失配，在 BF 算法中，发生失配时，T 必须回溯到最开始，S 下标+1，然后继续匹配，如图 8.5 所示。

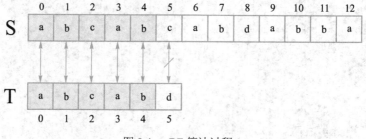

图 8.4   BF 算法过程 1

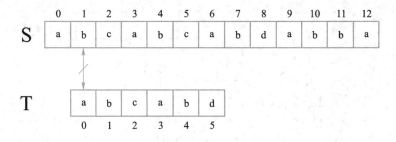

图 8.5　BF 算法过程 2

这次立即发生了失配,所以继续回溯,直到 S 下标增加到 3,匹配成功,如图 8.6 所示。

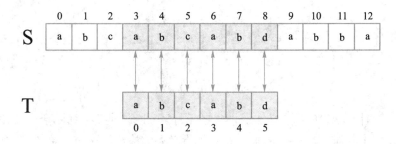

图 8.6　　BF 算法过程 3

BF 算法的时间复杂度是 O(nm)的,其中 n 为原始串的长度,m 为模式串的长度。BF 的代码实现非常简单直观,这里不给出。下一节介绍的 KMP 算法是 BF 算法的改进,其时间复杂度为线性 O($n+m$)。

8.2.2　KMP 算法原理和实现

前面提到了朴素匹配算法,它的优点就是简单直观,但是时间消耗很大,既然知道了 BF 算法的不足,那么就要对症下药,设计一种时间消耗小的字符串匹配算法。

KMP 算法就是其中一个经典的例子,它的主要思想如下。

在匹配过程中发生失配时,并不简单地从原始串下一个字符开始重新匹配,而是根据一些匹配过程中得到的信息跳过不必要的匹配,从而达到一个较高的匹配效率。

还是上面的例子,原始串 S=abcabcabdabba,模式串为 abcabd。如图 8.7、8.8 所示,当第一次匹配到 T[5]!=S[5]时,KMP 算法并不将 T 的下标回溯到 0,而是回溯到 2,S 下标继续从 S[5]开始匹配,直到匹配完成。

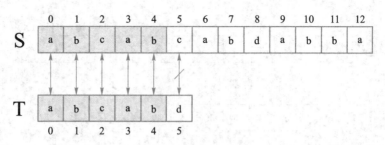

图 8.7   KMP 算法过程 1

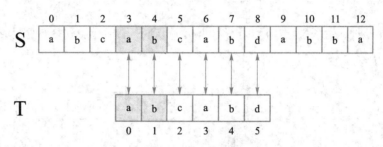

图 8.8   KMP 算法过程 2

那么为什么 KMP 算法会知道将 T 的下标回溯到 2 呢？前面提到，KMP 算法在匹配过程中将维护一些信息来帮助跳过不必要的检测，这个信息就是 KMP 算法的重点 ——next 数组（也叫 fail 数组，前缀数组）。

1. next 数组

1）next 数组的定义

对于长度为 m 的模式串 T[0,m-1]，定义 next[i] 表示既是串 T[0,i-1] 的后缀又是串 T[0,i-1] 的前缀的串最长长度(不妨叫作前后缀)，注意这里的前缀和后缀不包括串 T[0,i-1] 本身。

如上面的例子，T=abcabd，那么 next[5] 表示既是 abcab 的前缀，又是 abcab 后缀的所有字符集合中最长的字符串的长度，显然应该是 2，即串 ab。注意到前面的例子中，当发生失配时 T 回溯到下标 2，和 next[5] 数组是一致的。事实上，KMP 算法就是通过 next 数组来计算发生失配时模式串应该回溯到的位置。

2）next 数组的计算

这里介绍一下 next 数组的计算方法。

对于长度为 m 的模式串 T[0,m-1]，从左到右依次计算 next 数组。

由 next 数组的定义，可知 next[0]=next[1]=0（因为这里所谓的串的后缀和前缀不包括该串本身）。假设已经计算得到了 next[0]~next[i]，现在需要计算 next[i+1] 的值。设 j=next[i]，可以得到 T[0,j-1]=T[i-j,i-1]，现在只需要比较 T[j] 和 T[i]。如果相等，可以直接得出 next[i+1]=j+1；如果不相等，那么我们可以得出

next[i+1]<j+1，这时要将 j 减小到一个合适的位置 po，使得 po 满足：

（1）T[0,po-1]=T[i-po,i-1]。

（2）T[po]=T[i]。

（3）po 是满足条件(1)、(2)的最大值。

（4）0≤po<j（显然成立）。

如何求这个 po 值呢？事实上，并不能直接求出 po 值，只能一步一步接近这个 po，寻找当前位置 j 的下一个可能位置。如果只要满足条件（1），那么 j 就是一个，现在要求下一个满足条件(1)的位置。由 next 数组的定义，得到是 next[j]=k，这时候只要判断一下 T[k]是否等于 T[i]，即可判断是否满足条件(2)。如果不相等，则继续减小到 next[k]，直到找到一个位置 P，使得 P 同时满足条件(1)和条件(2)。可以得到 P 是满足条件(1)、(2)的最大值，因为如果存在一个位置 x 使得满足条件(1)、(2)、(4)并且 x>po，那么在回溯到 P 之前就能找到位置 x，否则与 next 数组的定义不符。得到位置 po 之后，可得到 next[i+1]=po+1。那么 next[i+1]就计算完毕，由数学归纳法，可以求出所有的 next[i](0≤i<m)。

注意：在回溯过程中可能有一种情况，就是找不到合适的 po 满足上述 4 个条件，这说明 T[0,i]的最长前后缀串长度为 0，直接将 next[i+1]赋值为 0 即可。

```
1    //计算串 str 的 next 数组
2    int GETNEXT(char *str,int next)
3    {
4        int len=strlen(str);
5        next[0]=next[1]=0;//初始化
6        for(int i=1;i<len;i++)
7        {
8            int j=next[i];
9            while(j&&str[i]!=str[j])//一直回溯 j 直到 str[i]==str[j]或 j 减小到 0
10               j=next[j];
11           next[i+1]=str[i]==str[j]?j+1:0;//更新 next[i+1]
12       }
13       return len;//返回 str 的长度
14   }
```

2. KMP 匹配过程

有了 next 数组，就可以通过 next 数组跳过不必要的检测，加快字符串匹配的速度。为什么通过 next 数组可以保证匹配过程中不会漏掉可匹配的位置呢？

首先，假设发生失配时 T 的下标在 i，那么表示 T[0,i-1]与原始串 S[l,r]匹配。设 next[i]=j，根据 KMP 算法，可以知道要将 T 回溯到下标 j 再继续进行匹配，根据 next[i]的定义，可以得到 T[0,j-1]和 S[r-j+1,r]匹配，同时可知对于任何 j<y<i，T[0,y]不与 S[r-y,r]匹配，这样就可以保证匹配过程中不会漏掉可匹配的位置。

　　与 next 数组的计算一样，当回溯到 next[i]后再次发生失配，这时需要回溯到 next[i]位置对应的 next 值，即 next[next[i]]继续进行匹配，如果仍然失配再继续回溯，直到回溯到 next[0]为止。如果仍然不匹配，则说明 S 的当前位置和 T 的开始位置不同，只要将 S 的当前位置加 1，继续匹配即可。

　　下面给出 KMP 算法匹配过程的代码。

```
1    //返回 S 串中第一次出现模式串 T 的开始位置
2    int KMP(char *S,char *T)
3    {
4        int l1=strlen(S),l2=GETNEXT(T);//l2 为 T 的长度,getnext 函数将在下面给出
5        int i,j=0,ans=0;
6        for(i=0;i<l1;i++)
7        {
8            while(j&&S[i]!=T[j])//发生失配则回溯
9            j=next[j];
10           if(S[i]==T[j])
11           j++;
12           if(j==l2)//成功匹配则退出
13           break;
14       }
15       if(j==l2)
16       return i-l2+1;//返回第一次匹配成功的位置
17       else
18       return -1;//若匹配不成功则返回-1
19   }
```

3. 时间复杂度分析

　　前面说到，KMP 算法的时间复杂度是线性的，但这从代码中并不容易得到。如果每次匹配都要回溯很多次，是不是会使算法的时间复杂度退化到非线性呢？

　　其实不然，我们对代码中的几个变量进行讨论。首先是 kmp 函数，显然决定 kmp 函数时间复杂度的变量只有两个，i 和 j(i 表示 S 的当前位置，j 表示 T 的当前位置)，其中 i 只增加了 len（len 表示 S 的长度）次，时间复杂度为 O(len)。下面讨论 j,因为由 next 数组的定义我们知道 next[j]<j,所以在回溯的时候 j 至少减去了 1，并且 j 保证是个非负数。另外，由代码可知 j 最多增加了 len 次，且每次只增加了 1。简单来说，j 每次增加只能增加 1，每次减小至少减去 1，并且保证 j 是个非负数，那么可知 j 减小的次数一定不能超过增加的次数。所以，回溯的次数不会超过 len。综上所述，kmp 函数的时间复杂度为 O(len)。同理，对于计算 next 数组同样用类似的方法证明它的时间复杂度为线性,这里不再赘述。对于长度为 n 的原始串 S，和长度为 m 的模式串 T，KMP 算法的时间复杂度为 O(n+m)。

到这里，KMP 算法的实现已经完毕。但是这还不是最完整的的 KMP 算法，真正的 KMP 算法需要对 next 数组进一步优化，但是现在的算法已经达到了时间复杂度的下限，而且，现在 next 数组的定义保留了一些非常有用的性质，这将在接下来的例题中体现。

对于优化后的 KMP 算法，有兴趣的读者可以自行查阅相关资料。

扫一扫：程序运行过程（8-3）

8.2.3 例题讲解

例 8-2 Period

Time Limit: 2000/1000 MS (Java/Others)　　　Memory Limit:65536/32768K (Java/Others)

题目描述：

给一个字符串 S，问对于 S 的每一个前缀，是否存在一个数 i，使得该前缀是由 S 的前 i 个字符重复 K 次得到(K>1)，输出所有这样的前缀和 K。

输入：

输入包含多组数据，每组数据包含两行，第一行一个数字 n，表示字符串 S 的长度，第二行为一个长度为 n 的字符串。输入数据以一个整数 0 结尾。

输出：

对每一组数据，首先输出"Test case #T"，其中 T 表示这是第几组数据。接下来对于每一个 i，如果满足的 K>1，则输出 i 和 K，其中 i 必须按升序输出，每一组 i 和 K 占一行，i 和 K 之间含一个空格。在每组数据之后输出一个空行。

样例输入：

3

aaa

12

aabaabaabaab

0

样例输出：

Test case #1

2 2

3 3

Test case #2

2 2

6 2

9 3

12 4

题目来源：HDU1358

思路分析：

这道题主要考察对 KMP 算法 next 数组的应用。注意，如果一个字符串 S[0,nK-1]长度为 nK,且由一个长度为 n 的字符串重复 K 次得到（其中 K 为满足题目所求的最大值），那么 next[nK]一定等于 n(K-1)，这由 next 数组的定义可以证明。

反过来，如果对于字符串 S 的一个前缀 S[0,i-1]，满足 i%(i-next[i])=0，（其中 next[i]必须大于 0），那么说明这个前缀由前 i-next[i]个组成的字符串重复 (i/(i-next[i]))次得到，同时保证(i/(i-next[i]))为最大的 K，这点由数学归纳法即可证明。所以这道题先求出所有位置的 next 值，然后从 1 到 n 开始遍历即可。

题目实现：

```
1    #include <iostream>
2    #include <string.h>
3    #include <stdio.h>
4    using namespace std;
5    const int MAXN=1000010;
6    int next[MAXN];
7    int GETNEXT(char *str,int len)//本题只需要 next 数组的性质，不需要 KMP 匹配函数
8    {
9        int i;
10       next[0]=next[1]=0;
11       for(i=1;i<len;i++)
12       {
13           int j=next[i];
14           while(j&&str[i]!=str[j])
15           j=next[j];
16           next[i+1]=str[i]==str[j]?j+1:0;
17       }
18       return len;
19   }
20   int main()
21   {
22       int n,time=0;
23       char str[MAXN];
24       while(scanf("%d",&n)&&n)
25       {
26           scanf("%s",str);
27           GETNEXT(str,n);
28           int i;
29           printf("Test case #%d\n",++time);
```

```
30              for(i=1;i<=n;i++)
31              {
32                      if(next[i]!=0&&i%(i-next[i])==0)//找到周期
33                          printf("%d %d\n",i,i/(i-next[i]));
34              }
35              printf("\n");
36          }
37          return 0;
38      }
```

本节还讲解了一道利用 KMP 算法解决的问题，帮助大家更好理解和运用 next 数组解决问题。请到高等教育出版社增值服务网站（http://abook.hep.com.cn）输入本书防伪码后继续学习。

8.3　Z 算法与 Manacher 算法

前面两节介绍了 Trie 树和 KMP 算法，它们都是常用的字符串算法，本节将介绍两个相对不常用的字符串算法，它们在特定的领域将会发挥奇效，两者的思想也非常相似，就是 KMP 算法的扩展，即 Z 算法和求最长回文字串的线性算法 Manacher 算法。

8.3.1　Z 算法

Z 算法是对 KMP 算法的扩展，它解决如下问题。

定义母串 S 和模式串 T，设 S 的长度为 n，T 的长度为 m，求 T 和 S 的每一个后缀的最长公共前缀。这里定义 extend 数组，其中 extend[i] 表示 T 与 S[i,n-1] 的最长公共前缀，要求出所有 extend[i]($0 \leqslant i < n$)。

注意，如果有一个位置 extend[i]=m，则表示 T 在 S 中出现，而且是在位置 i 出现，这就是标准的 KMP 问题，所以说 Z 算法是对 KMP 算法的扩展，一般将它称为扩展 KMP 算法。

例如，S="aaaabaa"，T="aaaaa"，首先计算 extend[0] 时，需要进行 5 次匹配，直到发生失配如图 8.9 所示。

第 5 次匹配失配后可知 extend[0]=4，通过 extend 数组定义可以得到 S[0,3]=T[0,3]，进一步可以得到 S[1,3]=T[1,3]。定义辅助数组 next[i] 表示 T[i,m-1] 和 T 的最长公共前缀长度。在这个例子中很明显 next[1]=4，即 T[0,3]=T[1,4]，进一步可以得到 T[0,2]=T[1,3]。又因为上面已经知道是 S[1,3]=T[1,3]，通过等量代换可知 S[1,3]=T[0,2]。计算 extend[1] 时，是从 S[1] 开始匹配的，因为 S[1,3]=T[0,2]，所以前面的 3 个字符不需要再进行匹配，直接匹配 S[4] 和 T[3] 即可。这时一次就发生失配，所以 extend[1]=3。这个例子很有代表性，可以用这种方法继续计算完剩下的 extend 数组。

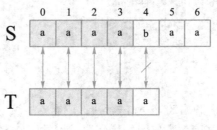

图 8.9   Z 算法

1. Z 算法一般步骤

上面的例子已经体现了 Z 算法的思想，下面来描述 Z 算法的一般步骤。

如图 8.10 所示，首先从左到右依次计算 extend 数组，在某一时刻，设 extend[0…k] 已经计算完毕，并且之前匹配过程中所达到的最远位置为 P。所谓最远位置，严格来说就是 i+extend[i]-1 的最大值（0≤i≤k），并且设获取这个最大值的位置为 po，即 po+extend[po]-1=P，如在上一个例子中，计算 extend[1] 时，P=3，po=0。

图 8.10   Z 算法一般步骤

现在要计算 extend[k+1], 根据 extend 数组的定义，可以推断出 S[po,P]=T[0,P-po], 从而得到 S[k+1,P]=T[k-po+1,P-po], 令 len=next[k-po+1](见 next 数组的定义), 分两种情况讨论。

第一种情况：k+len<P, 如图 8.11 所示。

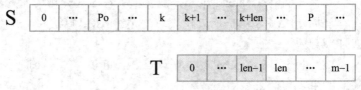

图 8.11   k+len<P

S[k+1,k+len]=T[0,len-1], S[k+len+1] 一定不等于 T[len]。若二者相等，则有 S[k+1,k+len+1]=T[k+po+1,k+po+len+1]=T[0,len], 那么 next[k+po+1]=len+1, 这与 next 数组的定义不符(next[i] 表示 T[i,m-1] 和 T 的最长公共前缀长度), 所以在这种情况下，不用进行任何匹配，就知道 extend[k+1]=len。

第二种情况：k+len≥P 如图 8.12 所示。

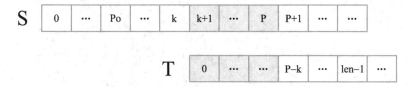

图 8.12 k+len≥P

S[P+1]之后的字符都是未知的，也就是还未进行匹配的字符串。在这种情况下，就要从 S[P+1]和 T[P-k+1]开始一一匹配，直到发生失配为止，当匹配完成后，如果 extend[k+1]+(k+1)>P，则更新未知 P 和 po。

至此，Z 算法的过程已经描述完成，但是，next 数组是如何计算还没有进行说明。事实上，计算 next 数组的过程和计算 extend[i]的过程完全一样，将它看成以 T 为母串，T 为模式串的特殊的 Z 算法匹配就可以了。计算过程中的 next 数组全部计算过，所以按照上述介绍的算法计算 next 数组即可，这里不再赘述。

2. 时间复杂度分析

下面来分析一下算法的时间复杂度，通过上面的算法介绍可以知道：对于第一种情况，无须做任何匹配即可计算 extend[i]；对于第二种情况，都是从未被匹配的位置开始，匹配过的位置不再匹配。也就是说对于母串的每一个位置，都只匹配了一次，所以算法总体时间复杂度是 O(n)。同时为了计算辅助数组 next[i]需要先对字串 T 进行一次 Z 算法处理，所以 Z 算法的总体复杂度为 O($n+m$)，其中 n 为母串的长度，m 为子串的长度。

下面是 Z 算法的关键部分代码实现。

```
1    const int MAXN=100010;          //字符串长度最大值
2    int next[MAXN],ex[MAXN];        //ex 数组即为 extend 数组
3    //预处理计算 next 数组
4    void GETNEXT(char *str)
5    {
6        int i=0,j,po,len=strlen(str);
7        next[0]=len;//初始化 next[0]
8        while(str[i]==str[i+1]&&i+1<len)     //计算 next[1]
9        i++;
10       next[1]=i;
11       po=1;//初始化 po 的位置
12       for(i=2;i<len;i++)
13       {
14           if(next[i-po]+i<next[po]+po)//第一种情况，可以直接得到 next[i]的值
15           next[i]=next[i-po];
```

```
16          else//第二种情况,要继续匹配才能得到 next[i]的值
17          {
18              j=next[po]+po-i;
19              if(j<0)j=0;//如果 i>po+next[po],则要从头开始匹配
20              while(i+j<len&&str[j]==str[j+i])//计算 next[i]
21              j++;
22              next[i]=j;
23              po=i;//更新 po 的位置
24          }
25      }
26  }
27  //计算 extend 数组
28  void EXKMP(char *s1,char *s2)
29  {
30      int i=0,j,po,len=strlen(s1),l2=strlen(s2);
31      GETNEXT(s2);//计算子串的 next 数组
32      while(s1[i]==s2[i]&&i<l2&&i<len)//计算 ex[0]
33      i++;
34      ex[0]=i;
35      po=0;//初始化 po 的位置
36      for(i=1;i<len;i++)
37      {
38          if(next[i-po]+i<ex[po]+po)//第一种情况,直接可以得到 ex[i]的值
39          ex[i]=next[i-po];
40          else//第二种情况,要继续匹配才能得到 ex[i]的值
41          {
42              j=ex[po]+po-i;
43              if(j<0)j=0;//如果 i>ex[po]+po 则要从头开始匹配
44              while(i+j<len&&j<l2&&s1[j+i]==s2[j])//计算 ex[i]
45              j++;
46              ex[i]=j;
47              po=i;//更新 po 的位置
48          }
49      }
50  }
```

8.3.2   Manacher 算法

相对于 Z 算法,Manacher 算法的应用范围要狭窄得多,但是它的思想和 Z 算法有很多共同之处,所以在这里介绍一下。Manacher 算法是查找一个字符串的最长回文子串的线性算法。

在介绍算法之前，首先介绍一下什么是回文串。简单来说回文串就是正着读和反着读都是一样的字符串，如 abba、noon 等。一个字符串的最长回文子串即为这个字符串的所有回文子串中最长的那个。

计算字符串的最长回文字串最简单的算法就是枚举该字符串的每一个子串，并且判断这个子串是否为回文串，这个算法的时间复杂度为 $O(n^3)$，显然无法令人满意，稍微优化的一个算法是枚举回文串的中点。这里要分为两种情况，一种是回文串长度是奇数的情况，另一种是回文串长度是偶数的情况，枚举中点再判断是否是回文串，这样能把算法的时间复杂度降为 $O(n^2)$，但是当 n 比较大的时候仍然无法令人满意，Manacher 算法可以在线性时间复杂度内求出一个字符串的最长回文字串，达到了理论上的下界。

1. Manacher 算法原理与实现

下面介绍 Manacher 算法的原理与步骤。首先，Manacher 算法提供了一种巧妙的办法，将长度为奇数的回文串和长度为偶数的回文字串一起考虑。具体做法是，在原字符串的每个相邻两个字符中间插入一个分隔符，同时在首尾也要分别添加一个分隔符，分隔符的要求是不在原串中出现，一般情况下可以用#。下面举一个例子，如图 8.13 所示。

图 8.13　转化原始串

1）Len 数组简介与性质

Manacher 算法定义一个辅助数组 Len[i] 表示以字符 T[i] 为中心的最长回文字串的最右字符到 T[i] 的长度，如以 T[i] 为中心的最长回文字串是 T[l,r]，那么 Len[i]=r-i+1。

对于上面的例子，可以得出 Len[i] 数组如图 8.14 所示。

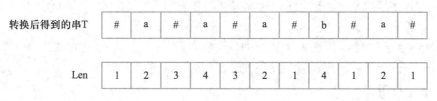

图 8.14　Len 数组

Len 数组有一个性质，那就是 Len[i]-1 就是该回文字串在原字符串 S 中的长

度。因为在转换得到的字符串 T 中，所有的回文字串的长度都为奇数，那么对于
以 T[i]为中心的最长回文字串，其长度就为 2×Len[i]-1。经过观察可知，T 中所有
的回文字串，其中分隔符的数量一定比其他字符的数量多 1，也就是有 Len[i]个分
隔符，剩下 Len[i]-1 个字符来自原字符串，所以该回文字串在原字符串中的长度
就为 Len[i]-1。

有了这个性质，那么原问题就转化为求所有的 Len[i]。下面介绍如何在线性
时间复杂度内求出所有的 Len。

2）Len 数组的计算

首先从左往右依次计算 Len[i]，当计算 Len[i]时，Len[0]~Len[i-1]已经计算完
毕。设 P 为之前计算中最长回文字串的右端点的最大值，并且设获取这个最大值
的位置为 po。这里同样分以下两种情况。

第一种情况：i≤P。

设 j 为 i 相对于 po 的对称位置，这里又会分两种情况，当 Len[j]<P-i 时，如
图 8.15 所示。

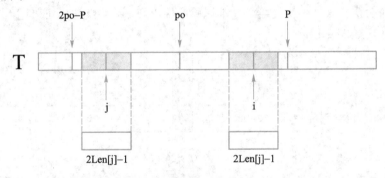

图 8.15　Len[j]<P-i 的情况

这时以 j 为中心的回文字串一定在以 po 为中心的回文字串的内部。且 j 和 i
关于位置 po 对称，由回文字串的定义可知，一个回文字串反过来还是一个回文字
串，所以以 i 为中心的回文字串的长度至少和以 j 为中心的回文字串一样，即 Len[i]
≥Len[j]。因为 Len[j]<P-i,所以 i+Len[j]<P。由对称性可知 Len[i]=Len[j]。

如图 8.16 所示，当 Len[j]≥P-i 时，由对称性可以判断以 i 为中心的回文字串
可能会延伸到 P 之外，而大于 P 的部分还没有进行匹配，所以这时要从 P+1 位置
开始一个一个进行匹配，直到发生失配，同时更新 P 及其对应的 po 和 Len[i]。

第二种情况：i>P。

如图 8.17 所示，如果 i 比 P 还要大，说明对于中点为 i 的回文字串还一点都
没有匹配，这个时候，就只能一个一个匹配了，匹配完成后要更新 P 的位置及其
对应的 po 和 Len[i]。

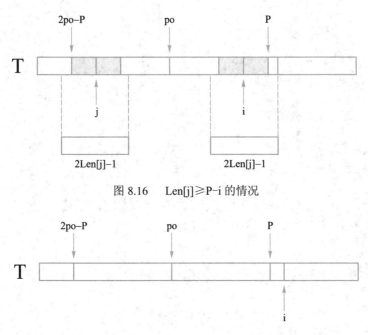

图 8.16　Len[j]≥P−i 的情况

图 8.17　i>P 的情况

2．时间复杂度分析

　　Manacher 算法的时间复杂度分析和 Z 算法类似。算法只有遇到还没有匹配的位置时才进行匹配，已经匹配过的位置不再进行匹配。对于 T 字符串中的每一个位置，只进行一次匹配，所以 Manacher 算法的总体时间复杂度为 O(n)，其中 n 为 T 字符串的长度。由于 T 的长度事实上是 S 的两倍，所以时间复杂度依然是线性的。

　　下面是算法的实现，注意，为了避免更新 P 的时候导致越界，在字符串 T 前增加一个特殊字符，如'$'，所以算法中字符串是从 1 开始的。

```
1    const int MAXN=1000010;
2    char str[MAXN];//原字符串
3    char tmp[MAXN<<1];//转换后的字符串
4    int Len[MAXN<<1];
5    //转换原始串
6    int INIT(char *st)
7    {
8        int i,len=strlen(st);
9        tmp[0]='@';//字符串开头增加一个特殊字符，防止越界
10       for(i=1;i<=2*len;i+=2)
11       {
12           tmp[i]='#';
```

```
13              tmp[i+1]=st[i/2];
14          }
15          tmp[2*len+1]='#';
16          tmp[2*len+2]='$';//字符串结尾加一个字符，防止越界
17          tmp[2*len+3]=0;
18          return 2*len+1;//返回转换字符串的长度
19      }
20      //Manacher 算法计算过程
21      int MANACHER(char *st,int len)
22      {
23          int mx=0,ans=0,po=0;//mx 即为当前计算回文字符串最右边字符的最大值
24          for(int i=1;i<=len;i++)
25          {
26              if(mx>i)
27              Len[i]=min(mx-i,Len[2*po-i]);//在 Len[j]和 mx-i 中取个小
28              else
29              Len[i]=1;//如果 i>=mx，要从头开始匹配
30              while(st[i-Len[i]]==st[i+Len[i]])
31              Len[i]++;
32              if(Len[i]+i>mx)//若新计算的回文字符串右端点位置大于 mx，要更新 po 和 mx 值
33              {
34                  mx=Len[i]+i;
35                  po=i;
36              }
37              ans=max(ans,Len[i]);
38          }
39          return ans-1;//返回 Len[i]中的最大值-1 即为原串的最长回文字符串额长度
40      }
```

8.3.3   例题讲解

扫一扫：程序运
行过程（8-5）

　　本节为读者讲解一道同时利用到 KMP 算法和 Z 算法来解决的问题。帮助读者熟练判断在不同情况下应该利用什么算法来解决问题。请到高等教育出版社增值服务网站（http://abook.hep.com.cn）输入本书防伪码后继续学习。

8.4 练 习 题

习题 8-1
题目来源：UVALIVE3942

题目类型：Trie 树

解题思路：这道题直接搜索是不行的，单词数太多，字符串太长。可以想到递推的思想，设字符串为 str[0,L-1]，a[i] 表示 str[i,L-1] 的分解方案数，若 a[i+1]~a[L]，则 a[i]=sum{ a[i+len[x]]] | 单词 x 是 str[i,L-1] 的前缀 }。现在关键是如何判断 str[i…po](i ≤po≤L-1) 是否为一个单词，这里可用 Trie 树解决，从后往前枚举位置 i，然后在 Trie 树中查找以位置 i 构成的前缀是否是一个单词，如果是的话则更新答案。这里除了判断是否为单词外，还要得到单词的长度，只要在 Trie 树的每一个节点保存这个节点在树中的深度即可得到单词的长度。

习题 8-2

题目来源：CODEFORCES 282E

题目类型：Trie 树

解题思路：首先，异或运算为位运算，枚举每个前缀的异或值，将所有后缀的异或值转化成二进制，插入到 Trie 数中。接下来是一个贪心的思想，要想让欢乐值最大，就必须先保证高位为 1，所以在 Trie 树中查找每一位，如果存在与当前位相异的节点，则进入，否则进入与当前位相同的节点。每进入相异的节点，则将欢乐值加上 2^n（其中 n=最高位数-节点深度）。从所有前缀异或值得到的答案中取最大值即为答案，注意前缀后缀均可为空，所以还必须考虑空串，空串的异或值为 0。

习题 8-3

题目来源：UVA 11488

题目类型：Trie 树

解题思路：首先，将 01 串依次加入到 Trie 树中，在树中维护两个值，一个是节点的深度，表示前缀的深度，一个是 num，表示节点被经过的次数，在插入 01 串的同时，每经过一个节点就在经过的节点的 num 上加 1，同时新建一个节点时更新新建节点的深度。最后插入完成后枚举每一个节点，每个节点 dep*num 的最大值即为答案。

习题 8-4

题目来源：POJ3450

题目类型：KMP 算法

解题思路：因为数据量不大，可以枚举第一个字符串的所有后缀。对于每一个后缀，将后缀当作子串，其他字符串当作母串做 KMP。用 KMP 算出后缀在其他字符串中最多能匹配的长度，将这些长度取最小值，即为该后缀和其他字符串的最长公共前缀。然后每一个后缀得到的结果取一个最大值，即为答案。

习题 8-5

题目来源：HDOJ 4300

题目类型：KMP 算法

解题思路：因为题目保证密文完整，所以所得字符串的前二分之一属于密文，可以将给出字符串的前半部分转化为明文，然后再求明文的位置。因为题目要求长度最小，所以要求出最小的位置 i，使得以 i 开始的后缀同时也是转化后字符串的前缀，即求出字符串的最长前后缀长度，用 next 数组即可。注意这里的前后缀不能重叠，多次求 next 数组直到其长度不超过字符串长度的一半即可，得到了明文的长度，剩下只要简单根据字母转换表进行补完即可。

习题 8-6

题目来源：CODEFORCES 149E

题目类型：KMP 算法

解题思路：首先，对于每一个单词 T，以 S 为母串，T 为模式串，正向做一次 KMP，用一个数组 left[i] 表示以 S[i] 结尾，与 T 匹配的最长长度，这个在做 KMP 的同时可以更新，然后反向做一次，用 right[i] 表示以 S[i] 开始，与 T 匹配的最长长度。例如，对于 S=ABABAA，T=ABB，那么 left[4]=2，因为以 S[4]=B 结尾能和 T 匹配的最长字符串为 AB。Right[4]=1，因为以 S[4]=B 开始能与 T 匹配的最长字符串为 B。求出两个数组后，如果存在两个位置 i、j 使得 i<j 且 left[i]+right[j]≥|T|（|T| 为 T 的长度），说明 T 能被看见。对于每一个单词做同样的操作，最后记录能被看见单词的数量即可。

第9章 搜索

搜索算法是利用计算机的高性能，有目的的穷举一个问题解空间中部分或所有的可能情况，从而求出问题解的算法。搜索在 ACM 竞赛中占有非常重要的地位，是每次比赛必考的算法之一。

本章首先介绍搜索中的一些概念，然后介绍盲目搜索算法，包括深度优先搜索、宽度优先搜索和双向宽度优先搜索，其次介绍启发式搜索算法 A* 搜索，最后介绍搜索中常用的剪枝优化以及它的一些技巧。

9.1 状态空间和状态空间搜索

在介绍状态空间之前，先明确状态和状态转移的概念。

状态：对问题在某一时刻的进展情况的数学描述。

状态转移：从一种状态转移到另一种（或几种）状态的操作。

搜索的过程实际是在遍历一个隐式图，它的节点是所有的状态，每条有向边对应一个状态转移操作，而一个可行解就是一条从起始状态节点到符合要求的任意一个状态节点的路径。这个图称为状态空间，搜索称为状态空间搜索，得到的遍历树称为解答树。访问某一状态节点称为遍历节点，用已知状态节点通过状态转移得到新节点的过程称为扩展节点。解答树中，所有的边都是有向的。对于任意一条有向边的起点与终点，将起点称为终点的父节点，将终点称为起点的子节点。

举例来说，假设有三枚硬币，其中两枚正面朝上，一枚反面朝上，每次操作可翻动其中任意一个硬币，怎样才能让三枚硬币全部正面朝上或者全部反面朝上？

首先，将"正面"用"1"表示，"反面"用"0"表示，则该问题的状态可以用三个数字来表示，比如初始状态可以表示为(1,1,0)，该问题的状态转移就是从表示一个状态的三个数字中选择一个数字，如果数字是 1 则变为 0，如果数字是 0 则变为 1。

根据题目描述很容易画出问题的解答树，如图 9.1 所示。这样该问题就转化成了求从初始状态(1,1,0)到目标状态(1,1,1)或(0,0,0)的一条路径的问题。需要注意的是，只要找到目标状态就不需要继续搜索下去。从该问题的解答树中容易发现图中出现了大量的重复节点，这使得搜索的效率降低，本章将在最后一节介绍如何避免访问重复节点，提高搜索效率。

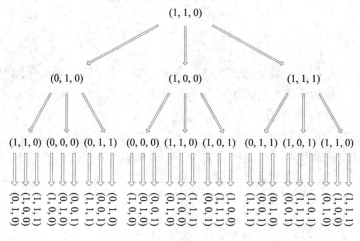

图 9.1　翻硬币问题的解答树

9.2　宽度优先搜索

由上一节可知，所有的搜索都是一个遍历隐式图并生成解答树的过程。因此对于不同的搜索算法而言，它们的不同之处在于生成解答树的过程。本节要讨论一种从根开始逐层生成解答树的搜索算法。

9.2.1　基本概念

宽度优先搜索（Breadth-First-Search）一般简称为 BFS。宽度优先搜索是从根节点开始，按照到起点距离从小到大的顺序依次遍历节点。如果找到目标节点或者所有节点均被访问，则算法终止。距离指的是从根节点到当前节点所经过最少的节点个数（即当前节点在解答树中的层数）。

在解答树中，由于每层的节点距离是相同的，所以本层的节点没有搜索处理完时，不能对下层节点进行处理。因此宽度优先搜索的搜索树是逐层形成的。

由于宽度优先搜索是按照到起点距离从小到大的顺序依次遍历节点，所以在宽度优先搜索的过程中，第一次遍历到某一节点时，由起点到该节点所经过的中间节点是最少的。因为这一性质，宽度优先搜索常用来解决与最短距离相关的问题。

9.2.2　算法分析与实现

宽度优先搜索最核心的部分在于遍历次序，即保证在遍历到某一节点时，距离比它小的节点都已经被遍历过。所以每次扩展出的新节点不能立即被访问，而是要等到距离比它小的节点都被访问过之后才访问该节点。因为遍历节点是按照距离从小到大的次序进行的，而且每次扩展出的新节点的距离是当前节点的距离加 1，所以先扩展出的节点的距离一定不大于后扩展出的节点。扩展节点的次序与遍历节点的次序是相同的，这与队列的先进先出的特性相符，可以用队列来保存待访问的节点。

宽度优先搜索的实现方法如下：

（1）首先将根节点放入队列中。

（2）取出队首节点并将其弹出队列，并检验它是否为目标节点。

（a）如果找到目标节点，则结束搜索并返回；

（b）否则将扩展出的未访问节点加入队列。

（3）若队列为空，说明所有节点都被访问过而且没有发现目标节点。结束搜索并返回。

（4）重复步骤（2）、（3）直到搜索终止。

需要注意的一点是，在求解最短路径的问题时，必须保证每次扩展出的新节点的距离是当前节点的距离加 1，这样第一次遍历到任意节点时得到的距离才是最短的，否则不能应用宽度优先搜索。

9.2.3 例题讲解

例 9-1 骑士旅行问题

Time Limit: 1000MS　　　　　　　　　　Memory Limit: 65536 K

扫一扫：程序运行过程（9-1）

题目描述：

在一个国际棋盘上，给出起点与终点，计算骑士从起点到终点最少需要移动多少次。

输入：

输入由多组输入组成。每组输入一行，包含两个由空格隔开的位置信息。一个位置信息由一个表示列的字母（a-h）和一个表示行的数字（1-8）组成。

输出：

对于每组输入，输出一行"To get from xx to yy takes n knight moves."

样例输入：

e2 e4

a1 b2

b2 c3

a1 h8

a1 h7

h8 a1

b1 c3

f6 f6

样例输出：

To get from e2 to e4 takes 2 knight moves.

To get from a1 to b2 takes 4 knight moves.

To get from b2 to c3 takes 2 knight moves.

To get from a1 to h8 takes 6 knight moves.

To get from a1 to h7 takes 5 knight moves.

To get from h8 to a1 takes 6 knight moves.

To get from b1 to c3 takes 1 knight moves.

To get from f6 to f6 takes 0 knight moves.

题目来源： POJ 2243

思路分析：

本例中，已知起点，求到终点最短的距离，而且每次扩展出的新节点与当前节点的距离为 1，这符合宽度优先搜索的要求，所以可以用宽度优先搜索来求解该问题。

每一步的状态要有 3 个值来描述：行号、列号和从起点到该位置走过的步数。可以定义一个结构体来存放这 3 个值。由于在一次搜索中每个点只访问一遍，所以步数是唯一的，状态总数为 $N =$ 行数×列数= 8×8 = 64。每次扩展节点只需要计算上下左右的坐标，该过程时间复杂度为 O(1)，所以本题时间复杂度为 O(mn)，其中 m 为行数，n 为列数。

题目实现：

```
1    #include <iostream>
2    #include <cstdio>
3    #include <cstring>
4    #include <algorithm>
5    #include <queue>
6
7    using namespace std;
8
9    const int MAXN = 9;
10
11   struct Status
12   {
13       int x, y;
```

```
14          int step;
15      };
16
17      //dx 表示所有走法中横坐标的增量
18      int dx[ ] = {-2, -1, 1, 2, 2, 1, -1, -2};
19      //dy 表示所有走法中纵坐标的增量
20      int dy[ ] = {-1, -2, -2, -1, 1, 2, 2, 1};
21
22      //判断某一状态的位置是否在棋盘内
23      inline bool InMap(struct Status & x)
24      {
25          if(x.x >= 1 && x.x <= 8 && x.y >= 1 && x.y <= 8)
26              return true;
27          else
28              return false;
29      }
30
31      //宽搜主函数部分，参数分别为起点和终点
32      int BFS(struct Status s, struct Status t)
33      {
34          //为了方便使用了 stl 中的 queue 容器
35          queue<struct Status> que;
36          //记录下一步的信息
37          struct Status nxt;
38          //标记某一位置是否被访问过
39          bool flag[MAXN][MAXN];
40          int k;
41
42          //一开始所有位置都未被访问
43          memset(flag,false,sizeof(flag));
44          //起点标记为被访问过
45          flag[s.x][s.y]=true;
46          //将起点放入队列
47          que.push(s);
48
49          //如果队列非空
50          while(!que.empty( ))
51          {
```

```
52              //取出队首节点
53              s = que.front( );
54              //将队首节点弹出队列
55              que.pop( );
56
57              //如果找到目标节点，则结束搜索并返回最小步数
58              if(s.x == t.x && s.y == t.y)
59                  return s.step;
60
61              //扩展节点，枚举骑士可以到达的下一个位置
62              for(k = 0; k < 8; ++k)
63              {
64                  //计算下一步的位置，下一步的步数是当前步数+1
65                  nxt.x = s.x + dx[k];
66                  nxt.y = s.y + dy[k];
67                  nxt.step = s.step + 1;
68
69                   //如果下一步的位置在棋盘内而且未被走过
70                  if(InMap(nxt) && !flag[nxt.x][nxt.y])
71                  {
72                      //将扩展出的未访问节点即下一步加入队列
73                      que.push(nxt);
74                      //标记下一个位置已经访问过
75                      flag[nxt.x][nxt.y] = true;
76                  }
77              }
78          }
79          //虽然题目保证一定有解但是为了保证语法的正确需要添加一个返回值
80          return -1;
81  }
82
83  int main( )
84  {
85      struct Status s, t;
86      char start[3], end[3];
87
88      while(cin >> start >> end)
89      {
```

```
90              //将字母转化为横坐标，数字转化为纵坐标
91              s.x = start[0] - 'a'+1;
92              s.y = start[1] - '0';
93              s.step = 0;
94              t.x = end[0] - 'a'+1;
95              t.y = end[1] - '0';
96              printf("To get from %s to %s takes %d knight moves.\n",
97                      start, end, BFS(s, t));
98          }
99      return 0;
100     }
```

本节还讲解一道利用宽度优先搜索来走迷宫的问题。请到高等教育出版社增值服务网站（http://abook.hep.com.cn）输入本书防伪码后继续学习。

扫一扫：程序运
行过程（9-2）

9.3　深度优先搜索

深度优先搜索与宽度优先搜索的不同之处是解答树的生成方式。深度优先搜索解答树的生成方式为：从根开始，每次生成一个新节点之后，生成它的所有子树，这样得到了求解问题所需要的解答树。本节讨论的就是此种方式生成解答树的一种搜索算法。

9.3.1　基本概念

深度优先搜索（Depth-First-Search）简称为 DFS。深度优先搜索在搜索树的每一层先只扩展一个子节点，之后不断地向前扩展直到不能再扩展（到达叶子节点）为止，再从当前节点返回到上一级节点，沿其他方向又继续前进。如果找到目标节点或者所有节点均被访问，则算法终止。

深度优先搜索从根节点开始遍历，直到遍历到叶子节点，然后向上回溯到最近的有未访问子节点的节点，然后继续向下遍历。显然深度优先搜索会比宽度优先搜索更快遍历到叶子节点，所以对于一些目标节点是叶子节点的问题，常用深度优先搜索来解决。

9.3.2　算法分析与实现

由于在深度优先搜索的过程中，每次扩展出的新节点需要立即被访问，而且只有无法继续向下搜索的时候才需要回溯，所以采用递归来实现深度优先搜索。

9.3.3   例题讲解

例 9-2   棋盘问题

Time Limit: 1000 MS   Memory Limit: 10000 K

题目描述：

在一个给定形状的棋盘（形状可能是不规则的）上面摆放棋子，棋子没有区别。要求摆放时任意的两个棋子不能放在棋盘中的同一行或者同一列，请编程求解对于给定形状和大小的棋盘，摆放 k 个棋子的所有可行的摆放方案 C。

输入：

输入含有多组测试数据。

每组数据的第一行是两个正整数 n 和 k，中间用一个空格隔开，表示一个 n×n 大小的棋盘，以及摆放棋子的数目，n≤8, k≤n。当 n=-1，k=-1 时表示输入结束。

随后的 n 行描述了棋盘的形状：每行有 n 个字符，其中 # 表示棋盘区域，表示空白区域（数据保证不出现多余的空白行或者空白列）。

输出：

对于每一组数据，给出一行输出，输出摆放的方案数目 C（数据保证 C<2^{31}）。

样例输入：

2 1

#.

.#

4 4

...#

..#.

.#..

#...

-1 -1

样例输出：

2

1

题目来源： POJ1321

思路分析：

在本例中，如果对每个棋盘区域的操作（即放与不放）作为搜索的状态。那么总状态数将会达到 2^{64}，显然在题目给定的时间内无法遍历完所有的状态。但是，题目给出限制：任意两个棋子不能放在棋盘中的同一行或者同一列。也就是说，一行中只要确定了要摆放棋子的位置，其余位置也会跟着一起确定（同一行中的其余位置不能摆放棋子）。这样就可以将每行的状态作为搜索的状态，总状态数为8!，在规定的时间范围内可以枚举完成。

　　搜索过程中，需要依次枚举本行中的每一个位置，并保证在当前行摆放的棋子与前面所有行的棋子都不冲突（即不在同一列）。如果在满足这一条件时才进行下一次搜索，那么就可以大大减少不合法的摆放方案，提高搜索的效率。

　　题目实现：

```
1    #include <iostream>
2    #include <cstdio>
3    #include <cstring>
4    #include <algorithm>
5    #include <queue>
6
7    using namespace std;
8
9    const int MAXN = 9;
10
11   char map[MAXN][MAXN];
12   bool flag[MAXN];
13   int n, k;
14   int ans;
15
16   //行数 i 与已摆放的棋子个数 cnt 可以确定一个状态
17   void DFS(int i, int cnt)
18   {
19       //如果已经放完则方案数目+1 并返回
20       if(cnt == k)
21       {
22           ans++;
23           return ;
24       }
25
26       //行数 i 不能超过棋盘的总行数
27       if(i == n + 1)
28           return ;
29
30       //依次枚举本行中的每一个位置
31       for(int j = 1; j <= n; ++j)
32       {
33           //如果该位置是棋盘区域且该列没有棋子
```

```
34              if(map[i][j] == '#' && !flag[j])
35              {
36                      //在该位置放下棋子并标记该列已有棋子
37                      flag[j] = true;
38                      //枚举下一行，同时未摆放棋子数目减 1
39      DFS(i + 1, cnt + 1);
40                      //收回放在该位置的棋子并取消对该列的标记
41                      flag[j] = false;
42              }
43          }
44
45          //不在本行放置棋子直接枚举下一行
46      DFS(i + 1, cnt);
47  }
48
49  int main()
50  {
51      int i;
52
53      while(scanf("%d%d", &n, &k), n != -1)
54      {
55              memset(flag, false, sizeof(flag));
56              ans = 0;
57
58              for(i = 1; i <= n; ++i)
59                  scanf("%s", map[i] + 1);
60
61      DFS(1, 0);
62              printf("%d\n", ans);
63      }
64      return 0;
65  }
```

扫一扫：程序运
行过程（9-4）

　　本节还讲解一道利用深度优先搜索来解决的问题。请到高等教育出版社增值服务网站（http://abook.hep.com.cn）输入本书防伪码后继续学习。

9.4　双向宽度优先搜索

　　在宽度优先搜索中，当目标节点的深度较大时，宽度优先搜索所消耗的时间和空间都会大大增加。本节要讨论的双向宽度优先搜索可以在一定程度上解决这一问题。

1．基本概念

双向宽度优先搜索沿两个方向同时进行宽度优先搜索，一个是从起始节点向目标节点方向的搜索，称为正向搜索；另一个是从目标节点向起始节点方向的搜索，称为逆向搜索。当正向搜索和逆向搜索扩展到相同的节点，即正向搜索和逆向搜索的解答树出现了公共节点，那么可以认为找到了一条起始节点到目标节点的路径。

相比于宽度优先搜索，双向宽度优先搜索的解答树的深度得到了明显地减少，所以双向宽度优先搜索的时间复杂度和空间复杂度也会相应地减小。

2．算法分析与实现

双向宽度优先搜索中，通常采用两个方向交替扩展节点的方式或者采用扩展节点多少来决定扩展方向的方式。下面给出基于交替扩展节点方式的实现方法。

（1）首先将两个根节点放入各自的队列中。

（2）取出正向搜索队列的队首节点。

（a）如果逆向搜索已遍历过该节点，结束搜索并返回；

（b）否则将扩展出的正向搜索中未访问过的节点加入正向队列。

（3）取出逆向搜索队列的队首节点。

（a）如果正向搜索已遍历过该节点，结束搜索并返回；

（b）否则将扩展出的逆向搜索中未访问过的节点加入逆向队列。

（4）若正向队列与逆向队列均为空，则说明所有节点都被访问过而且从起始节点出发无法到达目标节点，结束搜索并返回。

（5）重复步骤（2）、（3）、（4）。

3．例题讲解

本节讲解怎样将一道之前使用宽度优先搜索解决的问题使用双向宽度优先搜索解决。请到高等教育出版社增值服务网站（http://www.hep.com.cn/productService）输入本书防伪码后继续学习。

扫一扫：程序运行过程（9-5）

9.5　A*搜索

前面讲过的宽度优先搜索与深度优先搜索都属于盲目搜索，即搜索过程中不利用与问题有关的信息来引导搜索，搜索空间大，搜索速度慢。启发式搜索通过在搜索过程中利用与问题有关的信息来引导搜索，避免了以上两个缺点，搜索空间小，搜索速度快。本节要讨论的 A*搜索就是启发式搜索的一种。

9.5.1　基本概念

A*搜索算法，作为启发式搜索算法中很重要的一种，被广泛应用在最优路径求解和一些策略设计的问题中。A*算法最为核心的部分，在于它的估价函数：

$$f(x)=g(x)+h(x)$$

其中$f(x)$是每个节点的估值，它由以下两部分组成。

（1）$g(x)$表示从起始节点到当前节点的代价，通常用起始节点到当前节点的距离来表示；

（2）$h(x)$表示当前节点到目标节点的预估值，通常用当前节点到目标节点的距离的预估值来表示。

$f(x)=g(x)+h(x)$策略的设计应该满足以下要求。

（1）估价函数：$f(x)=g(x)+h(x)$，$g(x)$是从起始节点到当前点的代价，$h(x)$是预估值；

（2）$f(n)$是单调非减函数；

（3）对于任意节点x，$h(x) \leqslant h^*(x)$（$h^*(x)$为问题的准确值）；

（4）在目标节点处，$f(x) \leqslant f^*(x)$。

对于一个搜索问题，显然条件（1）、（2）、（4）都是很容易满足的，而条件（3）需要精心设计。由于$h^*(x)$是无法知道的，所以，A*搜索的核心在于$h(x)$的设计。当$h(x)=0$时，A*搜索将退化为宽度优先搜索。$h(x)$越接近于$h^*(x)$，估价函数的效果也就越好。对一个好的估价函数的评价是：$h(x) \leqslant h^*(x)$，并且$h(x)$应尽量接近$h^*(x)$。

9.5.2　算法分析与实现

A*搜索的过程与宽度优先搜索类似，不过在A*搜索中，为了使估价函数值最小的先出队，一般使用优先队列而非普通队列存放节点。

下面给出一般的实现方法。

（1）首先将根节点放入优先队列中。

（2）取出队首节点并将其弹出优先队列，并检验它是否为目标节点。

　　（a）如果找到目标节点，则结束搜索并返回；

　　（b）否则计算扩展出的未访问过的节点的估价函数值并加入优先队列。

（3）若优先队列为空，说明所有节点都被访问过而且没有发现目标节点。结束搜索并返回。

（4）重复步骤（2）、（3）直到程序结束。

扫一扫：程序运行过程（9-6）

9.5.3 例题讲解

本节讲解使用 A^* 算法解决经典的八字码问题。请到高等教育出版社增值服务网站（http://abook.hep.com.cn）输入本书防伪码后继续学习。

9.6 剪　　枝

搜索的时间复杂度大部分是指数级别的，因此不加任何优化的搜索很难在题目限定的时间内得出结果。所以，对程序进行优化，就成为搜索算法编程中最关键的一环。本节所要讨论的便是对于搜索算法的优化技巧：剪枝。

9.6.1 基本概念

大多数情况下深度优先搜索在遍历到叶子节点时，并不能得到正确的解，所以需要通过一些判断来避免这些不必要的遍历，就是"剪掉"解答树中的某些"枝条"，这一方法称为剪枝。剪枝的原则如下：

（1）正确性

剪枝的目的在于通过"剪掉"解答树中的一些"枝条"来加快寻找目标节点的过程，然而，如果将正确解的"枝条"也"剪掉"了，那么也就失去了剪枝的目的。因此，剪枝的第一个要求就是正确性，即必须保证不失去正确解。可以利用"必要条件"来进行剪枝判断，即通过正确解所必须满足的条件来判断"枝条"能否被"剪掉"。这样，就可以保证所"剪掉"的"枝条"一定不是正确解所在的"枝条"。

（2）准确性

在保证了正确性的基础上，对剪枝判断的第二个要求就是准确性，即能够尽可能多的剪去不包含正确解的"枝条"。剪枝方法只有在具有了较高的准确性的时候，才能真正收到优化的效果。因此，准确性可以说是剪枝优化的生命。当然，为了提高剪枝判断的准确性，必须对题目的特点进行全面而细致的分析，力求发现题目的本质，从而设计出优秀的剪枝判断方案。

（3）高效性

一般说来，设计好剪枝判断方法之后，需要对解答树的每个枝条都要执行一次判断操作。然而，由于剪枝是利用正确解的必要条件进行判断，必然有很多不含正确解的"枝条"没有被剪枝。这时剪枝不但没有效果而且还会因为多余判断操作而消耗额外的时间。为了减少这些额外的时间，除了要提高判断的准确性以外，还要减少判断所需的时间。

这就带来了一个矛盾：为了加强剪枝优化的效果，就必须提高剪枝判断的准确性，同时降低了剪枝判断的效率；但是，如果剪枝判断的时间消耗过多，就有可能减小、甚至完全抵消提高判断准确性所能带来的优化效果。能否较好的解决这个问题，成为搜索算法优化的关键。

常用的剪枝判断大致分成以下两类：

（1）可行性剪枝。

（2）最优性剪枝（上下界剪枝）。

9.6.2　可行性剪枝

搜索过程可以看作是生成解答树的过程。在很多情况下，并不是解答树中的所有枝条都能通向需要的结果，很多的枝条实际上只是一些"死胡同"。如果在刚刚进入这样的"死胡同"的时候，就能够判断出来并立即剪枝，程序的效率往往会得到很大提高。而所谓可行性剪枝，正是基于这样一点考虑的剪枝策略。

9.6.3　最优性剪枝

在现实生活中，有一类问题需要求出问题的最优解。使用深度优先搜索来解决这类问题时，最优性剪枝是一种常用的剪枝方法。

在大多数情况下，解的优劣是可以通过一个评价函数来评判的。这个评价函数类似于 A^* 搜索中的估价函数。将它的函数值称为优度，它的值越大对应的解也就越优。最优化剪枝在搜索的过程中，保存一个当前最优解（已经得到的解中最优的解），实际上就是保存解的一个下界。当遍历到搜索树的节点时，如果当前节点是目标节点，那么用它的估价函数值与保存的下界作比较，如果新解的值更大，则这个值就成为新的下界；如果当前节点不是目标节点，那么可以估算出该节点的子树中的所有解的评价函数值的上界，如果这个上界不大于当前保存的下界时，则可以剪枝。搜索结束后，所保存的下界就是最优解。最优性剪枝又称为"上下界剪枝"，最优性剪枝的核心与难点就是估价函数的建立。

9.6.4　例题讲解

例 9-3　数独

Time Limit: 2000 MS　　　　　　　　　　Memory Limit: 65536 K

题目描述：

数独是一种逻辑游戏，如图 9.2 所示。玩家需要根据 9×9 盘面上的已知数字，推理出所有剩余空的格子的数字，并满足每一行、每一列、每一个粗线宫内的数字均含 1~9，不重复。

1		3				5		9
		2	1		9	4		
			7		4			
3			5		2			6
	6						5	
7			8		3			4
			4		1			
		9	2		5	8		
8		4				1		7

图 9.2   数独示意图

输入：

输入包含多组数据，第一行是数据组数。

每组数据包括 9 行，每行 9 个数字，代表该位置上的数字，如果为 0 表示空的格子。

输出：

输出与输入格式相同的数据，空的格子必须按规则填上数字，如果解法不唯一输出其中任意一个。

样例输入：

1
103000509
002109400
000704000
300502006
060000050
700803004
000401000
009205800
804000107

样例输出：

143628579
572139468
986754231
391542786
468917352

725863914
237481695
619275843
854396127

题目来源：POJ2676

思路分析：

在本例中，如果将每个空的格子里填写的数字作为搜索的状态，则总状态数最多可以达到 81^9。显然无法在给定时间内遍历完所有的状态。而对于一个给定的数据来说，合法的解在全部可能的情况中只占了很少的一部分，因此通过剪枝使搜索过程更快的向答案的方向靠拢。

对于本例来说，一个容易想到的剪枝方法是在当前遍历到空格子时，按照规则填写数字。在一个空格子位置填写数字时，只填写该位置所在行、列、粗线宫中没有出现过的数字。用三个数组标记每行、每列、每个粗线宫中已用的数字，其中行与列的标记比较容易处理，这里只讲解一下对于粗线宫的处理。

首先，将所有的粗线宫编号，图 9.3 为粗线宫的标号方法。

0	1	2
3	4	5
6	7	8

图 9.3   粗线宫的编号

假设行号与列号均从 0 开始，则不难发现每一个格子所在的粗线宫编号 num 与行号 i 列号 j 之间存在这样的一个关系：$num = 3 \times \left\lfloor \dfrac{i}{3} \right\rfloor + \left\lfloor \dfrac{j}{3} \right\rfloor$。通过这样一种变换，可以采取与行列相同的标记方式来处理粗线宫。

题目实现：

```
1    #include <iostream>
2    #include <cstring>
3    #include <cstdio>
4
5    using namespace std;
6
```

```
7     const int MAXN = 11;
8
9     char map[MAXN][MAXN];
10    //某一位置对应的粗线宫编号
11    int num[MAXN][MAXN];
12    //标记某一行中某个数字是否出现过
13    bool flagRow[MAXN][MAXN];
14    //标记某一列中某个数字是否出现过
15    bool flagCol[MAXN][MAXN];
16    //标记某一粗线宫中某个数字是否出现过
17    bool flagBox[MAXN][MAXN];
18
19    //获取（i，j）位置所在粗线宫的编号
20    inline int GetNum(int i, int j)
21    {
22        return 3 * (i / 3) + j / 3;
23    }
24
25    bool DFS(int i, int j)
26    {
27        int k;
28
29        if(j == 9)
30            j = 0, i++;
31
32        if(i == 9)
33            return true;
34
35        if(map[i][j] != '0')
36        {
37            if(DFS(i, j + 1))
38                return true;
39        }
40        else
41        {
42            for(k = 1; k <= 9; ++k)
43            {
44                //当前位置只填写在行，列，粗线宫中均未出现过的数字
```

```
45                        if(!flagRow[i][k] && !flagCol[j][k]
46       && !flagBox[num[i][j]][k])
47                    {
48                            map[i][j] = k + '0';
49                            flagRow[i][k] = true;
50                            flagCol[j][k] = true;
51                            flagBox[num[i][j]][k] = true;
52
53                            if(DFS(i, j + 1))
54                                    return true;
55
56                            map[i][j] = '0';
57                            flagRow[i][k] = false;
58                            flagCol[j][k] = false;
59                            flagBox[num[i][j]][k] = false;
60                    }
61            }
62        }
63        return false;
64    }
65
66    int main( )
67    {
68        int kase;
69        int i,j;
70
71        scanf("%d", &kase);
72        while(kase--)
73        {
74            memset(flagRow, false, sizeof(flagRow));
75            memset(flagCol, false, sizeof(flagCol));
76            memset(flagBox, false, sizeof(flagBox));
77
78            for(i = 0; i < 9; ++i)
79            {
80                scanf("%s", map[i]);
81                for(j = 0; j < 9; ++j)
82                {
```

```
83                    num[i][j] = GetNum(i, j);
84                    if(map[i][j] != '0')
85                    {
86                            flagRow[i][map[i][j] - '0'] = true;
87                            flagCol[j][map[i][j] - '0'] = true;
88                            flagBox[num[i][j]][map[i][j] - '0'] = true;
89                    }
90                }
91            }
92    DFS(0, 0);
93
94            for(i = 0; i < 9; ++i)
95                printf("%s\n", map[i]);
96
97            printf("\n");
98        }
99        return 0;
100    }
```

扫一扫：程序运行过程（9-7）

　　本节还讲解了一道利用剪枝来提高效率的搜索问题，帮助读者在实际应用中更好地设计剪枝方法。请到高等教育出版社，增值服务网站（http://abook.hep.com.cn）输入本书防伪码后继续学习。

9.7　练　习　题

习题 9–1
　　题目来源：POJ 2448

　　题目类型：宽度优先搜索

　　思路分析：本题的要求输出的是字典序最小的路径而非最小步数。对于宽度优先搜索来说，第一次遍历到目标节点时所得到的就是最优解。因此，只要按照字典序枚举起点（A1,A2,A3,…,Z25,Z26），每次扩展节点时也先扩展字典序较小的节点。这样当遍历完所有位置时得到的一定是字典序最小的解。

习题 9–2
　　题目来源：POJ 1753

　　题目类型：宽度优先搜索

　　思路分析：对于求最优解（最小步数，最少次数，最短距离）的问题，使用宽度优先搜索一般会比深度优先搜索更快得到答案。如果使用宽度优先搜索，因为每次扩展节点会翻转棋盘中的任意一个棋子，所以需要在状态节点中存储整个棋盘的信息。关于棋盘信息的存储有一个技巧，那就是将棋盘的 16 个格子映射到一个数字的二进制，从低到高的 16 位中。在每个位置上，**1** 表示对应的格子为黑色，**0** 表示白色。通过这样的一个映射我们可以用标记数组去判重。对于扩展节点，当打表存储、翻转某一位的棋子时，需要翻转的所有的位置信息（本身及其相邻的位置），当然也要映射成一个数字，**1** 表示需要翻转的位置。这样只需要将表示棋盘的数字与表示翻转操作的数字进行**异或**，就能实现翻转操作。

习题 9–3

　　题目来源：POJ 2922

　　题目类型：二分枚举答案+深度优先搜索

　　思路分析：题目要求所经过的山峰中最高点与最低点的差值最小。如果只使用普通的深度优先搜索则需要遍历所有可行的路径，对于题目给定的数据量而言这一点显然是无法做到的。

　　题目的答案一定在区间[0,200]内，可以直接枚举答案然后判断是否合法。对于同一个答案，上下界仍有多种可能，所以可以进一步枚举上下界。当上下界确定时，任意一座山峰是否可以走都是可以确定的，只需找到一条可以走的路径即可。因为每个山峰只走一遍所以寻找路径的时间复杂度是 $O(n^2)$。枚举答案可以用二分的方式，总时间复杂度是 $O((\log_2 n) \times n^3)$。

习题 9–4

　　题目来源：POJ 1011

　　题目类型：枚举答案+深度优先搜索

　　思路分析：本题答案的可能并不多，并且答案一定是长度总和的约数，先枚举答案，然后判断是否合法。

　　本题的数据很强，所以重点在于剪枝。主要的剪枝有两个：首先对所有的木棒进行降序排序，在搜索过程中，若某根棒子不合适，则跳过其后面所有与它等长的棒子；当无法构建一根新的木棒时，如果当前木棒是构建过程中所使用的第一根木棒则直接返回。

第 10 章　初等数论

初等数论是研究数的规律，特别是整数性质的数学分支。它是数论的一个最古老的分支。它以算术方法为主要研究方法，主要内容有整数的整除理论、同余理论、连分数理论和某些特殊不定方程。换言之，初等数论就是用初等、朴素的方法研究数论。

10.1　初等数论简介

初等数论以整数为研究对象，在基本的四则运算中，除法会出现无法整除的情况，为保证理论的完整性和实用性，定义两种取整操作：$\lfloor x \rfloor$ 为向下取整（$\lfloor x \rfloor \leqslant x < \lfloor x \rfloor + 1$），$\lceil x \rceil$ 为向上取整。

由于向下取整更为常用，且与一般语言的整除意义相同，在本书中默认 a/b 采用向下取整，符号 $[x]$ 也默认为向下取整。本书在第 2 章介绍了取模运算。通过定义可知，a 可以表示为 b 的倍数和余数两部分，即 $a = \dfrac{a}{b} \times b + a \bmod b$。由于取模运算在计算机中相当于一次除法运算，取模的优先级与乘除的优先级相同，所以上式中 $\dfrac{a}{b} \times b$ 的意义是 a 对 b 做除法的结果向下取整后再与 b 相乘，$\dfrac{a}{b} \times b$ 不一定等于 a。

如果一个大于 1 的数，除了 1 和它本身外没有其他整数可以整除它，则称这个数为素数或质数，否则称之为合数。由归纳法可知，任何一个大于 1 的整数可以表示成素数之积，即是质因数分解。如果两个数有相同的质因数分解的形式，那么这两个数一定相等。如果两个数的质因数分解中，没有任何一个质因数相同，则称两个数互质。由于质数是整数中不可分割的基本单元，所以在数论中有非常重要的作用，这在后面的小节中将依次体现。

10.2　最大公约数和扩展欧几里得算法

最大公约数（Greatest Common Divisor, GCD）为几个整数的公约数中最大的一个，一般求解最大公约数的算法有列举法、质因数分解法和欧几里得算法等。

其中，效率较高且在算法竞赛中最为常用的求最大公约数的算法是欧几里得算法。本节将首先介绍用欧几里得算法求最大公约数的基本方法，然后介绍用于求解线性同余方程 $ax + by = \gcd(a,b)$ 的扩展欧几里得算法。

10.2.1 欧几里得算法

欧几里得算法（Euclidean algorithm）又称辗转相除法，用于计算两个正整数 a、b 的最大公约数。算法所依据的基本原理如下。

定理：$\gcd(a,b) = \gcd(b, a \bmod b)$ $(b \neq 0)$

这就是欧几里得算法基本形式，下面给出对于上面定理的证明：

令 $c = \gcd(a,b), a \geqslant b, r = a \bmod b$。

设 $a = k \times c$，$b = j \times c$，则 k 与 j 互素，否则 c 不是 a、b 的最大公约数。

据上，$r = a - m \times b = k \times c - m \times j \times c = (k - m \times j) \times c$

可知 r 是 c 的倍数，且 $k-mj$ 与 j 互素，否则与 k 与 j 互素矛盾。

由此可知，b 与 r 的最大公约数是 c，即 $\gcd(a,b) = \gcd(b, a \bmod b)$，得证。将欧几里得算法写成分段函数的形式：

$$\gcd(a,b) = \begin{cases} \gcd(b, a \bmod b) & b \neq 0 \\ a & b = 0 \end{cases}$$

则欧几里得算法的递归求解方式如下：

```
1    // 求两个非负整数的最大公约数
2    int GCD(int a, int b)
3    {
4        return b ? GCD(b, a % b) : a;
5    }
```

通过定理也可以写出算法的非递归形式：

```
1    // 求两个非负整数的最大公约数
2    int GCD(int a, int b)
3    {
4        while (b != 0)
5        {
6            swap(a,b);b%=a;
7        }
8        return a;
9    }
```

在 $a > b$ 的情况下，欧几里得算法的取模次数最多为 $5\lg b$，即较小的数 10 进制位数的 5 倍，由于证明过程比较复杂这里不再给出。一般情况下不必担心欧几里得算法的效率问题。

在求多个整数的最大公约数的情况下，先求出前两个数的最大公约数，再用得到的最大公约数与第三个数进行最大公约数的运算，即可得到前三个数的最大公约数，用这样的方法不断迭代下去即可得到这些整数的最大公约数。两个整数的最小公倍数（Least Common Multiple，LCM）的计算可以利用最大公约数的结果 $\dfrac{ab}{\gcd(a,b)}$，下面给出证明：

设 $a=a_1\times\gcd(a,b)$，$b=b_1\times\gcd(a,b)$，则有 $\gcd(a_1,b_1)=1$，即 $\mathrm{lcm}(a_1,b_1)=a_1\times b_1$

故 $\mathrm{Lcm}(a,b)=a_1\times b_1\times\gcd(a,b)$

即 $\mathrm{lcm}(a,b)=(a\times b)/\gcd(a,b)$　得证。

程序如下：

```
1    //求两个非负整数的最小公倍数
2    int LCM(int a, int b)
3    {
4        return a / gcd(a, b) * b; //为防止 a*b 超过整数类型范围，先将 a 的最大公约数约掉
5    }
```

10.2.2　扩展欧几里得算法

扩展欧几里德算法（Extended Euclidean algorithm）是用来在已知 a,b 的条件下求解一组 x，y 使得 $ax+by=\gcd(a,b)$（根据数论中的相关定理，解一定存在），其中 a、b、x、y 都为整数。将这样形式的方程称为线性同余方程。

设 $a\geqslant b$，且公式中出现的除法均为整除，当 $b=0$，显然 $\gcd(a,b)=a$。此时 $x=1,y=0$ 为方程的一组解。

当 $b\neq 0$ 时，设 (x_1,y_1) 为方程 $ax+by=\gcd(a,b)$ 的一组解，(x_2,y_2) 为方程 $bx+(a\bmod b)\times y=\gcd(b,a\bmod b)$ 的一组解。根据假设有：

$$a\times x_1+b\times y_1=\gcd(a,b) \qquad\qquad ①$$

$$b\times x_2+(a\bmod b)\times y_2=\gcd(b,a\bmod b) \qquad\qquad ②$$

根据欧几里德算法有 $\gcd(a,b)=\gcd(b,a\bmod b)$，

则有 $\qquad\qquad ax_1+by_1=bx_2+(a\bmod b)\times y_2 \qquad\qquad ③$

又因为 $a\bmod b=a-(a/b)\times b$，代入③可得

$$ax_1+by_1=bx_2+(a-(a/b)\times b)\times y_2=ay_2+b\times(x_2-(a/b)\times y_2)$$

根据代换关系可以得到：$x_1=y_2$，$y_1=x_2-(a/b)\times y_2$，这样就可以通过递归法求解 x_1、y_1，递归的规则如下：

当 $b=0$ 时，可以取特解 $x=1,y=0,\gcd=a$，方程变为 $a\times 1+b\times 0=a$

否则，$x=y'$，$y=x'-(a/b)\times y'$，$\gcd(a,b)=\gcd(b,a\bmod b)$。

对应的代码如下：

```
1    // 求解使 ax + by = gcd(a, b)成立的 x, y 的解，返回 a 和 b 的最大公约数
2    int EX_GCD(int a, int b, int &x, int &y)
```

```
3     {
4           if (b == 0)
5           {
6                 x = 1, y = 0;
7                 return a;
8           }
9           int g = EX_GCD(b, a % b, y, x);
10          y -= a / b * x;
11          return g;
12    }
```

扩展欧几里得算法的计算次数和欧几里得算法是相同的，即它们有相同的计算复杂度。

10.2.3   例题讲解

扫一扫：程序运行过程（10-1）

本节为读者讲解了一道利用欧几里得算法进行分数约分的问题。请到高等教育出版社增值服务网站（http://abook.hep.com.cn）输入本书防伪码后继续学习。

10.3   线性方程与同余方程

上一节介绍了欧几里得算法及扩展欧几里得算法，本节将通过扩展欧几里得算法，求解形如 $ax + by = c$ 的线性方程和形如 $ax \equiv c(\bmod p)$ 的同余方程。

10.3.1   线性方程

线性方程的形式为 $ax + by = c$ ，在扩展欧几里得算法中，已经得到了线性同余方程 $ax + by = \gcd(a,b) = d$ 的解，$(a/d)\,x+（b/d）\,y=c/d$，等式左边为整数，若 d 不能整除 c，则线性方程没有整数解。因此只需关注 c 能被 d 整除的情况。

在方程两边同时除以 $\gcd(a,b)$，使得 $a' = a / d$、$b' = b / d$、$c' = c / d$，得到新的不定方程 $a'x + b'y = c'$，此时 $\gcd(a',b') = 1$。利用上节扩展欧几里得算法求出方程 $a'x + b'y = 1$ 的一组整数解 x_0、y_0，则 $x' = c'x_0$、$y' = c'y_0$ 是方程 $a'x' + b'y' = c'$ 的一组整数解。

接下来对上述式子进行如下变换：
$$a'x_0 + b'y_0 = 1$$
$$a'(c'x_0) + b'(c'y_0) = c'$$

$$(a'd) \times (c'x_0) + (b'd) \times (c'y_0) = c'd$$

$$a(c'x_0) + b(c'y_0) = c$$

$$a \times (c'x_0) + k \times (ab/d) + b \times (c'y_0) - k \times (ab/d) = c$$

$$a \times (c'x_0 + k \times (b/d)) + b \times (c'y_0 - k \times (a/d)) = c$$

$$a \times (c'x_0 + kb') + b \times (c'y_0 - ka') = c$$

$$则 \begin{cases} x = c'x_0 + b'k \\ y = c'y_0 - a'k \end{cases} \quad (k\ 为整数)$$

上面的解也就是 $ax + by = c$ 的整数解集。

同余方程的形式为 $ax \equiv c \pmod{p}$，求解其中的 x，等价于求解 $ax + py = c$ 中的 x，所以用求解线性方程的方法即可得到满意答案。

10.3.2　例题讲解

本节为读者讲解了一道利用扩展欧几里得算法解决线性同余方程的问题。请到高等教育出版社增值服务网站（http://abook.hep.com.cn）输入本书防伪码后继续学习。

扫一扫：程序运
行过程（10-2）

10.4　乘　法　逆　元

10.4.1　整数集合下逆元的求解方法

本节将介绍离散数学中的一个重要概念——逆元。

这里先给出在整数集合 Z_p 下逆元的定义，对于整数集合 $Z = \{0,1,2,\cdots,p-1\}$，a,b 属于 Z，若 $a \times b \equiv 1 \pmod{p}$，则称 a 与 b 在整数集合 Z 下互为逆元。可将 a 的逆元 b 记为 a^{-1}，可证明，若 a 存在逆元，则逆元唯一。

在给出逆元的做法前，先给出费马小定理。

若 P 是质数，且 $\gcd(a, p) = 1$，则 $a^{p-1} \equiv 1 \pmod{p}$。证明如下：

构造素数 p 的既约剩余系 $P = \{1,2,3,\cdots,p-1\}$

所以 $A = \{a, 2a, 3a, \cdots, (p-1)a\}$ 也是 p 的一个既约剩余系。

故 $1 \times 2 \times 3 \cdots \times (p-1) \equiv a \times 2a \times 3a \times \cdots (p-1)a \pmod{p}$

即 $(p-1)! \equiv (p-1)! \times \pmod{p}$

易知 $\gcd((p-1)!, p) = 1$ 故同余方程两边可同时约去 $(p-1)!$，得到

$\equiv 1 \pmod{p}$　得证。

下面给出逆元的计算方法。

（1）当 P 为质数时，根据费马小定理，此时 $a^{p-1} \equiv 1 \pmod{p}$，则 $a \times a^{p-2} \equiv 1 \pmod{p}$，可知 $a^{p-2} \bmod p$ 就是 a 在 $\mathbf{Z}$ 下的逆元，$a^{p-2} \bmod p$ 可用快速幂求得。

（2）当 P 不是质数时，通过同余方程 $a \times a^{-1} \equiv 1 \pmod{p}$，根据上节的内容，可以转换为线性 $a \times a^{-1} + k \times p = 1$ 方程，通过判断线性方程的解是否存在，即 a 和 p 是否互质，就可以判断逆元是否存在，且 a^{-1} 在 $\mathbf{Z}$ 下的解即为 a 的逆元。

10.4.2 例题讲解

本节讲解了一道利用乘法逆元解决除法取模的问题。请到高等教育出版社增值服务网站（http://abook.hep.com.cn）输入本书防伪码后继续学习。

扫一扫：程序运行过程（10-3）

10.5 中国剩余定理

10.5.1 中国剩余定理

中国剩余定理是用于求解数论中的一元线性同余方程组的方法，也被称为孙子定理。一元线性同余方程组的形式如下。

$$\begin{cases} x \equiv a_1 \pmod{m_1} \\ x \equiv a_2 \pmod{m_2} \\ \qquad \vdots \\ x \equiv a_n \pmod{m_n} \end{cases}$$

其中 $a_1, a_2, \cdots, a_n$ 为正整数，$m_1, m_2, \cdots, m_n$ 为两两互质的正整数，则可以通过如下的方式构造通项解：

设 $M = m_1 \times m_2 \times \cdots \times m_n = \prod_{i=1}^{n} m_i$ 为整数 $m_1, m_2, \cdots, m_n$ 的乘积，设 $M_i = M / m_i$ 是除了第 i 个数以外的 $n-1$ 个整数的乘积，设 $t_i = M_i^{-1}$ 是 M_i 模 m_i 的乘法逆元。则方程组的通解为这个数加减 M 的倍数，即 $x = \sum_{i=1}^{n} a_i t_i M_i$。

算法的正确性可以这样理解，从假设可知，对任何 $i \in \{1, 2, \cdots, n\}$，由于 $\forall j \in \{1, 2, \cdots, n\}, j \neq i, \gcd(m_i, m_j) = 1$，所以 $\gcd(m_i, M_j) = 1$，这说明存在整数 M_i 在模 m_i 下的逆元 t_i 使得 $t_i M_i \equiv 1 \pmod{m_i}$。

观察乘积 $a_i t_i M_i$ 可知：

$$a_i t_i M_i \equiv a_i \times 1 \equiv a_i (\mathrm{mod}\, m_i)$$

$$\forall j \in \{1, 2, \cdots, n\},\ j \neq i, a_i t_i M_i \equiv 0 \quad (\mathrm{mod}\, m_j)$$

所以 $\forall i \in \{1, 2, \cdots, n\}$，$x = a_i t_i M_i + \sum_{j \neq i} a_j t_j M_j \equiv a_i + \sum_{j \neq i} 0 \equiv a_i (\mathrm{mod}\, m_i)$，所以 x 是方程组的一个解。假设 x_1 和 x_2 都是方程组的解，$\forall i \in \{1, 2, \cdots, n\}$，$x_1 - x_2 \equiv 0 (\mathrm{mod}\, m_i)$，而 $m_1, m_2, \cdots, m_n$ 两两互质，说明 M 整除 $x_1 - x_2$，所以任意两个解之间必然相差 M 的整数倍。所以方程组的解的集合为 $\{kM + \sum_{i=1}^{n} a_i t_i M_i; k \in \mathbf{Z}\}$。若要求最小正整数解，将 x 对 M 取模即可。

中国剩余定理对应的代码如下。

```
1    // 中国剩余定理输入的数据结构，MAXN 是最大模数的数量
2    struct CRT
3    {
4        int n;                    // 互质的模数的数量
5        int modulo[MAXN];         // 互质的模数
6        int remainder[MAXN];      // 模对应的余数
7    };
8
9    // 求整数域 a 在模 p 情况下的逆
10   int INVERSE(int a, int p)
11   {
12       int x, y;
13       EX_GCD(a, p, x, y);
14       return x >= 0 ? x : x + p;
15   }
16
17   // 求解中国剩余定理，返回最小正整数解
18   int SOLVE_CRT(CRT &crt)
19   {
20       int mul = 1;
21       for (int i = 0; i < crt.n; ++i)
22       {
23           mul *= crt.modulo[i]; // 求乘积 M
24       }
25       int ans = 0;
26       for (int i = 0; i < crt.n; ++i)
27       {
28           inv = INVERSE(mul / crt.modulo[i], crt.modulo[i]); // 公式中的 ti
```

```
29              ans += inv * crt.remainder[i] * (mul / crt.modulo[i]); // ai * ti * Mi
30          }
31          return ans % mul;
32      }
```

在中国剩余定理的算法中，为了求逆元使用了 n 次扩展欧几里得算法，所以时间复杂度为扩展欧几里得算法的复杂度乘上 n，为 $O(n\log_2 n)$。

10.5.2　中国剩余定理的扩展

在上节中已经介绍了中国剩余定理的解法，但事实上，中国剩余定理是一种特殊情况下的同余方程组（即模数互质）。本节将介绍一般情况的同余方程组的解法，即中国剩余定理的扩展。

同余方程组的形式仍然是 $x \equiv a_i (\bmod m_i)$，但 m 之间没有条件约束。先来看一组特例的情况，假设 $n=3$：

$$x \equiv a_1 (\bmod m_1) \qquad ①$$
$$x \equiv a_2 (\bmod m_2) \qquad ②$$
$$x \equiv a_3 (\bmod m_3) \qquad ③$$

通过同余的概念可以推出，x 在只满足①的约束下：

$$x = a_1 + k_1 m_1 (k_1 = 0,1,2,\cdots)$$

同理可以得出，x 在只满足②的约束下：

$$x = a_2 + k_2 m_2 (k_2 = 0,1,2,\cdots)$$

为满足①、②两个条件，x 的两种通解的结果要相等，即

$$a_1 + k_1 m_1 = a_2 + k_2 m_2$$

即 $k_1 m_1 - k_2 m_2 = a_2 - a_1$，由此可以看出这是一般的线性方程 $ax+by=c$ 的形式，即 $a=m_1$、$b=m_2$、$c=a_2 - a_1$。当 $\gcd(a,b)\,|\,c$ 时，方程有解。

通过解线性方程，可以得到 k_1 的通解，则 $a_1 + k_1 m_1$ 即为所求的满足①、②的 x。因为 $n=\mathrm{lcm}(m_1,m_2)$ 是最小的满足 $n \bmod m_1 = 0, n \bmod m_2 = 0$ 的正整数解，由此可以推出，满足①、②的 x 的所有解为 $a_1 + k_1 m_1 + k\mathrm{lcm}(m_1,m_2)$。

将上式转化成同余方程的形式：$x \equiv (a_1 + k_1 m_1)(\bmod \mathrm{lcm}(m_1,m_2))$，为了表达方便，设 $a_4 = a_1 + k_1 m_1$，$m_4 = \mathrm{lcm}(m_1,m_2)$，则①、②可合成新的同余方程 $x \equiv a_4 (\bmod m_4)$，通过新的方程替换旧的方程，减少了方程组中方程的个数。

新的方程可以继续与③进行合并，依次求解即可得出最后的 x。在求解上述的线性方程的过程中，若在其中任意步骤的方程无解，则当前同余方程组无解。

中国剩余定理扩展的代码如下：

```
1   // 合并两个同余方程
2   bool REDUCE(int &m1, int &a1, int m2, int a2)
```

```
3   {
4       int x, y;
5       int c = a2 - a1;
6       int g = EX_GCD(m1, m2, x, y);
7       if (c % g)
8       {
9           return false;
10      }
11      int x0 = x * (c / g);
12      m2 /= g;
13      x0 = (x0 % m2 + m2) % m2;
14      a1 = a1 + x0 * m1;
15      m1 *= m2;
16      return true;
17  }
18
19  // 求解扩展中国剩余定理，返回最小正整数解，如果不存在返回-1。
20  int SOLVE_CRT(CRT &crt)
21  {
22      int m1, a1, m2, a2;
23      m1 = crt.modulo[0]
24      a1 = crt.remainder[0];
25      for (int i = 1; i < crt.n; ++i)
26      {
27          m2 = crt.modulo[i];
28          a2 = crt.remainder[i];
29          if (!REDUCE(m1, a1, m2, a2))
30          {
31              return -1;
32          }
33      }
34      return a1;
35  }
```

　　中国剩余定理扩展的计算包含了 n 次扩展欧几里得算法的计算，所以时间复杂度为最大公约数的计算时间乘 n，时间复杂度为 $O(n\log_2 n)$。

　　本节讲解一道利用中国剩余定理解决前面使用遍历解决的问题，读者可以体验一下相同问题，以及使用数论解法的美妙之处。请到高等教育出版社增值服务网站（http://abook.hep.com.cn/productService）输入本书防伪码后继续学习。

扫一扫：程序运
行过程（10-4）

10.6   质数筛法与质因数分解

一个大于 1 的自然数，如果除了 1 和它自身外，不能被其他正整数整除，称这样的数为素数（质数）。本节介绍如何通过筛法求连续区间内的所有质数。

10.6.1   埃拉托斯特尼（Eratosthenes）筛法

用 Eratosthenes 筛法求质数的基本思想是：从 2 到要筛选的数的最大范围 n 依次循环。如果当前循环到的数 i 已经被筛掉，则 i 为合数，否则为质数，并标记 i，将 $2 \sim n$ 范围内的 i 的所有倍数均筛掉，直到循环结束。

原理：当 i 是质数的时候，i 的所有的倍数必然是合数。则将 i 所有 $\leqslant n$ 的倍数赋值为 $false$。

时间复杂度平均分摊后 $O(n \log_2(\log_2 n))$，其中 n 为最大数的范围。由于计算较为复杂这里省略推导过程。

Eratosthenes 筛法代码如下：

```
1    // Eratosthenes 筛法
2    bool isPrime[MAXN];      // 是否是质数
3    int prime[MAXN], total;      // 质数的数组，total 为最大数量
4    void MAKE_PRIME()
5    {
6        memset(isPrime, true, sizeof(isPrime));
7        isPrime[0] = isPrime[1] = false; // 只使用 prime 数组时不需要这句
8        for (int i = 2; i < MAXN; ++i)
9        {
10           if (isPrime[i])   // 如果 i 是质数，筛去所有 i 的倍数
11           {
12               prime[total++] = i;
13               for (int j = i * 2; j < MAXN; j += i)
14               {
15                   isPrime[j] = false;
16               }
17           }
18       }
19   }
```

10.6.2   欧拉（Euler）筛法

Euler 筛法求质数的基本思想是：从 2 到要筛选的数的最大范围 n 依次循环。如果当前循环到的数 i 已经被筛掉，则 i 为合数，否则 i 为质数，标记 i。对于每

个数 i，将 i 与当前已经找到的每个质数 p_j 分别求积，将 $i \times p_j$ 筛掉。若 $i \bmod p_j = 0$，则表明大于 p_j 的质数与 i 的积均被标记过，跳出循环，这样保证了每个合数只会被它最小的质因数筛去，因此时间复度为 $O(n)$。

对于每个数仅被筛掉一次的证明：

设合数 n 最小的质因数为 p，它的另一个大于 p 的质因数为 p'，令 $n = pm = p'm'$。观察上面的程序片段，可以发现 j 循环到质因数 p 时合数 n 第一次被标记（若循环到 p 之前已经跳出循环，说明 n 有更小的质因数），若也被 p' 标记，则是在这之前（因为 $m' < m$），考虑 i 循环到 m'，注意到 $n = pm = p'm'$ 且 p 和 p' 为不同的质数，因此 $p | m'$，所以当 j 循环到质数 p 后结束，不会循环到 p'，这就说明不会被 p' 筛去。

Euler 筛法的代码如下：

```
1    // 线性筛法寻找质数
2    bool isPrime[MAXN];              // 是否是质数
3    int prime[MAXN], total;         // 质数的数组，total 为最大数量
4    void MAKE_PRIME( )
5    {
6        memset(isPrime, true, sizeof(isPrime));
7        isPrime[0] = isPrime[1] = false; // 只使用 prime 数组时不需要这句
8        for (int i = 2; i < MAXN; ++i)
9        {
10           if (isPrime[i]) prime[total++] = i;
11           for (int j = 0; j < total && i * prime[j] < MAXN; ++j)
12           {
13               isPrime[i * prime[j]] = false; //i 此时不是质数,只是拓展用
14               if (i % prime[j] == 0) break;
15           }
16       }
17   }
```

10.6.3 质因数分解

对于整数 m，其质因数分解过程如下：

（1）生成 $2 \sim sqrt(m)$ 内的所有质数的质数表。

（2）对 $2 \sim sqrt(m)$ 的所有质数，执行步骤（3）。

（3）对于质数 p_i，若 $m \bmod p_i = 0$，则记录因子 p_i 个数加 1，$m = m / p_i$，反复执行该步骤，直到 $m \bmod p_i \neq 0$。

（4）若 $m = 1$，则质因数分解结束，否则，增加质数因子 m。

这里有一个优化：设 $j \geq i$，则 $prime[j] \geq prime[i]$，若有 $prime[i] \times prime[i] > x$，

则表明 x 不能被任何一个 prime[j] 分解,可以跳出循环。

质因数分解代码如下:

```
1    // 质因数分解的结果
2    struct PrimeFactor
3    {
4        int n;                  // 不同的质因数的个数
5        int prime[MAXN];        // 质因数
6        int num[MAXN];          // 对应的质因数的个数
7    };
8
9    //质因数分解, x 是要分解的数字, factors 是分解的结果
10   // prime 和 total 是前面质数筛法模板的结果
11   void DECOMPOSE(int x, PrimeFactor &factors)
12   {
13       factors.n = 0;
14       for (int i = 0; i < total && prime[i] * prime[i] <= x; ++i)
15       {
16           if (x % prime[i] == 0)
17           {
18               factors.prime[factors.n] = prime[i];
19               factors.num[factors.n] = 0;
20               while (x % prime[i])
21               {
22                   x /= prime[i];
23                   ++factors.num[factors.n];
24               }
25               ++factors.n;
26           }
27       }
28       if (x > 1)
29       {
30           factors.prime[factors.n] = x;
31           factors.num[factors.n] = 1;
32           ++factors.n;
33       }
34   }
```

对于整型范围内的数字,由于质因数的幂不会很大,所以质因数分解的计算复杂度和质数的个数成线性关系,复杂度为 $O(n\log_2 n)$。

本节为读者讲解了一道质因数分解的问题,使读者在实际应用中理解本节课

扫一扫:程序运
行过程(10–5)

所讲的内容。请到高等教育出版社增值服务网站（http://abook.hep.com.cn/productService）输入本书防伪码后继续学习。

10.7　欧　拉　函　数

欧拉函数在很多领域有广泛的应用，包括离散数学中求循环群的生成元，计算机网络安全中的 RSA 体制等。而从欧拉函数引申出来在环论方面的事实和拉格朗日定理构成了欧拉定理的证明。本节将介绍数论领域中的欧拉函数与欧拉定理，以及它们在算法竞赛方面的应用。

10.7.1　欧拉函数与欧拉定理

欧拉函数 $\varphi(n)$ 是指不超过 n 且与 n 互质的正整数的个数，其中，n 是一个正整数。欧拉函数是一个积性函数。如果函数 f 满足对任意两个互质的正整数 n 和 m，均有 $f(n \cdot m) = f(n) \cdot f(m)$，则称 f 为积性函数。如果对任意两正整数 n 和 m，均有 $f(n \cdot m) = f(n) \cdot f(m)$，则称 f 为完全积性函数。

如果 f 是积性函数，则有如下性质：正整数 n 分解质因式后，得到 $n = p_1^{a_1} p_2^{a_2} \cdots p_k^{a_k}$，则 $f(n) = f(p_2^{a_1}) \cdot f(p_2^{a_2}) \cdots f(p_k^{a_k})$。

根据积性函数的性质，我们可以得出欧拉函数的以下性质：

（1）p 是质数的充要条件是 $\varphi(p) = p - 1$。

（2）如果 p 是质数，a 是正整数，则 $\varphi(p^a) = p^a - p^{a-1}$。

（3）如果 n 和 m 为互质的正整数，则 $\varphi(n \cdot m) = \varphi(n) \cdot \varphi(m)$。

（4）设 $n = p_1^{a_1} p_2^{a_2} \cdots p_k^{a_k}$，则

$$\varphi(n) = (p_1^{a_1} - p_1^{a_1-1}) \cdot (p_2^{a_2} - p_2^{a_2-1}) \cdots (p_k^{a_k} - p_k^{a_k-1})$$

（此处除号不是整除号）

$$= n \cdot (1 - \frac{1}{p_1}) \cdot (1 - \frac{1}{p_2}) \cdots (1 - \frac{1}{p_k})$$

（5）n 为正整数，则 $\sum_{d|n} \varphi(n) = n$。

根据以上性质，还可以得到一些推论：

（1）当 n 为奇数，有 $\varphi(2n) = \varphi(n)$。

（2）n 是一个大于 2 的正整数，则 $\varphi(n)$ 是偶数。

最后，给出数论中的一个经典定理，欧拉定理：对于互质的正整数 $a, m(m \geqslant 2)$，$a^{\varphi(m)} \equiv 1 \pmod{m}$。特别的，当 m 为质数，$\varphi(m) = m - 1$，则得出费马小定理：$a^{p-1} \equiv 1 \pmod{p}$。

代码实现如下：

```
1    int EULER(PrimeFactor &factors)
2    {
3        int phi = 1;
4        for (int i = 0; i < factors.n; ++i)
5        {
6            int tmp = 1;
7            for (int j = 1; j < factors.num[i]; ++j)
8            {
9                tmp *= factors.prime[i];
10           }
11           tmp *= factors.prime[i] - 1;
12           phi *= tmp;
13       }
14       return phi;
15   }
```

根据定理 5 可知，欧拉函数可通过分解质因式求得。求单个整数的欧拉函数值复杂度就是质因数分解的复杂度，为 $O(\sqrt{n})$。

如果需要求连续区间的欧拉函数，可由类似质数筛法的递推式实现。首先可先将所有数的欧拉函数设为其本身，根据欧拉函数的性质，每个大于 2 的正整数所对应的欧拉函数值都小于这个数。因此在遍历过程中，如果遇到当前欧拉函数与自身相等的情况，则说明当前位置 i 没有被筛到（i 为质数），需要改变欧拉函数对应值 $\varphi(i)=i-1$，并将 i 的倍数的欧拉函数值改变（由定理 5 及积性函数可得）。使用埃拉托斯特尼筛法的欧拉函数实现如下。

```
1    int phi[MAXN]; // 欧拉函数值的数组
2    // 求解[1, MAXN)全部数字的欧拉函数
3    void EULAR( )
4    {
5        for (int i = 1; i < MAXN; ++i)
6        {
7            phi[i] = i;
8        }
9        for (int i = 2; i < MAXN; ++i)
10       {
11           if (phi[i] == i)
12           {
13               phi[i] = i - 1;
14               for (int j = i + i; j < MAXN; j += i)
15               {
```

```
16                 phi[j] = phi[j] / i * (i - 1);
17             }
18         }
19     }
20 }
```

根据 Eratosthenes 筛法，求解欧拉函数的时间复杂度为 $O(n \log_2(\log_2 n))$；如果使用欧拉筛法，求解欧拉函数的时间复杂度为 $O(n)$。

10.7.2　例题讲解

本节为读者讲解了一道利用欧拉函数解决的基本问题，希望读者能够熟练使用欧拉函数。请到高等教育出版社增值服务网站（http://abook.hep.com.cn）输入本书防伪码后继续学习。

扫一扫：程序运行过程（10–6）

10.8　原根与剩余系

本节将介绍离散数学中的两个重要概念，原根与剩余系，并给出其相关性质。

1. 原根与剩余系的概念

设 a、m 为整数，如果 $m > 1$，$\gcd(a, m) = 1$，则同余式 $a^t \equiv 1 \pmod{m}$ 成立的 t 的集合中最小的正整数 k 称为 a 对模 m 的指数。如果 $k = \varphi(m)$，则称 a 为模 m 的一个原根。

设模为 m，则根据余数可将所有的整数分成 m 类，分别记成 $[0], [1], [2], \cdots, [m-1]$，这 m 个数 $\{0, 1, 2, \cdots, m-1\}$ 称为一个完全剩余系，每个数称为相应类的代表元。在每个剩余类任意选取 1 个与 m 互质代表元构成简化剩余系。

结合原根的概念，可以把模 m 的简化剩余系很有规律地排列出来，设 g 为模 m 的一个原根，$g^0, g^1, \cdots, g^{\varphi(m)-1}$，对模 m 两两不同余，$\varphi(m)$ 个 g 的乘幂构成了 m 的简化剩余系。

对于原根与剩余系，有以下性质（部分性质的证明需要大量离散数学知识，这里略）：

（1）设 p 为奇质数，模 m 的原根存在的充要条件是 m 等于 $2, 4, p^a, 2p^a$。

（2）设 $a \geqslant 1$，g 是模 p^a 的一个原根，则 g 与 $g + p^a$ 中的奇数是模为 $2p^a$ 的一个原根。

（3）当 n 为质数，n 的原根 x 满足条件 $0 < x < n$，则有集合 $\{(x^i \bmod n) \mid 1 \leqslant i \leqslant n-1\}$ 与集合 $\{1, 2, \cdots, n-1\}$ 相等。

（4）如果 p 有原根，则它恰有 $\varphi(\varphi(p))$ 个不同的原根。若 p 为质数，则 $\varphi(p) = p - 1$，那么 p 有 $\varphi(p-1)$ 个原根。

对于性质 4，给出如下证明：

引理：设 $b \equiv a^t \pmod p$（a 为模 p 剩余系下的原根），则 b 是 P 的一个异于 a 的原根的充要条件是 $\gcd(t, \varphi(p)) = 1$。

证明：

若 $d = \gcd(t, \varphi(p)) > 1$，令 $t = k_1 d$、$\varphi(p) = k_2 d$，则由费马小定理可知：

$$(a^{k_1 d})^{k_2} \bmod p = (a^{k_2 d})^{k_1} \bmod p = (a^{\varphi(p)})^{k_1} \bmod p = 1$$

再由 $b \equiv a^t \pmod p$，结合上面的式子可知：

$$(a^{k_1 d})^{k_2} \bmod p = b^{k_2} \bmod p = 1$$

然而 $b^0 \equiv 1 \pmod p$，所以 $b^0 \equiv b^{k_2} \pmod p$，$b^i \bmod p$ 的循环节 $= k_2 < \varphi(p)$，因此这样的 b 不是原根，与假设矛盾，所以 $\gcd(t, \varphi(p)) = 1$。

再证，若 $d = \gcd(t, \varphi(p)) = 1$，即 t 与 $\varphi(p)$ 互质，那么 b 必然是原根。

否则假设存在 $1 \leqslant j < i \leqslant \varphi(p)$，使得 $b^j \equiv b^i \pmod p$，即 $a^{jt} \equiv a^{it} \pmod p$。由于 a 是原根，由 0 的循环节长度是 $\varphi(p)$ 可知 $\varphi(p) \mid (it - jt)$，即 $\varphi(p) \mid (i - j)t$。由于 $\varphi(p)$ 与 t 互质，所以 $\varphi(p) \mid (i - j)$，但是根据假设，$0 < i - j < \varphi(p)$ 得出矛盾，结论得证。

由引理可得，原根的个数等于与 $\varphi(p)$ 互质的数的个数，即 $\varphi(\varphi(p))$。

原根的求法：

设正整数 a，a 与 m 互质，$a^k \equiv 1 \pmod m$，k 为满足该式的最小正整数。根据欧拉定理，$a^{\varphi(m)} \equiv 1 \pmod m$，则有 $a^k \equiv a^{\varphi(m)} \pmod m$，可以推出 $a^{\varphi(m)-k} \equiv 1 \pmod m$。根据欧几里得算法可推出，$a^{\gcd(k, \varphi(m))} \equiv 1 \pmod m$。

因此，验证 $\varphi(m)$ 的所有因子 k_i，若 $a^{k_i} \neq 1$ 均成立，则 a 为 m 的一个原根。

求原根的代码如下：

```
1    // 快速幂求 x^y mod p
2    int POWER(int x, int y, int p)
3    {
4        if (x == 0) return 0;
5        if (y == 0) return 1;
6        int tmp = POWER(x, y >> 1, p);
7        if (y & 1) return tmp * tmp % p * x % p;
8        return tmp * tmp % p;
9    }
10
11   // 检查 r 是否是 p 的原根
12   bool CHECK(int r, int p)
13   {
14       int u = sqrt(p - 1);
```

```
15          for (int i = 2; i <= u; ++i)
16          {
17              if ((p - 1) % i == 0)
18              {
19                  if (POWER(r, i, p) == 1 || POWER(r, (p - 1) / i, p) == 1)
20                  {
21                      return false;
22                  }
23              }
24          }
25          return true;
26      }
27
28      // 得到质数 p 的最小原根
29      int ROOT(int p)
30      {
31          int r = 2;
32          while(!CHECK(r, p)) ++r;
33          return r;
34      }
```

单次验证的复杂度为 $O(\sqrt{\varphi(m)})$，由于原根数量较多，因此不会超时。

扫一扫：程序运
行过程（10-7）

　　2. 例题讲解

　　本节讲解一道利用本节知识求一个奇质数的原根个数的问题。请到高等教育出版社增值服务网站（http://abook.hep.com.cn）输入本书防伪码后继续学习。

10.9　指数方程与高次同余方程

　　本节将介绍一种利用分治预处理技巧来降低复杂度的一种算法 Baby Step Giant Step 来解形如 $a^x \equiv b(\mathrm{mod}\, n)$（指数方程）和 $x^a \equiv b(\mathrm{mod}\, c)$（高次同余方程数）（其中 x 为未知数，其余为已知数）。

10.9.1　指数方程

　　下面介绍形如 $a^x \equiv b(\mathrm{mod}\, n)$ 的高次同余方程的解的做法。

　　1. 当 n 与 a 互质

　　当 n 与 a 互质，根据欧拉定理，$a^{\varphi(n)} \equiv 1(\mathrm{mod}\, n)$，因此，当 $b \neq 0$ 时，x 的最小解若存在一定存在于闭区间 $[0, \varphi(n)-1]$ 内。

将 x 分解成 $x = ku + t$ 的形式，其中 $u = [\sqrt{\varphi(n)}]$，$0 \leqslant k \leqslant \varphi(n)/u$，$0 \leqslant t \leqslant u-1$，则 $a^x = a^{ku} a^t = b$，那么有 $a^t \equiv b(a^{ku})^{-1}(\bmod n)$（这里 x^{-1} 表示 x 的逆元）。因为 a 与 n 互质，a^{ku} 在模数 n 下的逆元一定存在，用 10.4.1 节中方法求解即可。

按照此思路，介绍一种算法 BSGS，算法流程如下。

（1）预处理 $a^0, a^1, \cdots, a^{u-1}$，存入哈希表中。

（2）枚举 $k = 0, 1, 2, \cdots, \varphi(n)/u$，验证 a^t 是否存在于哈希表中，若存在，则找到一组解。

2. 当 n 与 a 不互质

求解方法如下。

初始 $d = 1$，$c = 0$。

（1）枚举 $x = [0, 1, 2, \cdots, 40]$，$a^x \equiv b(\bmod n)$ 成立，则找到一组解（原因在后）。

（2）令 $g = \gcd(a, n)$，等式两边同时约去 g，$a/g\, a^{x-1} \equiv b/g(\bmod n/g)$，如果 g 不能整除 b，则方程无解，否则令 $d = da/g$、$b' = b/g$、$n' = n/g$、$c = c+1$。此时方程可改写成：$d a^{x-c} \equiv b'(\bmod n')$，用 b' 和 n' 代替原式的 b 和 n，不断重复此过程，直到 $\gcd(a, n) = 1$。

（3）原式改写为：$d\, a^{x-c} \equiv b'(\bmod n)$，此时 d 和 a 均与 n 互质，则原式可以进一步改写成：$a^{x'} \equiv bd^{-1}(\bmod c)$，用 BSGS 算法，解出 x'，则 $x = x'+c$，即为答案。这里，由于 BSGS 解出的 $x' \geqslant 0$，则 $x \geqslant c$，因此，该方法无法解出 $x < c$ 的解。但由于 $c \leqslant \log_g n$，可以枚举 x 小于 c 的所有情况，因此在步骤（1）里枚举 $x = [0, 1, 2, \cdots, 40]$（事实上在 int 范围内，$c < 32$）。

3. BSGS 算法的优化

上面介绍的 BSGS 算法，是将 a^x 拆分成 a^{ku+t}，则 $a^x \equiv b(\bmod c)$ 改成写 $a^{ku} a^t \equiv b(\bmod c)$，在哈希表中查是否存在 $a^t \equiv b(a^{ku})^{-1}(\bmod c)$。这里，计算 $\sqrt{c}$ 次 a^{ku} 的逆元，复杂度较高。若将 a^x 拆分成 $a^x \equiv a^{ku-t} \equiv b(\bmod c)$，则 $a^{ku} \equiv ba^t(\bmod c)$。将 ba^t $(t = 0, 1, 2, \cdots, u-1)$ 存入哈希表中，则不需要求 a^{ku} 的逆元，直接在哈希表中查找即可。总体复杂度为 $O(\mathrm{sqrt}(n)\log_2(\mathrm{sqrt}n))$，但常数优化较明显。

具体代码实现如下：

```
1    // 求 x 在模 n 下的逆元，转化成解同余方程的形式
2    int INVERSE(int x, int n)
3    {
4        int xx, yy;
5        EX_GCD(x, n, xx, yy);
6        xx = ((xx % n) + n) % n;
7        return xx;
```

```
8       }
9       // Baby Step, Giant Step
10      int BSGS(int a, int b, int n,int c)
11      {
12          int u = sqrt(n); // u 表示 BSGS 中的阔步步长，如本节中所描述
13          if (u * u < n) u++;
14          int ti = n / u; // ti 表示最多能走多少步，为上文中 k 的最大值
15          if (ti * u < n) ti++;
16          int t = u - 1; // 为小步步长范围
17          map<int , int> mp;
18          mp.clear( );
19          int now = 1;
20          // 将所有小步 a^0,a^1,...,a^t 存入 hash 表中
21          for (int i = 1; i <= t; ++i)
22          {
23              now *= a;
24              now %= n;
25              mp[now * b % n] = i;
26          }
27          now *= a;
28          now %= n;
29          // 枚举阔步步数
30          for (int k = 1; k <= ti; ++k)
31          {
32              int tmp = pw(now, k, n);
33              int pos = mp[tmp];
34              if (pos != 0 || tmp == b)
35              {
36                  return k * u - pos + c;
37                  // 若找到阔步在哈希表中对应的小步，则找到一组解，退出
38              }
39          }
40          return -1;
41      }
42      // 求解 a^x=b (mod n)的解
43      void SOLVE(int a, int b, int n)
44      {
45          if (b >= n)
46          {
47              // b >= n 的情况是否有解根据题目要求自行处理
```

```
48              printf("No Answer");
49              return;
50          }
51          int ans = -1;
52          for (int i = 0; i <= 50; ++i)
53          {
54              if (POWER(a, i, n) == b)
55              {
56                  ans = i;
57                  break;
58              }
59          }//枚举 x<=c 的时候的可能值
60          if (ans != -1)
61          {
62              printf("%d\n",ans);
63              return;
64          }//如果找到，则找到一组最小解，退出
65          int c = 0, d = 1;
66          bool can = true;
67          // 对 a,n 进行消去公因子操作
68          while (gcd(a,n) != 1)
69          {
70              int g = gcd(a,n);
71              n /= g;
72              d = d * (a / g) % n;
73              c++;
74              if (b % g != 0)
75              {
76                  // 当 b 不能被 g 整除，无解，退出
77                  can = false;
78                  break;
79              }
80              else b /= g;
81          }
82          if (!can)
83          {
84              printf("No Answer\n");
85              return;
86          }
87          // 消去 a 的幂指与 n 的所有公共因子后，将原式转化为 d * a^(x - c) = b mod n,其中 a
```

```
      与 n 互质，可以用 BSGS 算法
88         ans = BSGS(a, b * ni(d, n) % n , n, c);
89         if (ans != -1) printf("%d\n",ans);
90         else printf("No Answer");
91    }
```

10.9.2 高次同余方程

本节将介绍形如 $x^a \equiv b(\bmod c)$ 的高次同余方程的解法（这里仅介绍 c 为质数的方法）。解决该方程所需要的所有基础算法与定理，在本章中均已做过介绍，因此本节将直接给出该方程解法的算法流程。算法流程如下：

（1）求出模数 c 的任意一个原根 r，根据原根的性质，x 可表达为 $x \equiv r^q(\bmod c)$，则 $x^a \equiv b(\bmod c)$ 可转换为 $r^{qa} \equiv b(\bmod c)$。

（2）设 $qa = t$，则原式可表达为 $r^t \equiv b(\bmod c)$。该式即为 10.9.1 节中介绍的指数方程。

根据 10.9.1 节中定理，若 b 为 c 的简单剩余系中元素，则 t 存在且唯一，并且 t 属于 $[1, \varphi(c)]$；否则，t 不存在。用上节中介绍的 BSGS 算法解出 t 即可。

（3）因为 $r^{qa} \equiv r^t(\bmod c)$，根据欧拉定理，$r^{\varphi(c)} \equiv 1(\bmod c)$，因此可以推出同余方程，$t \equiv aq(\bmod \varphi(c))$，解出 q 的解系。

注意：由于 c 为质数，$\varphi(c)=c-1$。

（4）求出 r^q，即为 x。

下面给出当模数 c 为质数情况下的代码：

```
1     int tot, ans[20];
2     long long p;
3     struct MP
4     {
5          int num;
6          long long val;
7     }mp[50000];
8     bool cmp(MP a, MP b)
9     {
10         return a.val < b.val;
11    }
12    // 检验 r 是否为原根，即判断 r 与(p-1)的所有因子 i 是否均满足 pw(r,i) !=1
13    bool CHECK(long long r)
14    {
15         int u = sqrt(p - 1);
16         for (int i = 2; i <= u; ++i)
```

```
17        {
18            if ((p - 1) % i == 0)
19            {
20                if (POWER(r, i) == 1 || POWER(r,(p - 1) / i) == 1) return false;
21            }
22        }
23        return true;
24    }
25    // 在 hash 表中二分查找是否存在小步 val
26    long long FIND(long long val, int l, int r)
27    {
28        int mid;
29        while (l <= r)
30        {
31            mid = (l + r) / 2;
32            if (mp[mid].val == val) return mp[mid].num;
33            else if (mp[mid].val < val) l = mid + 1;
34            else r = mid - 1;
35        }
36        return -1;
37    }
38    // BSGS 算法，具体描述见 10.9.1 节代码
39    long long BSGS(long long r, long long a)
40    {
41        int u = sqrt(p - 1);
42        if (u * u < (p - 1)) u++;
43        int k = (p - 1) / u + 1;
44        int b = u - 1;
45        mp[0].val = 1;
46        mp[0].num = 0;
47        for (int   i = 1; i <= b; ++i)
48        {
49            mp[i].val = mp[i - 1].val * r % p;
50            mp[i].num = i;
51        }
52        long long tp = mp[b].val * r % p;
53        sort(mp, mp + b + 1, cmp);
54        for (int i = 0; i < k; ++i)
55        {
56            long long tmp = POWER(tp, i);
```

```
57              long long tmp2 = a * INVERSE(tmp) % p;
58              long long now = FIND(tmp2, 0, b);
59              if (now != -1)
60              {
61                  now += i * u;
62                  if (now && now < p)
63                  {
64                      return now;
65                  }
66              }
67          }
68          return -1;
69      }
70      // 解同余方程 tmp = q*k mod (p - 1)，按照 10.3 节中方法即可
71      void GET_ANS(long long a, long long b, long long c, long long r)
72      {
73          long long g = GCD(a, b);
74          if (c % g != 0 ) return;
75          long long aa = a / g, bb = b / g, cc = c / g;
76          long long x, y;
77          EX_GCD(aa, bb, x, y);
78          x = cc * x % bb;
79          x = (x + bb) % bb;
80          if (!x) x += bb;
81          while (x < p)
82          {
83              ans[++tot] = POWER(r, x);
84              x += bb;
85          }
86      }
87      // 求解 x^q = a mod p 的解
88      void SOLVE(int p, int q, int a)
89      {
90          long long r = 2;
91          tot = 0;
92          while (!CHECK(r)) r++;// 模 p 的一个原根 r
93          if (a == 0) // 当 a=0,注意有特殊解 x = 0,
94          {
95              ans[++tot] = 0;
96          }
```

```
97          else
98          {
99                  long long tmp = BSGS(r, a); // 用 BSGS 算法求解 r^tmp = a mod p  在[1,p-1]范围内的
            一个解
100                 if (tmp != -1) GET_ANS(q, p - 1, tmp, r); // 如果找到解 tmp,则继续求解同余方程
            tmp = q*k mod (p - 1)中的所有 k，则 x = r^k
101         }
102         if (tot)
103         {
104                 //按升序输出所有解
105                 sort(ans + 1, ans + 1 + tot);
106                 for (int i = 1; i <= tot; ++i)
107                 {
108                         printf("%d\n",ans);
109                 }
110         }
111         else
112         {
113                 //输出无解
114                 printf("No answer\n");
115         }
116 }
```

10.9.3 例题讲解

例 10-1 Clever Y

Time Limit: 5000 MS   Memory Limit: 65536

题目描述：

给出一棵树，每个节点有 K 个子节点，计算最小深度 D 使得节点的数目等于 N 对 P 的余数。

输入：

输入包含多组数据。

每组数据包含三个正整数 K、P、N。（$1 \leqslant K, P, N \leqslant 10^9$）

输出：

最小的 D。如果不能找到这样的 D，则输出 "Orz,I can't find D!"。

输入样例：

3 78992 453

4 1314520 65536

5 1034 67

扫一扫：程序运
行过程（10-8）

输出样例：

Orz,I can't find D!

8

20

题目来源： HDU2815

题目分析：

本题是一道指数方程的模板题，题目中模数 P 与底数 K 未保证互质，因此需要做消公约数操作，按照 10.9.1 节的情况来做。另外，本题中会出现 N≥P 的情况，需输出无解，注意当无解的情况下本题的特殊输出。

题目实现：

```
1    #include <iostream>
2    #include <math.h>
3    #include <map>
4    #include <stdio.h>
5    #include <string.h>
6
7    using namespace std;
8    long long pw(long long x, long long y, long long p)
9    {
10       if (y == 0) return 1;
11       long long tmp = pw(x, y / 2, p);
12       if (y & 1) return tmp * tmp % p * x % p;
13       return tmp * tmp % p;
14   }
15   long long gcd(long long a, long long b)
16   {
17       if (b == 0) return a;
18       return gcd(b, a % b);
19   }
20   void exgcd(long long a, long long b, long long &x, long long &y)
21   {
22       if (b == 0)
23       {
24           x = 1;
25           y = 0;
26       }
27       else
28       {
29           exgcd(b, a % b, x, y);
```

```
30              long long xx = y;
31              y = x - (a / b) * y;
32              x = xx;
33          }
34      }
35      long long ni(long long x, long long n)
36      {
37          long long xx, yy;
38          exgcd(x, n, xx, yy);
39          xx = ((xx % n) + n) % n;
40          return xx;
41      }
42      int bsgs(long long a, long long b, long long n,int ti)
43      {
44          int u = sqrt(n);
45          if (u * u < n) u++;
46          int k = (n) / u;
47          if (k * u < n) k++;
48          int t = u - 1;
49          map <long long , long long > mp;
50          mp.clear();
51          long long now = 1;
52          for (int i    = 1; i <= t; ++i)
53          {
54              now *= a;
55              now %= n;
56              mp[now * b % n] = i;
57          }
58          now *= a;
59          now %= n;
60          for (int i = 1; i <= k; ++i)
61          {
62              long long tmp = pw(now, i, n);
63              int pos = mp[tmp];
64              if (pos != 0 || tmp == b)
65              {
66                  return i * u - pos + ti;
67              }
68          }
69          return -1;
```

```
70        }
71    int main( )
72    {
73        long long a, b, n;
74        while(~scanf("%I64d%I64d%I64d",&a,&n,&b))
75        {
76            if (b >= n)
77            {
78                printf("Orz,I can't find D!\n");
79                continue;
80            }
81            int ans = -1;
82            for    (int i = 0; i <= 50; ++i)
83            {
84                if (pw(a, i, n) == b)
85                {
86                    ans = i;
87                    break;
88                }
89            }
90            if (ans != -1)
91            {
92                printf("%d\n",ans);
93                continue;
94            }
95            int ti = 0, d = 1;
96            bool can = true;
97            while (gcd(a,n) != 1)
98            {
99                int g = gcd(a,n);
100               n /= g;
101               d = d * (a / g) % n;
102               ti++;
103               if (b % g != 0)
104               {
105                   can = false;
106                   break;
107               }
108               else b /= g;
109           }
```

```
110          if (!can)
111          {
112              printf("Orz,I can't find D!\n");
113              continue;
114          }
115          ans = bsgs(a, b * ni(d, n) % n , n, ti);
116          if (ans != -1) printf("%d\n",ans);
117          else printf("Orz,I can't find D!\n");
118      }
119      return 0;
120  }
```

扫一扫：程序运
行过程（10–9）

　　本节还为读者讲解了一道利用 BSGS 算法求解高次同余方程的问题。请到高
等教育出版社增值服务网站（http://abook.hep.com.cn）输入本书防伪码后继续学习。

10.10　高斯消元

　　高斯消元（Gaussian Elimination）是线性代数中的经典算法，常用于求解线
性方程组的解，同时也可以用于求矩阵的秩和行列式，以及可逆方阵的逆矩阵。
线性方程组通常可以表示为 $Ax=b$ 的形式，其中 A 是系数矩阵，x 是未知量的向
量，b 是常数向量，高斯消元可以求解使等式成立的 x。

1. 高斯列主元消去法

　　高斯消元通过不断地对矩阵进行初等变换，使矩阵转化为类似上三角阵的"行
梯阵式"的形式，此时矩阵中有非 0 元素的行的个数即为矩阵行的秩（rank）。根
据线性代数的基本知识，矩阵行的秩是线性独立的行的数目，设矩阵 A 的行和列
的个数分别为 r 和 c。当矩阵行的秩 $rank = r$ 时，则有 r 个线性独立的线性方程，
当前方程组有且只有一组解；当 $rank < r$ 时，约束条件放宽，方程组有无数组解；
当 $rank > r$ 时，方程组无解。

　　在计算机的计算中，一个大数对一个较小数的除法会造成相对严重的精度损
失，所以实际中用的方法都是高斯列主元消去法，即每次消去的过程中，将同一
列中绝对值最大的数作为主元保留，其他列的数字消去为 0。

　　下面通过一个的例子演示高斯列主元消去法的步骤：

$$\begin{cases} 2x_1 + x_2 + x_3 = 4 \\ 4x_1 + 3x_2 + 3x_3 + x_4 = 11 \\ 8x_1 + 7x_2 + 9x_3 + 5x_4 = 29 \\ 6x_1 + 7x_2 + 9x_3 + 8x_4 = 30 \end{cases}$$

转化为矩阵的形式，$A = \begin{bmatrix} 2 & 1 & 1 & 0 \\ 4 & 3 & 3 & 1 \\ 8 & 7 & 9 & 5 \\ 6 & 7 & 9 & 8 \end{bmatrix}$，$x = \begin{bmatrix} x_1 \\ x_2 \\ x_3 \\ x_4 \end{bmatrix}$，$b = \begin{bmatrix} 4 \\ 11 \\ 29 \\ 30 \end{bmatrix}$。为了求解方程，

将 A 与 b 联合得到增广矩阵 $\begin{bmatrix} 2 & 1 & 1 & 0 & 4 \\ 4 & 3 & 3 & 1 & 11 \\ 8 & 7 & 9 & 5 & 29 \\ 6 & 7 & 9 & 8 & 30 \end{bmatrix}$。

首先进行第一列的消去，第一列 $\begin{bmatrix} 2 & 4 & 8 & 6 \end{bmatrix}^T$ 中最大的数为 8，为当前列的

主元，将主元对应行与第一行交换，得 $\begin{bmatrix} 8 & 7 & 9 & 5 & 29 \\ 4 & 3 & 3 & 1 & 11 \\ 2 & 1 & 1 & 0 & 4 \\ 6 & 7 & 9 & 8 & 30 \end{bmatrix}$，除了第一行外，其他

行依次减去第一行乘上一个系数，使得这些行第一列的元素为 0，即第二行减去
第一行乘 $1/2$，第三行减去第一行乘 $1/4$，第四行减去第一行乘 $3/4$，最后得到

$\begin{bmatrix} 8 & 7 & 9 & 5 & 29 \\ 0 & -0.5 & -1.5 & -1.5 & -3.5 \\ 0 & -0.75 & -1.25 & -1.25 & -3.25 \\ 0 & 1.75 & 2.25 & 4.25 & 8.25 \end{bmatrix}$。

此时第一行和第一列已经固定，只需考虑除去第一行和第一列的子矩阵，这
时问题就转化为和上一步完全相同的形式，所以接下来的结果依次为

$\begin{bmatrix} 1.75 & 2.25 & 4.25 & 8.25 \\ 0 & -0.285\,7 & 0.570\,1 & 0.285\,7 \\ 0 & -0.857\,1 & -0.285\,7 & -1.142\,9 \end{bmatrix}$、$\begin{bmatrix} -0.857\,1 & -0.285\,7 & -1.142\,9 \\ 0 & 0.666\,7 & 0.666\,7 \end{bmatrix}$，最终得

到了"行梯阵式"：

$\begin{bmatrix} 8 & 7 & 9 & 5 & 29 \\ 0 & 1.75 & 2.25 & 4.25 & 8.25 \\ 0 & 0 & -0.8571 & -0.2857 & -1.1429 \\ 0 & 0 & 0 & 0.6667 & 0.6667 \end{bmatrix}$

观察矩阵可知，矩阵的秩为 4，也就是说当前方程组存在唯一解。在列主元
消去法中，行列式只有行交换的时候会发生改变，每进行一次行变换，行列式为
原行列式的相反数，例子中发生了三次行交换，抵消后行列式和原矩阵为相反数，
只需将 A 矩阵对角元素相乘即可得到行列式 $-8 \times 1.75 \times (-0.857\,1) \times 0.666\,7 = 8$。

为了求解 x 的值，从最后一行开始，只有一个未知量 x_4，解得 $x_4 = 1$。接下

来看倒数第二行，由于 x_4 已知，只有一个未知量 x_3，解得 $x_3 = 1$。以此类推，每一行都只有一个未知量，这样就求得方程的解 $\boldsymbol{x} = \begin{bmatrix} 1 & 1 & 1 & 1 \end{bmatrix}^T$。

方阵可逆的条件是方阵的秩等于方阵的行数，通过高斯消元即可判断方阵是否可逆。求解可逆方阵的逆的方法是，将和方阵同样大小的单位矩阵置于方阵的右侧，利用高斯消元将原方阵转化为单位阵后，右侧的单位阵即转变为原方阵的逆阵。

$$\begin{bmatrix} 8 & 1 & 6 & 1 & 0 & 0 \\ 3 & 5 & 7 & 0 & 1 & 0 \\ 4 & 9 & 2 & 0 & 0 & 1 \end{bmatrix} \longrightarrow \begin{bmatrix} 1 & 0 & 0 & 0.147\,2 & -0.144\,4 & 0.063\,9 \\ 0 & 1 & 0 & -0.061\,1 & 0.022\,2 & 0.105\,6 \\ 0 & 0 & 1 & -0.019\,4 & 0.188\,9 & -0.102\,8 \end{bmatrix}$$

这样做因为可以将单位阵的每一列看做不同的常数向量，求逆的过程就是 n 次求解线性方程组的过程，而这些过程消元的方法一致，可以同时进行。

实际的题目中，矩阵的规则可能有不同的变种，如整数要取模、01 矩阵**异或**、需要高精度分数模拟等，但基本的框架都是相同的，这里以 double 型矩阵为例给出代码：

```
1   // 进行高斯消元，返回矩阵的秩或行列式
2   // mat 是二维数组，代表矩阵，r 和 c 分别代表行数和列数
3   int GAUSS_ELIMINATION(double mat[MAXN][MAXN], int r, int c)
4   {
5       bool opposite = false;
6       double eps = 1e-8;
7       int i = 0;
8       for (int j = 0; j < c; ++j)
9       {
10          int index = i;
11          // 找列主元
12          for (int k = i + 1; k < r; ++k)
13          {
14              if (fabs(mat[k][j]) > fabs(mat[index][j]))
15              {
16                  index = k;
17              }
18          }
19          // 如果列主元为 0，则当前列对应元素已经消去
20          if (fabs(mat[index][j]) > eps)
21          {
22              if (index != i)
23              {
```

```
24                  // 将列主元对应行交换到未消去的首行
25                  for (int k = j; k < c; ++k)
26                  {
27                      swap(mat[i][k], mat[index][k]);
28                  }
29                  opposite ^= true;
30              }
31              // 依次将每一行的列首消去
32              for (int k = i + 1; k < r; ++k)
33              {
34                  if (fabs(mat[index][j]) > eps)
35                  {
36                      for (int l = c - 1; l >= j; --l)
37                      {
38                          mat[k][l] -= mat[i][l] * mat[k][j] / mat[i][j];
39                      }
40                  }
41              }
42              ++i;
43          }
44      }
45      // 返回秩
46      return i;
47      // 返回行列式
48      double ret = 1.0;
49      for (i = 0; i < min(r, c); ++i)
50      {
51          ret *= mat[i][i];
52      }
53      return ret;
54  }
```

可以发现，高斯消元中，每一次消元的时间复杂度都为 O(rc)，最多进行 r 次，所以时间复杂度为 O(r^2c)。在计算的过程中只需保留一个矩阵，不需要额外的存储，所以空间复杂度为 O(rc)。

2. 例题讲解

本节为读者讲解一道可以转化为高斯消元问题的开关灯问题。请到高等教育出版社增值服务网站（http://abook.hep.com.cn）输入本书防伪码后继续学习。

扫一扫：程序运
行过程（10-10）

10.11 练 习 题

习题 10-1

题目来源：POJ 3101

题目类型：最大公约数

题目思路：题目给出 n 个行星的公转周期 t_i，要求的是这些行星运行到同一条直线上的最小时间间隔。将所有行星与第一个行星做参考，由于行星在公转半周时也在直径的直线上，设同一直线上的周期为 T，则 $T(\frac{1}{t_0} - \frac{1}{t_i}) = 0.5$、

$2T = \frac{t_0 t_i}{\mathrm{abs}(t_0 - t_i)}$，所有行星的最小周期就是这些分数的最小公倍数。先考虑两个最

简分数 a/b 和 c/d 的最小公倍数，首先将分母转化为同一数字，即 $\dfrac{a \times \dfrac{d}{\gcd(b,d)}}{\mathrm{lcm}(b,d)} = $

$\dfrac{a \times d}{\gcd(b,d) \times \mathrm{lcm}(b,d)}$ 和 $\dfrac{c \times \dfrac{b}{\gcd(b,d)}}{\mathrm{lcm}(b,d)} = \dfrac{c \times b}{\gcd(b,d) \times \mathrm{lcm}(b,d)}$，而由于 $\gcd(a,b) = 1$ 和

$\gcd(c,d) = 1$，分子 ad, bc 的最小公倍数为 $\gcd(ad, bc) = \gcd(a,c) \times \gcd(b,d)$，分子

的最小公倍数为 $\dfrac{ac \times bd}{\gcd(a,c) \times \gcd(b,d)} = \mathrm{lcm}(a,c) \times \mathrm{lcm}(b,d)$，则分数的最小公倍数为

$\dfrac{\mathrm{lcm}(a,c)}{\gcd(b,d)}$。这样，得到的最小公倍数再依次与下一个分数运算，求得所有分数的

最小公倍数即可。需要注意的是本题的运算需要大整数。

习题 10-2

题目来源：HDOJ 4497

题目类型：最大公约数

题目思路：题目给出 3 个数 a, b, c 的最大公约数 $g = \gcd(a,b,c)$ 和最小公倍数 $l = \mathrm{lcm}(a,b,c)$，求满足上述条件的不同的 a, b, c 的个数。由于 a, b, c 都包含 g，所以只需考虑 g/l 因子的分配。对于 g/l 的每一个因子，只要不同时分配到 3 个数中且有一个数字分配了当前因子的所有值就可以满足题目的限制。对于每一个素因子 P，假设个数为 n，首先选择出两个数字进行分配，其中一个数字分配 p^n，另一个数字分配 $p^{1 \sim (n-1)}$，则有 $A_3^2 \cdot (n-1)$ 种分配方式，另外选择两个数字都分配 p^n 或只给一个数字分配 p^n 有 $2C_3^2$ 种方式，所以对于素因子 P 有 $A_3^2 \cdot (n-1) + 2C_3^2 = 6n$ 种分配方式，不同素因子互不干涉，结果为分开的分配方式的数量的乘积。

习题 10-3

题目来源：POJ 2115

题目类型：同余方程

题目思路：题目要求在 k 位整数范围内 for (variable = A; variable != B; variable += C)循环执行的次数。对此很容易列出线性同余方程 $A + C \cdot x \equiv B \pmod{2^k}$，根据同余方程部分的说明，$A + C \cdot x \equiv B \pmod{2^k}$ 可以转化为 $C \cdot x + 2^k \cdot y \equiv B - A \pmod{2^k}$，求解出最小整数解即可。

习题 10-4

题目来源：POJ 2142

题目类型：线性方程

题目思路：题目给出两种砝码重量 a, b 和要称的重量 d，要求在满足使用 x 个 a 砝码，y 个 b 砝码的情况下，加上重量 d 的时候天平可以平衡。由于同一种砝码放在天平两侧可以抵消，所以一种砝码只可能放在天平的一侧，由此可以列出线性方程 $ax + by = d$，方程可以使用一次扩展欧几里得算法求得。当 x 和 y 不同或为负时都是对于实际问题的可行解，再根据题目对 x 和 y 的限制枚举一下答案即可。

习题 10-5

题目来源：POJ 2891

题目类型：中国剩余定理

题目思路：本题是中国剩余定理的扩展版，模数不互质，所以只能通过不断用扩展欧几里德解线性方程合并约束得到答案，利用模板即可。

习题 10-6

题目来源：POJ 3708

题目类型：中国剩余定理

题目思路：定义函数 $\begin{cases} f(j) = a_j & (1 \leqslant j < d) \\ f(dn + j) = df(n) + b_j & (1 \leqslant j < d, n \geqslant 1) \end{cases}$，其中 $\{a_i\} = \{1, 2, \cdots, d-1\}$，$\{b_i\} = \{0, 1, \cdots, d-1\}$。定义递归函数 $f_x(m) = f(f(f(\cdots f(m))))$ 为 x 次递归调用自身的函数，题目给出 m 和 k，要求最小的 x 使 $f_x(m) = k$。由题目可知，a 是一个 $1 \sim d$ 的置换，b 是一个 $0 \sim d$ 的置换，函数 f 得到的可以看作是一个 d 进制的整数。假设将 m 表示为 d 进制的数是 $\{\alpha_k, \alpha_{k-1}, \alpha_{k-2}, \cdots, \alpha_0\}$，$f(m)$ 为 $\{a[\alpha_k], b[\alpha_{k-1}], b[\alpha_{k-2}], \cdots, b[\alpha_0]\}$，而递归的过程就是 a 和 b 不断置换的过程。将 k 也表示为 d 进制，置换节长度就是模数，需要置换的最小次数就是余数，问题就转换为扩展版的中国剩余定理，套用模板即可解出答案。

习题 10-7

题目来源：POJ 3292

题目类型：质数筛法

题目思路：定义 H-number 是形如 $4n+1$ 这样的正整数，考虑只有 H-number 的正整数集合，质数的定义为能否将 H-number 改写为除了 1 和自身外另外两个 H-number 的乘积的形式。题目要求的是从 1 到 n 中，只有两个素因子的 H-number 的个数。虽然数域改变了，但仍然可以使用筛法的思想，用每一个 H-number 的质数对后续的数字进行筛选，同时记录每一个合数的第一个质因子，如果一个合数除以第一个素因子得到的结果仍然是质数，则这个合数只有两个素因子，满足题目的要求。这样可以预处理出所有满足条件的合数，从小到大累加记录下来即可。

习题 10-8

题目来源：POJ 2689

题目类型：质数筛法

题目思路：题目要求 $[L,U]$ 区间中相邻质数的最小距离和最大距离，L,U 的取值范围是 $[1, 2\,147\,483\,647]$，区间长度最大为 1 000 000。为了求相邻质数的距离，需要求得区间中所有的质数，这里可以使用两次筛法得到。首先预处理出 $[1, \mathrm{sqrt}(2\,147\,483\,647)]$ 区间中的所有质数，对于原区间的所有合数，其素因子的大小不会超过这些质数的最大值。接下来可以用这些预处理出的质数对新区间进行筛选，方法与一般筛法相同。两次筛选之后即可获得指定区间中的所有质数。

习题 10-9

题目来源：POJ 2480

题目类型：欧拉函数

题目思路：给定正整数 $n\ (1 < n < 2^{31})$，求 $\displaystyle\sum_{1 \leq i \leq n} \gcd(i,n)$。本题做法和 DOJ 1081 类似，将每个数 i 写成 $i = g \cdot k$ 的形式，令 $g = \gcd(N, i)$，将最大公约数 g 相同的 i 化为一组，则 $g \cdot k \cdot j$ 为这一组的通式。令最大公约数为 g 的数量为 $k_1, k_2, \cdots, k_m$，因为 $1 \leq j \leq m$，有 $1 \leq kj \leq n/g$，则 $m = \varphi(n/g)$，求出所有约数 g，累加 $g \cdot \varphi(n/g) = n/g \cdot \varphi(g)$ 得到答案。本题 n 的范围较小，可以用 $\mathrm{sqrt}(n)$ 的方法求所有约数。

习题 10-10

题目来源：POJ 1830

题目类型：高斯消元

题目思路：题目和开关灯问题类似，一个开关会影响到其他灯的情况，要求的是答案的数量。在建立系数矩阵 A 时，a_{ii} 赋值为 1，如果开关 i 影响开关 j，

则 a_{ji} 赋值为 1，其他值均为 0。常量向量 b 中，当初始与结果不同时赋值为 1，否则为 0。这样就可以代入高斯消元的模板进行计算。无解的情况只会发生在消元之后等式左端为 0，右端为 1 的情况，无论 x 怎么取值都不可能使等式平衡。而解的数量与约束的数量有关，每少一个约束取值就多了两种可能，所以答案为 2 对系数矩阵 A 的行数减去秩的幂。

习题 10-11

题目来源：HDOJ 4305

题目类型：高斯消元

题目思路：求异构的最小生成树的数量，对此有 Kirchhoff 矩阵树定理用于解决此问题。对于一个 $n \times n$ 的图 G，G 的度数矩阵 D 的对角元为当前点的度数，其他值为 0。G 的邻接矩阵 A，如果 i 和 j 之间有边，则对应 a_{ij} 为 1，否则为 0。Kirchhoff 矩阵 $C = D - A$，矩阵树定理为：G 中所有不同的生成树的数量等于其 Kirchhoff 矩阵任一 $n-1$ 阶主子式的行列式的绝对值。但如果按行列式的定义去求矩阵的行列式时间复杂度是阶乘级别的，这里可以先用高斯消元将矩阵转化为上三角阵的形式，这时矩阵的行列式的绝对值就是对角线的乘积，时间复杂度降为 $O(n^3)$，问题得解。

第 11 章 动态规划入门

　　动态规划是解决一类问题的思想，其本身并没有一种特定的模式，对于不同的问题，应用动态规划得到的结果也大不相同。一般的动态规划问题要求读者有一定程度上的创造力与洞察力。并且动态规划问题本身有较高的思维复杂度，所以是 ACM 比赛的热门题型。

　　虽然动态规划本身没有特定的模型，但是动态规划的思路和特点却是非常鲜明的。本章将通过对例题的讨论，总结动态规划问题的基本思想和特点。

11.1　动态规划概述

　　动态规划是一种通过子问题的解来求原问题解的递归算法。动态规划是用来求解重叠子问题的，即不同的问题具有公共子问题。动态规划的核心就是对每个子问题只求解一次，将每个子问题的结果保留在一个数组中，从而无须每次求解子问题时都重复计算，避免了不必要的重复计算工作。

11.1.1　数字三角形

　　一个数字三角宝塔（如图 11.1 所示）。设数字三角形中的数字为不超过 100 的正整数。现规定一个人从最顶层走到最底层，每一步可沿左斜线向下或右斜线向下走。求解从最顶层走到最底层的一条路径，使得沿着该路径所经过的数字的总和最大，输出最大值。

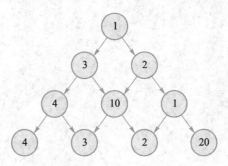

图 11.1　数字三角形

　　对于计算经过的数字的总和最大的路径，可以通过搜索所有的路径和每条路径对应的数字之和,从中找出最大值。这种搜索算法的时间复杂度为 O(路径条数),每个节点的出度为 2,也就是说每个节点有两种决策方式:向左和向右,所以路径条数为 2^n,其中 n 为数字三角形的高度。当 $n>30$ 时,计算的时间开销会很大,需要寻找更好的方法计算数字三角形的解。该如何改进算法?先画出这个搜索的搜索树,如图 11.2 所示。

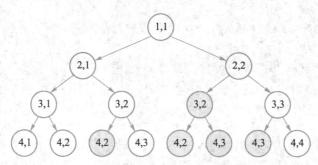

图 11.2　数字三角形的搜索树

观察图 11.2,搜索树中黑色的节点的状态都在之前的搜索中出现过了,换句话说,这个搜索状态的答案已经计算过了,那么这些搜索全部都是冗余的计算。可以看到搜索算法造成了大量的计算冗余(深色节点为冗余部分),去除冗余计算是一个改进算法的重要思路。

可以通过动态规划方法计算数字三角形的解。在叙述动态规划方法之前,先以计算图 11.1 的数字三角形的解为例来说明动态规划方法的思想。

(1)定义 $f(x,y)$ 表示:从第 x 行 y 列出发到达最底层路径所经过的数字的总和最大值;

(2)推导 $f(x,y)$ 递推式:

$$f(x,y)=\begin{cases} 0 & (x>n) \\ \max\left(f(x+1,y),f(x+1,y+1)\right)+a_{x,y} & (x\neq n) \end{cases}$$

式中 a_{xy} 为数字三角形中第 x 行第 y 列的数字,计算结果如表 11.1 所示。

表 11.1　$f(x, y)$ 计算结果

x,y	1	2	3	4
1	24			
2	16	23		
3	8	13	21	
4	4	3	2	20

(3)由步骤(1)和(2)得出 $f(1, 1) = 24$ 为图 11.1 数字三角形的答案。

在动态规划方法中，每个节点为一个 $f(x, y)$（称为状态），因为对于每个计算完成的状态记录了计算结果，那么计算每个状态的时间复杂度为 O(1)，共有 n^2 种状态，所以动态规划方法的时间复杂度为 O(n^2)，其中 n 为数字三角形的行数。

动态规划方法计算数字三角形的代码如下：

```
1    int F(int x,int y, int f[1010][1010], a[1010][1010])//当人在（x，y）处
2    {
3        if(f[x][y] != -1) return f[x][y];//如果这个状态已经被搜索过那么直接返回答案
4        if(x > n) return 0;
5        return f[x][y]=max(F(x+1,y+1), F(x+1,y)) + a[x][y];
6    }
```

11.1.2　组合数

从 n 个不同元素中取出 m（$m \leqslant n$）个元素的所有组合的个数，叫作从 n 个不同元素中取出 m 个元素的组合数（Combination）。

组合数的公式为

$$\binom{n}{m} = \frac{n!}{m!(n-m)!}$$

运用以上公式计算一个组合数的时间复杂度为 O(n)。那么计算 1 000 以内的所有组合数的时间复杂度为 O(n^3)。

下面介绍计算 1 000 以内的所有组合数的时间 O(n^2)。

若表示在 n 个物品中选取 m 个物品，则如存在下述公式：

$$\binom{n}{m} = \binom{n-1}{m-1} + \binom{n-1}{m}$$

证明：从集合 $\{1,2,3,\cdots,n\}$ 选出 m 个不同数的方法为 $\binom{n}{m}$；对于数字 n 来说，当 n 在被选的数字中时方法数为 $\binom{n-1}{m-1}$，同理当 n 不在被选的数字中时方法数为 $\binom{n-1}{m}$。两种情况相加，得出 $\binom{n}{m} = \binom{n-1}{m-1} + \binom{n-1}{m}$。

通过动态规划方法运用以上公式计算组合数，代码如下：

```
1    constint mod = 1e9 + 7;
2
3    int DFS(int n, int m, int C[1010][1010]){
4        if(n < m) return 0;
5        if(n == m || m == 0) return 1;
6        int&ret = C[n][m];
```

```
7        if(ret + 1) return ret;
8        ret = DFS(n - 1, m - 1) +DFS(n - 1, m);
9        ret %= mod;
10       return ret;
11   }
```

11.1.3 动态规划方法求解的问题类型

动态规划方法可以用来求解：最优化问题、组合计数问题和可行性问题。

（1）最优化问题：对于一个问题有许多可行解，每一个解都有一个值，要求寻找具有最优值的解。例如，背包问题、最长上升子序列问题等。

（2）组合计数问题：对于一个解组合问题有许多选取方法，计算选取方法数有多少种。例如，组合计数问题、数位统计问题、基于连通性的动态规划等。

（3）可行性问题：对于一个问题判断是否具有可行解。例如，动态规划求解博弈类问题。

11.1.4 例题讲解

本节讲解一道基础的动态规划问题，帮助大家理解动态规划问题的解题过程。请到高等教育出版社增值服务网站（http://abook.hep.com.cn）输入本书防伪码后继续学习。

扫一扫：程序运行过程（11–1）

11.2 背 包 问 题

背包问题是动态规划问题中具有代表性的一类问题，所以深刻理解掌握背包问题十分重要。本章节将讨论背包问题包括：0-1 背包、完全背包和多重背包，这三种最基本的背包问题。

11.2.1 0-1 背包

有 N 件物品和一个容量为 V 的背包。第 i 件物品占用 c_i 的空间，价值是 w_i。求解将哪些物品装入背包，可以在满足背包空间的条件下让背包内物品价值总和最大。

这是最基础的背包问题，特点是：每种物品仅有一件，可以选择放或不放。对于 0-1 背包可以采用如下动态规划方法求解：

（1）定义 $f(x, y)$ 表示：前 x 件物品恰放入一个容量为 y 的背包可以获得的最大价值。

（2）推导 $f(x, y)$ 递推式

$$f(x,y) = \begin{cases} 0 & (x=0) \\ \max\big(f(x-1,y), f(x-1, y-c_x)+w_x\big) & (x \neq 0) \end{cases}$$

（3）由步骤（1）和（2），可得 $\max_{0 \leqslant y \leqslant V} f(N, y)$ 为 0-1 背包的解。

0-1 背包非常重要，基本上所有跟背包相关的问题都是由 0-1 背包衍生出来的。"将前 i 件物品放入容量为 v 的背包中"这个子问题，若只考虑第 i 件物品的策略（放或不放），那么就可以转化为一个只和前 i 件物品相关的问题。如果不放第 i 件物品，那么问题就转化为"前 i 件物品放入容量为 v 的背包中"，价值为 $f(i-1,v)$；如果放第 i 件物品，那么问题就转化为"前 i 件物品放入剩下的容量为 $v-c_i$ 的背包中"，此时能获得的最大价值就是 $f(i-1,v-c_i)$ 加上通过放入第 i 件物品获得的价值 w_i。

0-1 背包代码动态规划方法的代码如下：

```
1    for (inti=1; i<=N; i++)
2        for (int j=v[i]; j<=V; j++)
3            f[i][j]=max(f[i-1][j],f[i-1][j-c[i]]+w[i]);
```

以上方法的时间和空间复杂度均为 $O(VN)$，其中时间复杂度应该已经不能再优化了，但空间复杂度却可以优化到 $O(V)$。

在递推式中，可以发现 0-1 背包是一个能划分为阶段的动态规划问题。若把前 i 个物品划为一个阶段，那么前 i 个物品的最优值只与前 $i-1$ 个物品的最优值有关系，而最终答案为 $f[N][V]$ 的大小，$f[1]$、$f[2]$、$\cdots$、$f[N-1]$ 的值与最终答案无关，所以只需要两个长度为 v 的数组，用 $f[0]$ 数组表示 $f[i-1]$ 数组的值，$f[1]$ 表示 $f[i]$ 数组的值，当 $f[i]$ 计算完毕，需要计算 $f[i+1]$ 时只需把 $f[1]$ 的值赋值给 $f[0]$ 即可。这样滚动使用 $f[0]$ 和 $f[1]$ 来优化空间的方法称为滚动数组法。滚动数组法能应用于所有能划分阶段的动态规划问题。滚动数组法优化 0-1 背包的代码如下：

```
1    for (inti=1; i<=N; i++)
2    {
3        for (int j=v[i]; j<=V; j++)
4            f[1][j]=max(f[0][j],f[0][j-c[i]]+w[i]);
5        for (int j=1; j<=V; j++)
6            f[0][j]=f[1][j];
7    }
```

滚动数组法使用了两个 $O(V)$ 的数组，将 $O(NV)$ 的空间复杂度降到了 $O(V)$，但是依然可以继续优化，滚动数组法使用两个数组 f[0]、f[1] 来记录 $f[i-1]$ 和 $f[i]$。优化的思路就是如何去除掉 $f[1]$ 这个数组，设法用 $f[0]$ 数组来完成对自身的更新。

如何只用一个数组保证第 i 次循环结束后 $f[v]$ 中的值为前 i 件物品恰放入一个容量为 v 的背包可以获得的最大价值呢？$f(i,v)$ 是由 $f(i-1,v)$ 和 $f(i-1,v-c_i)+w_i$ 两个子问题递推而来，能否保证在计算 $f(i,v)$ 时，$f(i-1,v)$ 和 $f(i-1,v-c_i)+w_i$ 的值呢？

事实上，这要求在每次主循环中以从 V 到 0 的递减顺序计算 $f[v]$，这样才保证在计算 $f(i,v)$ 时，$f(i-1,v)$ 和 $f(i-1,v-c_i)+w_i$ 的值的正确性。代码如下：

```
1    for (inti=1; i<=N; i++)
2    {
3        for (int j=V; j>=c[i]; j--)
4            f[j]=max(f[j],f[j-c[i]]+w[i]);
5    }
```

0-1 背包是最基础的背包问题，整个复杂的思考最后写出的代码却只有 5 行。体现出了动态规划问题的思维复杂度高，编程复杂度低的特点。滚动数组是十分常用的空间优化方法，读者需要掌握，而最后调换 J 的循环顺序优化空间也是 0-1 背包最为精巧的一点，需要读者好好地体会。

11.2.2 完全背包

有 N 件物品和一个容量为 V 的背包。第 i 种物品中的一个占用 c_i 的空间，价值是 w_i，每种物品都有无限多个。求解将哪些物品装入背包可使价值总和最大。

可以看出完全背包与 0-1 背包的区别在于，每一种物品 0-1 背包最多只能放一个，而完全背包却能放任意多个。我们对一类物品进行拆解，如果一个物品占用的空间是 $c[i]$ 那么在背包中，最多只能放下 $[V/c[i]]$ 个物品。那么就可以把一类物品拆成 $[V/c[i]]$ 个物品，第 i 类物品有 k 个占用 $k \times c[i]$ 的空间，价值为 $k \times v[i]$ $(1 \leqslant k \leqslant [V/c[i]])$。这样，完全背包问题就转化为 0-1 背包问题。

按照动态规划方法的解题思路：

（1）定义 $f(x, y)$ 表示：前 x 件物品恰放入一个容量为 y 的背包可以获得的最大价值。

（2）推导 $f(x, y)$ 递推式

$$f(x,y)=\begin{cases} 0 & (x = 0) \\ \max_{0 \leqslant k \times c_x \leqslant y} \left(f\left(x - k, y - k \times c_x\right) + k \times w_x \right) & (x \neq 0) \end{cases}$$

（3）由步骤（1）（2），可得 $\max_{0 \leqslant y \leqslant V} f(N, y)$ 为完全背包的解。

这跟 0-1 背包问题一样有 $O(VN)$ 个状态需要求解，但求解每个状态的时间已经不是常数了，求解状态 $f(x, y)$ 的时间是 $O(\frac{y}{c_x})$，总的复杂度可以认为是 $O(VN\sum\frac{y}{c_x})$。

完全背包动态规划方法的代码如下：

```
1    for (int i=1; i<=N; i++)
2    {
```

```
3          for (int j=1; j<=V; j++)
4          {
5              for (int k=0; k*c[i]<=j; k++)
6                  f[i][j]=max(f[i][j],f[i-1][j-k*c[i]]+k*w[i]);
7          }
8      }
```

完全背包的优化，同样是一个令人惊叹的精妙想法。为了理解这个想法，需要读者再挖掘转移方程的特点。

在转移中可以看到 $f[i][j]$ 与 $f[i][j-c[i]]$ 的高度相似性，更新 $f[i][j]$ 的 k 的范围是 $0-[j/c[i]]$ 而更新到 $f[i][j-c[i]]$ 的 k 的范围是 $0-[j/c[i]]-1$，在计算 $f[i][j]$ 的所有工作其实已经在计算 $f[i][j-c[i]]$ 的最优值时做过了，只需要直接调用 $f[i][j-c[i]]$ 的值即可，即 $f[i][j]=max(f[i][j-c[i]],f[i-1][j])$。于是可以把转移的复杂度降到了 O(1) 即可以得到如下的代码：

```
1      for (int i=1; i<=N; i++)
2      {
3          for (int j=c[i]; j<=V; j++)
4              f[i][j]=max(f[i-1][j],f[i][j-c[i]]+w[i]);
5      }
```

再使用 0-1 背包中的空间优化的思想就可以得到如下的程序：

```
1      for (int i=1; i<=N; i++)
2      {
3          for (int j=c[i]; j<=V; j++)
4              f[j]=max(f[j],f[j-c[i]]+w[i]);
5      }
```

代码中 $f[k×c[i]]$ 由于转移顺序的关系使得这个物品被加入了 k 次，这使得它不适用于 0-1 背包，而在完全背包中，正是一类物品能加入无限多次，使得他符合了完全背包的要求。

完全背包同样是一类经典的背包问题，可以通过对物品的拆分将完全背包模型转化为 0-1 背包。而 0-1 背包和完全背包最为精彩的联系，即两个问题最终核心代码中背包容量枚举的顺序：0-1 背包中的枚举顺序是从大到小，而完全背包的枚举顺序是从小到大。

11.2.3 多重背包

有 N 种物品和一个容量为 V 的背包。第 i 种物品最多有 m_i，每件耗费的空间 l_i 是价值是 w_i。求解将哪些物品装入背包可使这些物品的耗费的空间总和不超过背包容量，且价值总和最大。

这题目和完全背包问题很类似。基本的方程只需将完全背包问题优化前的方程略微一改即可。对于第 i 种物品有 m_i+1 种策略：取 0 件、取 1 件、……、取 m_i 件。

按照动态规划方法的解题思路：

（1）定义 $f(x, y)$ 表示：前 x 件物品恰放入一个容量为 y 的背包可以获得的最大价值。

（2）推导 $f(x, y)$ 递推式：

$$f(x, y) = \begin{cases} 0 & (x = 0) \\ \max_{0 \leqslant k \leqslant m_i} \left(f\left(x - k, y - k \times c_x\right) + k \times w_x \right) & (x \neq 0) \end{cases}$$

（3）由步骤（1）和（2），可得 $\max_{0 \leqslant y \leqslant V} f(N, y)$ 为完全背包的解。

这跟 0-1 背包和完全背包问题一样，有 O(VN) 个状态需要求解，求解状态 $f(x, y)$ 的时间是 O(m_i)，总的复杂度可以认为是 O($VN\sum m_i$)。

多重背包动态规划方法的代码如下：

```
1    for (int i=1; i<=N; i++)
2    {
3        for (int j=v[i]; j>=c[i]; j--)
4            for (int k=1; k<=m[i]; k++)
5                f[j]=max(f[j],f[j-c[i]]+w[i]);
6    }
```

优化的关键在于减少分解出的物品，在之前朴素的方法中把一类物品分成了 $m[i]$ 个物品。下面说明是如何减少分解出的物品：

假设现在有一类物品，上限是 $m[i]=5$，空间是 c，价值是 w 如果我们用 (c,w) 表示一个物品。朴素方法直接分解成 5 个物品：(c,w)、(c,w)、(c,w)、(c,w)、(c,w)，没有考虑到问题的特殊性。如果将第二个和第三个物品合并，第四个物品和第五个物品合并，可以得到 3 个物品：(c,w)、$(2c,2w)$、$(2c,2w)$，在新的分解方法是否正确，取决于"在原问题中该类物品中选取 0~5 个物品的策略，是否在 3 个物品中选取能够实现相同的策略"。答案是肯定的，如表 11.2 所示。

表 11.2　多重背包的物品分解

原　问　题	新　问　题
取 0 个物品	三个物品都不取
取 1 个物品	取第一个物品
取 2 个物品	取第二个物品
取 3 个物品	取第一个和第二个物品
取 4 个物品	取第二个和第三个物品
取 5 个物品	三个物品都取

通过上面的例子可以看出优化的本质是，在保证能表现出 $0 \sim m[i]$ 选择的前提下，使得拆解的物品数量最小。进一步说就是选取最少的数，在其中选取一些相加能得到 $0 \sim m[i]$ 中所有的答案。

这个问题答案的关键是数字的二进制表示，如果拥有 $1,2,4,\cdots,2^k$ 这 k 个数字，那么就能表示 1 到 2^{k-1} 中的所有数字。由于拆分的数都是 2 的幂，那么一类物品至多拆分为 $\log_2 N$ 个物品，那么复杂度就变成了 $O(VN \sum \log_2 m_i)$。

```cpp
#include <iostream>
#include <stdio.h>
using namespace std ;
constintMaxn=2000;
int f[Maxn],c[Maxn],w[Maxn],cnt,n,v;
int main( )
{
scanf("%d%d",&n,&v);
    for (inti=1; i<=n; i++)
    {
intcost,worth,limit;
scanf("%d%d%d",&cost,&worth,&limit);
int pw=1;//2 进制幂
        while(pw<=limit)//合并物品
        {
cnt++;
            c[cnt]=cost*pw;
            w[cnt]=worth*pw;
            limit-=pw;
            pw*=2;
        }
        if(limit)
        {
            ++cnt;
            c[cnt]=cost*limit;
            w[cnt]=cost*limit;
        }
    }
    for (inti=1; i<=cnt; i++)
        for (int j=v; j>=c[i]; j++)
            f[j]=max(f[j],f[j-c[i]]+w[i]);
printf("%d\n",f[v]);
}
```

但是这仍然不是多重背包的最优解法，实际上多重背包问题时间复杂度可以达到 O(*NV*)。

本节讲解了一道简单的 0-1 背包问题，帮助读者更好地理解背包问题的解题思路。请到高等教育出版社增值服务网站（http://abook.hep.com.cn）输入本书防伪码后继续学习。

扫一扫：程序运行过程（11–2）

11.3　经典动态规划问题

为了使读者对动态规划方法加深了解，本节主要讲解经典动态规划问题包括：最长上升子序列、最长公共子序列和矩阵链相乘问题。

11.3.1　最长上升子序列

给出一个由 *n* 个数组成的序列 $x[1\cdots n]$，找出它的最长单调上升子序列。即求最大的 *m* 及一个序列 a_1、a_2、$\cdots$、a_m 使得 $a_1 < a_2 < \cdots < a_m$ 且 $x[a_1] < x[a_2] < \cdots < x[a_m]$。

按照动态规划方法的解题思路：

（1）定义 $f(x)$ 表示：以第 *x* 个数为结尾的最长上升子序列的长度。

（2）推导 $f(x)$ 递推式

$$f(x) = \begin{cases} 1 & (x=1) \\ \max\limits_{1 \leqslant y \leqslant x-1} \left(f(y) \times \left(a_x > a_y \right) \right) + 1 & (x \neq 1) \end{cases}$$

（3）由步骤（1）和（2），可得 $\max\limits_{1 \leqslant y \leqslant n} f(y)$ 为最长上升子序列的解。

动态规划方法求解最长上升子序列共有 O(*n*) 个状态需要求解，求解状态 $f(x)$ 的时间是 O(*x*)，总的复杂度可以认为是 O(n^2)。

最长上升子序列动态规划方法的代码如下：

```
1    for (int x=1;x<=n;x++)
2    {
3        f[x]=0;
4        for (int y=1;y<x;y++)
5            if (a[x]>a[y]) f[x]=max(f[x],f[y]);
6        f[x]++;
7    }
8
9    int ans = 0;
10
11   for(int y = 1; y <= n; y++)
12       ans = max(ans, f[y]);
```

11.3.2　最长公共子序列

给出一个由 n 个数组成的序列 $u[1 \cdots n]$，和一个由 m 个数组成的序列 $v[1 \cdots m]$ 找出它的最长公共子序列。即求最大的 k 及序列 a_1、a_2、$\cdots$、a_k 和 b_1、b_2、$\cdots$、b_k，使得 $a_1 < a_2 < \cdots < a_k$、$b_1 < b_2 < \cdots < b_k$ 且 $x[a_1] = y[b_1]$、$x[a_2] = y[b_2] \cdots x[a_k] = y[b_k]$。

按照动态规划方法的解题思路：

（1）定义 $f(x,y)$ 表示：以 u 序列第 x 个数为结尾、v 序列中第 y 个数为结尾的最长公共子序列的长度。

（2）根据两个序列的最后一个数是否要进行匹配，分以下三种情况讨论：

① 如果 u 序列的最后一个数并没有匹配 v 序列中的数，这就变成了以 u 序列第 $x-1$ 个数和 v 序列中第 y 个数为结尾的子问题，即 $f[x-1][y]$；

② 如果 v 序列的最后一个数并没有匹配 u 序列中的数，这就变成了以 u 序列第 x 个数和 v 序列中第 $y-1$ 个数为结尾的子问题，即 $f[x][y-1]$；

③ 如果 $u[x] = v[y]$，那么这两个数能匹配上了；此时变成以 u 序列第 $x-1$ 个数和 v 序列中第 $y-1$ 个数为结尾的子问题，即 $f[x-1][y-1]$。

推导 $f(x,y)$ 递推式

$$f(x,y) = \begin{cases} \max\big(f(x-1,y), f(x,y-1), f(x-1,y-1)+1\big) & (u[x] = v[y]) \\ \max\big(f(x-1,y), f(x,y-1)\big) & (u[x] \neq v[y]) \end{cases}$$

（3）由步骤（1）和（2），可得 $\max_{1 \leqslant x \leqslant n, 1 \leqslant y \leqslant m} f(x,y)$ 为最长公共子序列的解。

动态规划方法求解最长公共子序列共有 $O(nm)$ 个状态需要求解，求解状态 $f(x,y)$ 的时间是 $O(1)$，总的复杂度可以认为是 $O(nm)$。

最长公共子序列动态规划方法的代码如下：

```
1    for (int x=1; x<=n; x++)
2    {
3        for (int y=1; y<=m; y++)
4        {
5            f[x][y] = max(f[x-1][y],f[x][y-1]);
6            if(u[x]==v[y]) f[x][y]=max(f[x][y],f[x - 1][y - 1]+1);
7        }
8    }
9
10   int ans = 0;
11
12   for (int x=1; x<=n; x++)
13       for (int y=1; y<=m; y++)
14           ans = max(ans, f[x][y]);
```

11.3.3　矩阵链相乘问题

给定 n 个矩阵 $\{A_1,A_2,\cdots,A_n\}$，其中 A_i 与 A_{i+1} 是可乘的，$i=1,2,\cdots,n-1$。考察这 n 个矩阵的连乘积 $A_1A_2\cdots A_n$。

由于矩阵乘法满足结合律，故计算矩阵的连乘积可以有许多不同的计算次序，这种计算次序可以用加括号的方式来确定。若一个矩阵连乘积的计算次序完全确定，则可以依此次序反复调用 2 个矩阵相乘的标准算法（有改进的方法，这里不考虑）计算出矩阵连乘积。若 A 是一个 $p\times q$ 矩阵，B 是一个 $q\times r$ 矩阵，则计算其乘积 $C=AB$ 的标准算法中，需要进行 $p\times q\times r$ 次数乘。

矩阵链乘积的计算次序不同，计算量也不同，举例如下：

先考察 3 个矩阵 $\{A_1,A_2,A_3\}$ 连乘，设这三个矩阵的维数分别为 $10\times100,100\times5,5\times50$。若按 $(A_1A_2)A_3$ 方式需要的数乘次数为 $10\times100\times5+10\times5\times50=7\,500$；若按 $A_1(A_2A_3)$ 方式需要的数乘次数为 $100\times5\times50+10\times100\times50=75\,000$。

求完成这个矩阵链的计算的最少的计算量。按照动态规划方法的解题思路：

最长上升子序列和最长公共子序列在设计状态时考虑前 x 个数的情况下的最优值，但是在矩阵乘法中，由于结合律的作用，可以任意在链中取一段来相乘，所以状态中需要体现出区间。

（1）定义 $f(l,r)$ 表示：从第 l 个矩阵到第 r 个矩阵的这个矩阵链相乘的最优计算量；

（2）考虑到从第 l 个矩阵乘到第 r 个矩阵，那么问题就是找出一个 k，先将 l 到 k 的矩阵相乘，再 $k+1$ 到 r 的矩阵相乘，然后再将两个矩阵相乘，则 $f(l,r)$ 的递推式为：

$$f(l,r) = \min_{1\leqslant k\leqslant r-1}\left(f(l,k)+f(k+1,r)+\text{col}[l]\times\text{row}[k]\times\text{col}[r]\right)$$

（3）由步骤（1）和（2），可得 $f(l,n)$ 为最长公共子序列的解。

动态规划方法求解矩阵链乘积问题共有 $O(n^2)$ 个状态需要求解，求解状态 $f(l,r)$ 的时间是 $O(r-l)$，总的复杂度可以认为是 $O(n^3)$。

矩阵链乘积问题的动态规划方法代码如下：

```
1    int dfs(int l,int r)
2    {
3        if (f[l][r]) return f[l][r];
4        if (l==r) return 0;
5        f[l][r]=1e9;
6        for(int k=l; k<r; k++)
7            f[l][r]=min(f[l][r],dfs(l,k)+dfs(k+1,r)+col[l]*row[k]*col[r]);
8        return f[l][r]=min(fl,fr)
9    }
```

11.4　练　习　题

习题 11-1

题目来源：POJ1014

题目类型：多重背包 DP

思路分析：

首先判断是否质量总和 v 为偶数。如果是偶数，那么考虑 DP，令 $f[i][j]$ 为前 i 个大理石中是否存在重量为 j 的组合，那么能均分的条件一定是 n 个大理石能装满 $v/2$。又由于重量只有 0-6，大理石总数较多，所以使用多重背包。

习题 11-2

题目来源：POJ1384

题目类型：完全背包 DP

思路分析：

给出一个储蓄罐空的和满的重量，然后给出各种硬币的价值和对应的重量，需要估计出储蓄罐里面硬币价值和最小重量。把重量看作体积，硬币看作物品，那么这就是一个完全背包的问题，但是要注意这是求最小值，并且要保证恰好为满的重量。于是原来的一维不再适用于这个问题，要稍微修一下转移方程，$f[i][j] = \min(f[i][j] \cdot f[i-1][j-v[i]] + c[i])$。

初始值设置为无穷大。

习题 11-3

题目来源：POJ1276

题目类型：多重背包 DP

思路分析：

多重背包问题，第 i 种面额 $d[i]$ 有 $n[i]+1$ 种选择方案，通过二进制处理，变成 0-1 背包问题进行求解。

习题 11-4

题目来源：POJ1080

题目类型：最长公共上升子序列 DP

思路分析：

模仿动态规划里面经典的求最长公共子序列的方法，dp[i][j]用来表示字符串 s1(1-i)与字符串序列 s2(1-j)的最大相似度，value(s1[i], s2[j])表示字符 s1[i] 和 s2[j] 的匹配值，dp[i][j] 为 dp[i-1][j-1] + value(s1[i], s2[j])，dp[i-1][j] + value(s1[i], '-')，dp[i][j-1] + value('-', s2[j])中的最大值，这里要处理一下边界值：

dp[0][0] = 0;

dp[0][j] = dp[0][j-1] + value('-', s2[j])

dp[i][0] = dp[i-1][0] + value(s1[i], '-');

dp[0][i]表示字符串 s1 前 i 个字符串与长度为 i 的空格串匹配的值。最后结果就为 dp[len1][len2]。

参考文献

[1] T. H.Cormen, C. E.Leiserson, R. L.Rivest. 算法导论[M]. 3 版. 北京：机械工业出版社, 2013.

[2] B.Kernighan.C 程序设计语言[M]. 2 版. 北京：机械工业出版社, 2004.

[3] R.Sedgewick, K.Wayhe. 图灵程序设计丛书：算法[M]. 1 版. 北京：人民邮电出版社, 2012.

[4] B.StronsStruD. C++程序设计语言[M]. 北京：机械工业出版社, 2010.

[5] 刘汝佳.算法艺术与信息学竞赛：算法竞赛入门经典[M]. 2 版. 北京：清华大学出版社, 2014.

[6] 秋叶拓哉，岩田阳一，北川宜稔.图灵程序设计丛书：挑战程序设计竞赛[M]. 1 版. 北京：人民邮电出版社, 2013.

[7] M.A.Weiss.数据结构与算法分析：C 语言描述[M]. 北京：人民邮电出版社, 2004.

[8] R.Diestel.图论[M]. 4 版. 北京：高等教育出版社, 2013.

[9] 冯林，金博，姚翠莉.ACM-ICPC 程序设计系列：图论及应用[M]. 哈尔滨：哈尔滨工业大学出版社, 2012.

[10] J.Silverman. 数论概论[M]. 北京：机械工业出版社, 2008.

[11] J.-P.Serre. 数论教程[M]. 北京：高等教育出版社, 2007.

[12] S.S.Skiena, M.A.Rerilla. 挑战编程：程序设计竞赛训练手册[M]. 北京：清华大学出版社, 2009.

[13] 俞勇.ACM 国际大学生程序设计竞赛：算法与实现[M]. 北京：清华大学出版社, 2013.

[14] K.Rosen. 初等数论及其应用[M]. 北京：机械工业出版社, 2015.

[15] B.Bollobas. 现代图论[M]. 北京：世界图书出版公司, 2003.

[16] H.Abelson, G.J.Sussman, J.Sussman. 计算机程序的构造和解释[M]. 北京：机械工业出版社, 2004.

郑重声明

高等教育出版社依法对本书享有专有出版权。任何未经许可的复制、销售行为均违反《中华人民共和国著作权法》，其行为人将承担相应的民事责任和行政责任；构成犯罪的，将被依法追究刑事责任。为了维护市场秩序，保护读者的合法权益，避免读者误用盗版书造成不良后果，我社将配合行政执法部门和司法机关对违法犯罪的单位和个人进行严厉打击。社会各界人士如发现上述侵权行为，希望及时举报，本社将奖励举报有功人员。

反盗版举报电话 （010）58581999　58582371　58582488

反盗版举报传真 （010）82086060

反盗版举报邮箱 dd@hep.com.cn

通信地址 北京市西城区德外大街 4 号　高等教育出版社法律事务与版权管理部

邮政编码 100120

防伪查询说明

用户购书后刮开封底防伪涂层，利用手机微信等软件扫描二维码，会跳转至防伪查询网页，获得所购图书详细信息。用户也可将防伪二维码下的 20 位密码按从左到右、从上到下的顺序发送短信至 106695881280，免费查询所购图书真伪。

反盗版短信举报

编辑短信"JB，图书名称，出版社，购买地点"发送至 10669588128

防伪客服电话

（010）58582300

网络增值服务使用说明

一、注册/登录

访问 http://abook.hep.com.cn/1235736，点击"注册"，在注册页面输入用户名、密码及常用的邮箱进行注册。已注册的用户直接输入用户名和密码登录即可进入"我的课程"页面。

二、课程绑定

点击"我的课程"页面右上方"绑定课程"，正确输入教材封底防伪标签上的 20 位密码，点击"确定"完成课程绑定。

三、访问课程

在"正在学习"列表中选择已绑定的课程，点击"进入课程"即可浏览或下载与本书配套的课程资源。刚绑定的课程请在"申请学习"列表中选择相应课程并点击"进入课程"。

如有账号问题，请发邮件至：abook@hep.com.cn。